KB044275

우주의 가장 위대한 생각들
공간, 시간, 운동

The Biggest Ideas in the Universe:
Space, Time, and Motion

THE BIGGEST IDEAS IN THE UNIVERSE

우주의 가장 위대한 생각들

공간, 시간, 운동

숀 캐럴 지음 | 김영태 옮김

SEAN CARROLL

SPACE, TIME, AND MOTION

바다출판사

제니퍼에게

목차

서론

나의 꿈은 사람들 대부분이 현대물리학에 관해 열정적으로 자기 의견을 알리는 세상에서 살아보는 것입니다. 그런 세상에서는 직장에서 힘든 하루를 보낸 후 친구들과 선술집에 몰려가 무엇이 최적의 암흑물질 후보인지, 또는 무엇이 최상의 양자역학 해석인지를 놓고 떠들고 놉니다. 그 세상에서는 아이들이 생일파티에서 뛰어다닐 때, 아이들 부모 중 한 명이 "왜 전기약력 근방에서 새로운 입자들이 존재해야 한다고 생각하는 사람들이 있는지 도무지 이해가 안 되네요"라고 말합니다. 그럼 옆 사람이 즉시 "그렇다면 계층 문제는 어떻게 설명할 건가요?"라고 대꾸합니다. 사람들마다 공급 경제학이나 비판적 인종 이론에 대해서는 자기 의견을 갖고 있습니다. 왜 급팽창 우주론과 초끈 이론에 대해서는 다를까요?

우리가 사는 세상과는 많이 다르기 때문입니다. 다른 대부분의 학문과 달리 물리학은 더 전문가가 이끄는, 전문가를 위한 학문입니다. 물리학자들은 다른 물리학자들과 고도의 전문 용어를 사용해 이야기합니다. 일반인들은 전혀 들어본 적이 없거나 거의 배워본 적이 없는 수학 개념들이 등장합니다. 이렇게 된 이유야 많겠지만 꼭 이런 식일 필요는 없다고 생각합니다. 이런 상황은 주로 물리학자들이 그들의 지식을 다른 사람들과 공유하는 방식에 원인이 있다고 생각합니다.

현대물리학을 배워보려는 비전문가에게는 기본적으로 두 가지 선택지가 있습니다. 첫째는 기술적 또는 수학적 내용은 무시하고 일부 관련된 개념만을 공부하는 일반인 수준에 머무는 것입니다. 책을 읽거나 강연에 참석하거나 동영상을 보거나 팟캐스트를 듣는 것 등입니다. 다행히 이런 자료들을 쉽게 접할 수 있는 생태계가 마련되어 있어 현대물리학을 상당히, 하지만 중구난방 식으로 배울 수 있습니다. 그러나 여러분은 결국 **진짜** 내용에 다가가지 못한다는 것을 알게 됩니다. 가장 중요한 수학적 진수를 일상용어로 대충 풀이한 이미지와 은유만을 얻을 뿐이기 때문입니다. 이 과정을 통해 많은 것을 배울 수 있지만 항상 가장 중요한 것이 빠져 있습니다.

또 다른 선택은 물리학을 배우는 학생이 되는 것입니다. 문자 그대로 대학에 입학하거나 올바른 교재와 온라인 자료들을 모아 물리학을 공부하는 것입니다. 그러려면 수학에 상당히 능숙해져야 합니다. 미적분과 미분 방정식이 가장 중요하지만 벡터 해석, 복소수, 선형대수학 등도 중요합니다. 당황스러울 정도로 진도가 늦겠지만 이 과정에서 얻는 보상은 큽니다. 상대성이론이나 양자역학을 접하기 전까지 보통 최소 1년 이상 기초 과목들을 들어야 합니다. 그리고 물리학과 학생들 대부분은 입자물리학, 블랙홀, 우주론 등을 배우지 않고도 졸

업장을 따거나 심지어 박사학위도 얻을 수 있습니다. 물론 이것은 특정 하위 분야의 전문가에게만 해당합니다.

아마추어 물리학자로서 은유와 모호한 해석에 의존해 물리학을 공부하는 것과 겁나게 복잡한 방정식들을 편안하게 다룰 줄 아는 학위를 가진 전문가가 되는 것 사이의 간격은 크지만 극복할 수 없을 정도는 아닙니다. 프로 자동차 레이서가 되고 싶지 않다고 해서 운전을 절대 하지 말아야 하는 것은 아닙니다. 몇 년이나 걸리는 정규 과정을 밟지 않고도 현대물리학의 진정한 본질에 다가갈 수 있는 방법이 있습니다. 비록 방정식 몇 가지를 본다는 뜻이라 해도 말이죠.

제대로 찾아오셨습니다!

이 책은 전문가가 아니라 아마추어이고 여전히 아마추어 상태에 계속 머물고자 하는 사람도 방정식 등을 통해 진짜로 현대물리학을 배울 수 있게 하려는 의도에 전념하고자 합니다. 고등학교 대수학 정도의 수준이더라도 기꺼이 방정식을 들여다보고 그 의미를 사고하려는 사람들을 위해 썼다는 의미입니다. 여러분이 기꺼이 이런 사고를 하려고 한다면 새로운 세계가 열릴 것입니다.

+++

방정식에 관해 이야기해봅시다. 방정식은 이해하기 어렵지 않습니다. 방정식은 다른 물리량 사이의 관계를 간단히 요약해서 보여줍니다. 문장으로는, 알베르트 아인슈타인Albert Einstein의 일반상대성이론에 따르면 “질량과 에너지가 시공간을 휘게 한다”는 것을 알 수 있겠지만, 다음과 같은 아인슈타인의 방정식으로는 전혀 다른 것을 알 수 있습니다.

$$R_{\mu\nu} - \frac{1}{2}Rg_{\mu\nu} = 8\pi GT_{\mu\nu}$$

문장은 일반상대성이론이 무엇인지 느끼도록 해주지만, 방정식은 실제로 무슨 일이 일어나는지를 정확하고도 명확하게 알려줍니다. 모든 단어를 읽을 수 있다 하더라도 이 방정식을 이해하기 전까지는 아인슈타인의 이론을 진짜 이해한다고 할 수 없습니다.

문제는 이 방정식 속 기호들이 무엇을 의미하는지 모른다면 방정식을 전혀 이해할 수 없다는 것입니다. 그냥 그림일 뿐입니다. 이 방정식을 이해하기 위해서는 그리스 문자인 아래 첨자 μ(뮤)와 ν(뉴)를 포함해 모든 숫자와 문자의 개별적인 역할들을 이해해야 합니다. 보통의 물리학과 학생들이 이 수준에 이르기까지 수년이 걸리는 데는 다 이유가 있습니다.

그러나 이 책을 읽고 나면 그 수준에 이를 수 있습니다. 8장에 이르는 순간 아인슈타인의 방정식 속 모든 기호의 의미와 관계를 이해할 수 있고, 또 이 기호들이 시공간과 중력에 관해 이야기하고 있음을 이해할 수 있습니다. 이 방정식에 그리스 문자가 포함되어 있지만, 실제 그리스어를 말하고 적는 것보다는 이 방정식을 이해하기가 훨씬 쉽다는 것을 알게 될 것입니다.

대중 도서들 대부분은 독자들이 방정식을 이해하려 하지 않는다고 가정합니다. 반면 교재는 독자가 방정식을 이해할 뿐만 아니라 방정식을 **풀기** 원한다고 가정합니다. 방정식을 풀려면 '단순히' 방정식을 이해할 때보다 많은 노력과 연습을 해야 합니다.

방정식을 푸는 것과 이해하는 것의 차이를 좀더 알아봅시다. 왜냐면 여러분이 이를 엄청나게 빠른 성장의 핵심 요소이기 때문입니다. 아인슈타인의 방정식은 단지 특정한 질량과 에너지 집단을 특정 시공간의 곡률과 연관짓는 방정식이 아닙니다. 아인슈타인의 방정식은 '특정한 질량과 에너지 분포가 주어졌을 때, 이 분포에 따라 어떻게 시공간이 휘어지는지 알려주는' 완전한 일반적인 관계식입니다. '방정식을 푼다'는 것은 이 주장을 실행해 보여주는 것을 의미합니다.

종종 쉬운 방정식도 있습니다. 방정식이 $x=y^2$이고 $y=2$일 때 $x=4$입니다. 어렵지 않지요. 그러나 실제 물리학 방정식은 이보다 복잡합니다. 방정식에는 미적분(연속적인 변화에 관한 수학)에서 파생된 아이디어들을 비롯해 다른 고급 개념들이 포함되어 있습니다. 물리학자들의 주된 임무는 이런 방정식들을 푸는 것입니다. 그러므로, 당연하지만, 물리학 교육은 주로 방정식 풀이를 배우는 것으로 구성되어 있습니다. 물리학과 학생들은 여러분에게 자신들의 대학 생활에서 가장 힘든 부분은 강의를 듣는 것이 아니고, 학생들이 주말에 할 일이 없다고 생각하는 교수들이 계속해서 내주는 문제들을 푸는 것이라고 이야기할 것입니다.

이 책에서 방정식들을 푸는 방법을 가르치지는 않을 것입니다. 그러나 여러분은 물리학 표준 교재에서도 비교적 고급에 속하는 방정식들을 **이해하는** 방법을 배울 것입니다. 엄청 쉬울 겁니다. 방정식들과 그 의미에 대해 기꺼이 생각해보고자 하는 독자라면 누구나 현대 물리학의 아이디어들—이해하기 쉽도록 은유적으로 표현한 것이 아닌 진짜 아이디어들—을 이해할 수 있으리라는 믿음을 가지고 이 책을 펴냅니다.

+++

좋습니다, 그러면 이 시리즈에서 이야기하고자 하는 아이디어들이란 무엇일까요? 예상했겠지만 많은 것들이 있습니다. 이들을 세 부분으로 나눌 수 있습니다. '공간, 시간, 운동' '양자와 장' 그리고 '복잡성과 창발'이 그것입니다.

지금 여러분의 손에 들려 있는 이 책《우주의 가장 위대한 생각들-공간, 시간, 운동》은 20세기 양자 혁명에 의해 밀려난 아이작 뉴턴Isaac Newton이 선도한 고전물리학의 틀에 초점을 맞추고 있습니다. 그러나 겁낼 것 없습니다. 중요하긴 하지만 도르래나 경사면 문제에 너무 많은 시간을 할애하지 않을 것입니다. 고전물리학의 범위에는 공간, 시간 및 변화의 본질에 대한 심오한 질문들이 포함되어 있습니다. 질문 가운데는 몇몇 철학적 주제도 있습니다. 상대성이론과 휘어진 시공간에 관한 아인슈타인의 아이디어들, 블랙홀과 같은 주제도 포함되어 있습니다. 그러므로 이 책은 수 세기 전의 낡은 아이디어들에서 시작해 현대 연구 수준의 개념까지 다룰 것입니다.

《양자와 장》에서는 양자 얽힘과 에르빈 슈뢰딩거Erwin Schrödinger의 고양이 같은 멋진 양자 아이디어들에 대해 논의하지만, 대부분은 자연의 기본 법칙들에 대한 최상의 양자 버전인 양자장이론과 입자물리학을 배우는 데 할애합니다. 시리즈의 마지막 책인《복잡성과 창발》에서는 세계가 단지 2-3개의 입자로 구성되어 있지 않음을 인정하는 데서 시작합니다. 계들이 수많은 움직이는 부품들로 이루어졌을 때 흥미로운 일들이 일어납니다.

세상에는 수많은 개념들이 있습니다. 그리고 아직 이들 대부분이 물리학과 관련된 영역에 머물러 있습니다. 그렇다고 다른 과학(또는 예술과 인문학) 분야에서 얻은 크고 중요한 아이디어들을 폄훼하고자 하는 것은 아니지만 구분할 필요가 있습니다.

'옳다고 믿을 충분한 이유가 있는 아이디어들'과 '가능성이 큰 추측'은 구분하려고 합니다. 물리학 교재들이 유용성이 검증된 아이디어들에 집착하는 반면 인기가 있는 책들에서는 완전히 가상인 개념들을 열광적으로 다루고 있습니다. 당연한 현상입니다. 연구자들은 대부분의 시간을 최첨단 연구에 쏟습니다. 정립된 생각들과는 다른 가능성에 대해서도 생각합니다. 이 시리즈에서는 지금으로부터 수백 년 후 물리학자들이 사용할 도구가 될, 연구할 이유가 충분한 아이디어들을 다루려고 합니다.

⁜

이 시리즈를 쓰는 동안 내가 받은 많은 도움에 대해 감사의 말씀을 전하고자 합니다. 스콧 애런슨, 저스틴 클라크-도앤과 맷 스트레슬러는 중요한 조언을 주었으며 여러 부적절한 표현을 바로잡아주었습니다. 제이슨 토친스키는 멋진 그림을 그려주었습니다. 책의 편집을 맡은 스티븐 모로는 항상 나를 지지해주고 영감을 주었습니다. 나의 매니저 카틴카 맷슨은 이 복잡한 과제의 일정을 짜주었습니다. 앨리스 달림플, 티파니 에스트레이처, 도라 맥, 네키샤 워너와 멜라니 무토는 제작 과정에서 결정적인 도움을 주었습니다. 이 책은 코로나19 팬데믹 시기에 나의 친구 로런 군더슨의 온라인 강의에서 영감을 받아 만든 비디오 시리즈에서 시작되었습니다. 그리고 물론 조언과 격려를 아끼지 않은 제니퍼 월렛에게도 진심으로 감사하다는 말씀을 전합니다. 나의 영상을 보거나 다른 보조 자료를 얻고자 한다면 preposterousuniverse.com/biggestideas/를 방문하기 바랍니다.

CHAPTER 1

보존

물리학자들에게 보존은 "시간이 지나도 일정한 것"을 의미합니다. 예를 들어 에너지가 보존된다는 이야기를 들은 적이 있을 것입니다. 에너지는 물이나 먼지와 같은 물질의 일종이 아닙니다. 에너지는 대상이 가진 성질로, 대상이 무엇이냐, 대상이 어떤 상황에 있느냐에 따라 달라집니다. 한 장소에서 다른 장소로 이동하는 "에너지 유체"라는 것은 없습니다. 단순히 위치와 속도와 다른 성질들을 가진 대상들이 존재하며, 우리는 이런 사실들 때문에 이들을 특정한 에너지 크기와 관련지을 수 있습니다.

* * *

주위를 한번 둘러보세요. 다른 사람들처럼 여러분도 몸을 갖고 있습니다. 몸은 공간 어딘가에 위치합니다. 우리 몸은 다른 곳에 위치한 물체들로 둘러싸여 있을 가능성이 큽니다. 탁자, 의자, 바닥, 천장, 벽이나 나무, 물 등이 주위에 있습니다. 이 모든 물체는 특정 위치와 성질을 갖고 있으며, 그 위치와 성질은 시간에 따라 변합니다. 의자는 벽 가까이 또는 멀리 옮길 수 있습니다. 물 한 잔을 마셔 몸에 수분을 보충할 수 있습니다. 마시지 않은 물 잔을 탁자 위에 놓으면 물은 대기 중으로 증발하며 사라집니다.

그것이 우리가 세상을 즉각적이고 인간적인 관점에서 생각하는 방식입니다. 공간에 놓인 대상이 있습니다(여기서 '공간'이란 '외부'를 의미하는 것이 아니고 물체가 움직일 수 있는 3차원 영역을 의미합니다). 이 대상은 변할 수도 있고 변하지 않을 수도 있습니다. 물리학은 우리가 생각할 수 있는 가장 기초적인 수준에서 이런 모든 대상과 이들의 행동을 연구하는 학문입니다. 실제로 무엇이 이런 연구 대상일까요? 어떻게 다른 물체들이 또 다른 물체들과 연관될까요? 이들은 어떻게 시간에 따라 변할까요? 단도직입적으로 말해 '시간'이란 무엇이고, 또 '공간'이란 무엇일까요?

물리학의 가장 좋은 점 중 하나는 평범한 관찰—대상의 행동을 눈으로 보고—로부터 실체의 본질에 관한 심오한 질문을 곧바로 끌어낼 수 있다는 것입니다. 중요한 점은 이런 일이 저절로 일어나지 않는다는 것입니다. 모든 일은 특정한 **패턴**을 따릅니다. 이런 패턴들을 **물리학 법칙**laws of physics이라고 부르며, 우리가 할 일은 이 법칙들을 발견하는 것입니다.

여러 패턴 가운데 가장 단순한 패턴은 어떤 것은 시간이 지나더라도 특성이 변하지 않는다는 것입니다. 실체가 가진 기본 속성에 대한 사고가 물리학 탐구의 위대한 도약대가 될 수 있지만, 이 탐구는 얼마 안 있어 힘들어집니다.

예측 가능성

적어도 우리는 당연히 우리 주위 세상을 예측하는 일이 가능하다고 생각합니다. 방 안에 탁자를 바라보다 잠시 시선을 다른 곳으로 돌렸다가 돌아오면, 여전히 탁자가 같은 곳에 있을 것이라 예상합니다. 탁자 위에 사과를 놓으면, 사과가 탁자를 관통해 바닥에 떨어지는 것이 아니라 탁자 위에 남아 있을 것이라 예상합니다. 기후나 미래에 있을 선거 결과를 예측하기 힘들어 한탄하는 것과 달리 탁자의 경우 예측의 신빙성에 감탄하게 됩니다.

물리학은 이런 예측 가능성 때문에 존재할 수 있습니다. 절대적이지는 않지만 지금 무슨 일이 일어났는지 안다면 다음에 무슨 일이 일어날지 조금은 예상할 수 있습니다. 가장 기본적인 예측 가능성으로는 **보존**conservation을 들 수 있습니다. 보존은 어떤 것이 전혀 변하지 않는다는 것을 의미합니다.

물리학자들에게 보존은 '시간이 지나도 일정한 것'을 의미합니다. 예를 들어 **에너지**energy가 보존된다는 이야기를 들은 적이 있을 것입니다. 에너지는 물이나 먼지와 같은 물질의 일종이 아닙니다. 에너지는 대상이 가진 **성질**로, 대상이 무엇이냐, 대상이 어떤 상황에 있느냐에 따라 달라집니다. 한 장소에서 다른 장소로 이동하는 '에너지 유체'라는 것은 없습니다. 단순히 위치와 속도와 다른 성질들을 가진 대상들이 존재하며, 우리는 이런 사실들 때문에 이들을 특정한 에너지 크기와 관련지을 수 있습니다.

대상은 움직이거나 높은 곳에 있거나 온도가 높거나 질량이 있거나 전하가 있거나 아니면 또 다른 이유로 인해 에너지를 가질 수 있습니다. 적절한 상황을 만나면 한 형태의 에너지가 다른 형태의 에너지로 변환되었다가 다시 원래 형태로 되돌아올 수 있습니다. 탁자 위에 놓여 있는 컵이 떨어질 경우 컵의 에너지는 곧바로 운동에너지로 변환되고, 컵이 바닥에 떨어져 부서질 때는 열과 소음과 다른 형태의 에너지로 손실됩니다. 에너지 보존은 모든 개별적인 형태의 에너지를 더한 전체 에너지가 전체 과정에서 항상 일정하다는 단순한 아이디어를 표현한 것입니다.

(잠깐, 이것은 순환 추론circular reasoning 이 아닌가요? 우리는 단지 정의상 모두 더하면 일정한 값이 되는 여러 물리량을 발명하고 이를 '에너지'라고 부르며, 물리학 법칙을 발견했다고 자축하는 것은 아닐까요? 그렇지 않습니다. 물리학 법칙들 자체가 시간에 따라 변하지 않는다는 사실에 기초해서 에너지를 정의하고 에너지가 보존된다는 것을 증명하는 독립적인 방법이 존재하기 때문입니다. 그러나 여러분은 올바른 질문을 하고 있습니다.)

우리가 상상할 수 있는 가장 단순한 아이디어는 변하지 않는 물리량이 존재하고, 이 물리량은 시간이 지나도 항상 동일하다는 것입니다. 그러나 에너지를 비롯한 다른 물리량들의 보존을 그저 물리학 전체를 탐구하기 위한 편리한 출발점으로만 볼 수는 없습니다. 보존을 이해하는 것이 현대 이전의 과학으로부터 현대 과학으로 전환하는 첫 번째 단계이기 때문에 이 출발점은 논리적으로도 올바른 출발점이라고 할 수 있습니다.

자연에서 패턴으로

물리학이 현대적인 형태로 등장하기 이전에 세상을 이해하려고 노력한 사람들의 마음가짐이 어땠는지 생각해봅시다. 다른 고대 사상가들을 떠올릴 수도 있지만 보통 그리스 철학자 아리스토텔레스Aristoteles를 예로 듭니다. 아리스토텔레스의 복잡하고 미묘한 아이디어들을 아주 단순화해서 이야기해봅시다. 아리스토텔레스는 사물의 운동을 '자연스러운' 운동과 '부자연스러운' (또는 '강제') 운동으로 나누었습니다. 그는 세계에 근본적인 목적이 있다고, 즉 세계가 미래의 목표를 향해 나아간다고 생각했습니다. 각 대상은 있어야 할 천연의 장소나 조건을 갖고 있어 그 장소로 움직이려고 합니다. 예를 들어 돌은 지면으로 떨어져 정지하고, 불은 하늘로 올라갑니다.

아리스토텔레스가 볼 때 지구에서는 모든 것이 자연적 상태에 있으므로 움직이지 않습니다. 물체를 움직이게 하려면 외부에서 영향을 주어야 하는데, 이 운동조차 일시적입니다. 돌을 집어 던진다고 합시다. 이것은 부자연스러운 운동 또는 강제 운동입니다. 그러나 결국 돌은 아래로 떨어져 지면에서 조금 튀어오른 뒤 자연스러운 상태인 지면에 정지하게 됩니다.

적어도 다양한 상황에서 아리스토텔레스의 주장은 틀리지 않습니다. 커피잔이 놓인 탁자 옆에 앉아 있다고 해봅시다. 커피잔은 탁자 위에 정지해 있습니다. 커피잔을 밀면 잔이 움직이지만 밀기를 멈추

면 잔은 다시 정지합니다. 아리스토텔레스가 상상했듯이 이런 사실이 우주의 기본 속성이라고 연장해 생각할 수 있습니다. 물체의 본성은 정지해 있는 것이며, 무언가가 물체를 밀면 자연적 상태에서 벗어나 움직입니다.

이미 아리스토텔레스 시절에도 알려져 있던 다른 경우에는 이런 설명이 잘 들어맞지 않습니다. 고대 그리스인들은 공중을 날아가는 화살에 친숙했습니다. 화살을 쏘려면 처음에 활시위에 힘을 주어야 하지만 화살이 활을 떠난 뒤에도 멀리 날아간다는 것을 분명히 알고 있었습니다. 왜 화살이 곧장 지면에 떨어지지 않을까요? 화살이 자연적 상태로 되돌아가는 것을 방해하는 것은 무엇일까요?

이것이 위대한 사상가들을 수백 년 동안 괴롭혔던 질문입니다. 시간이 걸리기는 했지만 궁극적으로 이 질문으로부터 우주에 관한 아리스토텔레스의 목적론을 완전히 뒤집어엎는 답이 나오게 됩니다. 아리스토텔레스의 주장은 물체가 궁극적인 목적에 따라 진화하지 않는다는 주장으로 대체됩니다. 대신 물체는 지금 현재 무슨 일이 일어나는지에 기초해 바로 다음 순간 일어날 일을 예측하는 법칙들을 따르게 됩니다.

운동량 보존

6세기 알렉산드리아의 사상가인 요하네스 필로포누스Johannes Philoponus가 중요한 진전을 이뤘습니다. 그는 활시위가 나중에 '임페투스impetus'로 명명된 특정한 물리량을 화살에 전달해 임페투스가 사라지기 전까지 화살을 움직이게 한다고 제안했습니다. 이것은 간단한 제안이었지만 미래지향적 목적들 대신 그 순간 존재하는 성질들을 가지고 운동을 설명하는 중요한 전환점이 되었습니다.

필로포누스의 아이디어는 11세기 페르시아의 박식한 학자인 이븐 시나Ibn Sina(아비세나Avicenna)에 이르러 더 발전되었습니다. 이븐 시나는 임페투스가 일시적인 것이 아니라고 주장했습니다. 모든 물체는 특정한 양의 임페투스를 가지고 있으며(정지한 물체의 임페투스 양은 0이고 물체가 움직이면 이 양이 커집니다), 힘으로 물체를 밀더라도 임페투스의 양은 일정하다고 주장했습니다.

이런 새로운 견해를 가지고 보면 돌과 커피잔이 결국 정지하는 것은 이들의 자연적 상태 때문이 아니라 힘들—마찰, 공기저항—이 점차 물체의 임페투스를 줄어들게 하기 때문입니다. 이븐 시나는 진공에서는 공기저항이 없기 때문에 움직이는 물체가 영원히 일정한 속도로 움직이게 된다고 주장했습니다. 이 주장은 1000년 전의 사고실험으로부터 나온 것이지만, 이를 믿고 오늘날 거의 일정한 속도(약한 중력의 끌림을 무시할 경우)로 행성들 사이를 이동하는 우주선을 꾸준히 만들고 있습니다. 14세기 프랑스의 철학자 장 뷔리당Jean Buridan이 임페투스에 관한 수학식을 제안했습니다. 그는 임페투스가 물체의 무게와 물체의 속력을 곱한 것과 같다고 생각했습니다.

운동량 보존conservation of momentum이라는 물리학 법칙은 이렇게 탄생했습니다. '운동의 양'이 보존된다는 모호한 아이디어는 이 양이 무엇인지를 정확히 정의하기도 전에 등장했습니다. 이것이 이론물리학이 발전하는 표준적인 방식입니다. 새로운 개념을 제시하고 이것을 정량적으로 정의하기 위해 노력한 결과 정량적인 표현—방정식—을 도출합니다. 그리고 이것이 세상에서 관찰되는 다른 현상들을 어떻게 잘 설명하는지 확인합니다. 지금 우리는 (적어도 상대성이론이 등장하여 조금 더 복잡해지기 전까지는) 운동량이 질량과 속도의 곱인 것을 알고 있습니다.

임페투스를 '무게와 속력의 곱'으로 정의한 뷔리당의 주장에 담긴 한 가지 문제점은 '무게weight'가 물체가 가진 내적인 성질이 아니라는 것입니다. 왜냐면 무게는 물체를 끌어당기는 중력의 크기에 의존하기 때문입니다. 몸무게는 지구에서보다 달에서 더 작으며 행성 사이를 항해하는 우주선 안에서는 몸무게가 0이 됩니다. 반면 **질량**mass은 내적인 성질입니다. 간단히 이야기하자면 질량은 물체가 가속되는 것을 방해하는 저항입니다. 큰 질량을 가진 물체를 특정 속력까지 가속하려면 큰 힘이 필요하지만, 작은 질량을 가진 물체를 같은 속력까지 가속하는 데는 힘이 적게 듭니다.

유사하게 **속력**speed과 **속도**velocity도 미묘하게 다릅니다. 속력은 매초 몇 미터처럼 숫자입니다. 반면 속도는 크기와 방향을 모두 가진 **벡터**vector입니다. 사실 속도 벡터의 크기는 정확히 '속력'과 같지만, 속도는 또한 어느 특정한 방향을 가리킵니다. 북쪽으로 시속 90킬로미터로 차를 모는 때의 속력과 남쪽으로 시속 90킬로미터로 차를 모는 때의 속력은 같지만, 속도는 다릅니다.

벡터는 적절한 기호 위에 작은 화살표를 그려 표시합니다. 예를 들어 물체의 속도는 보통 $\vec{v}$로 적습니다. 우리는 아주 흔하게 벡터의 크기에 신경을 쓰는데, 벡터의 크기는 벡터와 같은 기호에서 화살표만을 빼고 적습니다. 즉 벡터 $\vec{v}$의 크기는 간단히 v로 적습니다.

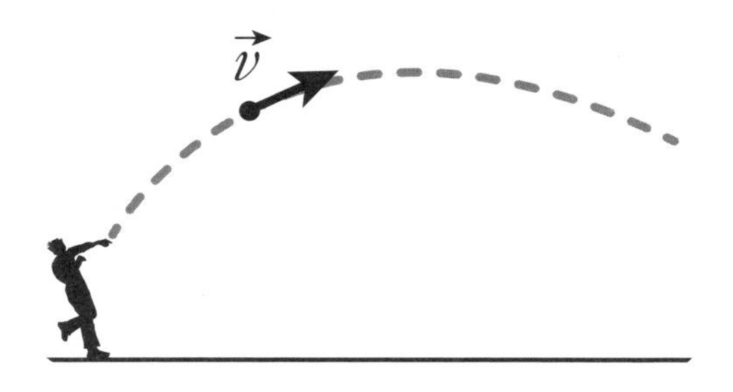

화살표를 이용한 표기법은 말 그대로 벡터의 방향을 향하는 화살표를 그려 벡터양을 표현하기 때문에 타당합니다. 이때 화살표의 길이는 벡터의 크기에 비례합니다. 또는 벡터를 **성분**component—특정한 방향에서의 벡터의 크기—들로 표현하기도 합니다. 물체가 정확히 북쪽으로 이동한다면 이 물체의 속도의 동쪽과 서쪽 성분은 0이 됩니다.

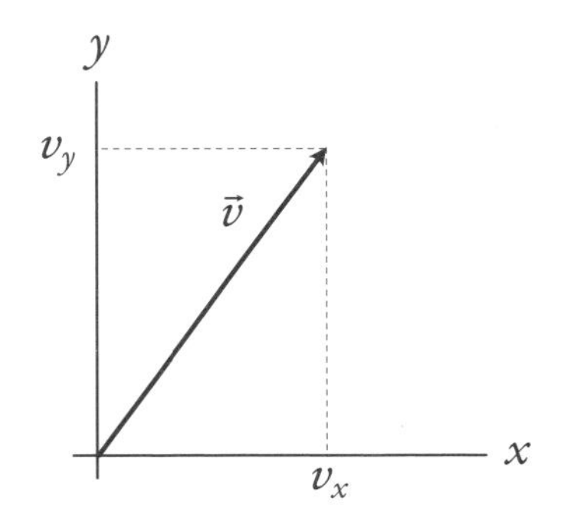

벡터들을 더하기는 쉽습니다. 첫 번째 벡터의 끝점에 두 번째 벡터의 시작점을 위치시키면 첫 번째 벡터의 시작점에서 두 번째 벡터의 끝점을 이은 세 번째 결과 벡터를 얻을 수 있습니다. 서로 더하는 두 벡터가 (거의) 같은 방향을 향한다면, 두 벡터를 더한 결과 벡터의 크기는 두 벡터의 크기의 합과 (거의) 같고 방향도 두 벡터와 (거의) 같습니다. 그러나 두 벡터의 방향이 (거의) 반대라면 결과 벡터의 크기는 매우 작아집니다.

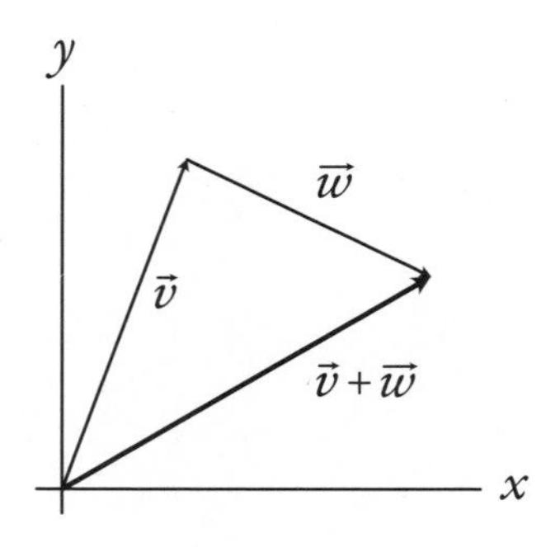

뷔리당과 이전 학자들은 벡터를 몰랐습니다. 벡터는 독일의 수학자 아우구스트 페르디난트 뫼비우스August Ferdinand Möbius('뫼비우스 띠'로 유명합니다), 아일랜드의 수학자 윌리엄 로언 해밀턴William Rowan Hamilton, 독일의 박식가 헤르만 그라스만Hermann Graßmann과 영국의 수학자 올리버 헤비사이드Oliver Heaviside를 포함한 19세기의 많은 학자에 의해 점차적으로 발전된 개념이었습니다. 그러므로 운동량에 대한 올바른 정의를 얻기까지 시간이 걸린 것은 당연하다고 볼 수 있습니다.

오늘날 운동량 벡터는 보통 $\vec{p}$로 표기합니다(문자 m은 질량을 표기하는 데 사용하므로 운동량의 라틴어 단어인 페테레petere로부터 운동량 기호가 생겼습니다). 이상의 사실을 염두에 두면 운동량은 세상에서 가장 간단한 식으로 표현할 수 있습니다.

$$\vec{p} = m\vec{v} \tag{1.1}$$

이것이 이 책의 첫 번째 방정식입니다. 운동량 벡터의 방향은 속도 벡터의 방향과 같으며, 두 벡터의 크기는 비례합니다. **비례**proportionality는 아주 중요한 개념입니다. 비례란 한 물리량에 곱하기를 하여 얻은 변화가 다른 물리량에 곱하기를 하여 얻은 변화를 내포하고 있음을 의미합니다. 즉 속도를 2배로 증가시키면 운동량 역시 2배로 증가합니다. 두 물리량을 연관시켜주는 계수를 '비례상수constant of proportionality'라고 부릅니다. 하지만 어떤 방정식에서는 비례상수가 실제로는 상수가 아닙니다. 식 (1.1)의 경우 비례상수가 물체의 질량으로 진짜 상수입니다.

식 (1.1)과 같은 기본적인 방정식이 가진 위력은 분명해 보입니다. 특정 물체의 운동량이 우연히도 물체의 질량과 속도의 곱과 같다고 말하는 것이 아닙니다. 이 식이 말하는 것은 운동량, 질량과 속도 사이에 **보편적인**universal 관계가 존재한다는 것입니다. 즉 모든 물체에 대해 항상 정확히 이 방정식이 만족된다는 것입니다. 앞으로 알게 되겠지만, 상대성이론의 경우에도 방정식들의 수학적 형태가 조금 달라지긴 하지만 근본 원리들은 거의 동일합니다.

식 (1.1)은 '인과관계'와 관련이 없습니다. 이 식은 물리량들 사이의 엄밀한 관계를 알려주며, 왼쪽에서 오른쪽으로, 또는 오른쪽에서 왼쪽으로 읽어도 성립합니다. 식을 m으로 나누어 $\vec{p}/m=\vec{v}$로 표현하는 것처럼, 양변에 같은 조작을 하여 얻은 방정식 역시 성립합니다. 그러므로 "물체의 속도를 알면 여기에 질량을 곱해 운동량을 얻을 수 있다"라고 말할 수 있습니다. 또는 "물체의 운동량을 알면 질량으로 나누어 물체의 속도를 얻을 수 있다"라고도 할 수 있습니다.

충돌과 밀기

운동량 보존이 가진 위력은 힘을 받지 않은 물체가 계속해서 일정한 속도로 움직인다는 것 그 이상을 알게 해준다는 것입니다. 예를 들어 한 물체가 다른 물체와 충돌하여 힘을 받을 때 전체 계(충돌하는 두 물체)의 전체 운동량은 보존됩니다.

힘을 받지 않고 움직이는 두 물체를 상상해봅시다. 마찰이 없는 당구대 위에서 움직이는 두 개의 당구공이 그 예입니다(에어하키 게임 테이블 위에 놓인 퍽이 조금 더 현실적이지만 많은 물리학자는 '마찰이 없는 것'과 같은 이상적 조건을 좋아합니다). 처음에 두 당구공은 직선으로 움직이지만, 충돌 후 두 공은 새로운 직선 궤적을 따라 멀어집니다.

첫 번째와 두 번째 당구공의 초기 운동량을 각각 $\vec{p}_1$(초기)와 $\vec{p}_2$(초기)라고 합시다. 그럼 첫 번째 당구공의 마지막 운동량은 $\vec{p}_1$(최종), 두 번째 당구공의 마지막 운동량은 $\vec{p}_2$(최종)이라고 할 수 있습니다. 이 경우 운동량 보존은 다음과 같이 적을 수 있습니다.

$$\vec{p}_1(\text{초기}) + \vec{p}_2(\text{초기}) = \vec{p}_1(\text{최종}) + \vec{p}_2(\text{최종}) \tag{1.2}$$

당구공들이 서로 스쳐 지나가면서 개별 운동량의 변화가 일어나는 것이 분명합니다. 그러나 계의 전체 운동량은 변하지 않고 보존됩니다.

운동량은 항상 보존되지만, 예전 학자들이 이 사실을 즉시 알아채지 못한 것이 이해가 됩니다. 아리스토텔레스를 언급하며 이야기한 커피잔을 다시 생각해봅시다. 처음에 잔은 정지해 있었고, 잔을 밀자

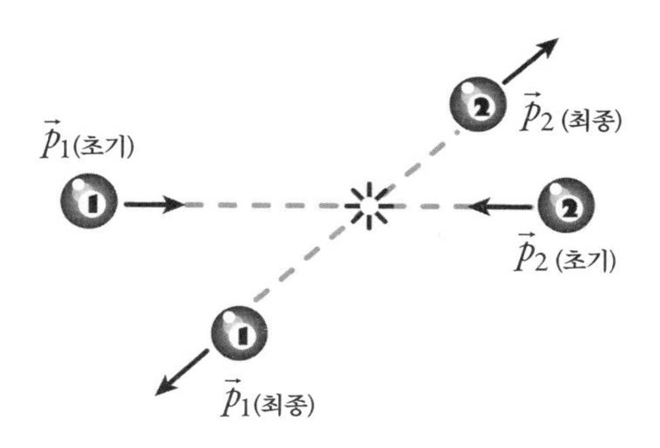

조금 움직이다가 다시 정지했습니다. 이 일에서 운동량이 보존되지 않는 것처럼 보입니다. 왜냐면 커피잔의 속도가 0에서 0이 아닌 양이 되기 때문입니다. 그러나 감춰진 진실은 커피잔이 나에게 반작용을 가해 내 몸이 내가 앉아 있는 의자를 약간 밀고 의자는 다시 지구를 약간 밀게 된다는 것입니다. 커피잔의 운동량 변화가 나/의자/지구 계의 운동량 변화와 정확히 상쇄됩니다. 커피잔에 비해 나/의자/지구 계의 질량이 엄청나게 커서 계의 속도 변화가 (0은 아니지만) 측정할 수 없을 정도로 작기 때문에 이를 알아차릴 수가 없습니다. 밀기를 멈추면 커피잔이 정지하는 것은 커피잔이 놓인 탁자가 커피잔을 반대로 밀기 때문입니다. 이 경우 탁자/지구 계는 운동량을 조금 얻어 커피잔을 밀기 전에 있던 원래 위치로 되돌아갑니다.

영화 〈그래비티gravity〉에는 샌드라 불럭과 조지 클루니가 우주정거장 밖에서 우주 공간을 떠다니는 위험에 빠지는 장면이 나옵니다. (스포일러가 있으니 주의를 바랍니다.) 이들은 우주정거장과 연결된 줄 한 가닥에 매달려 있습니다. 볼만한 영화이긴 하지만 이 장면에서 물리학과 맞지 않는 오류가 있습니다. 클루니가 불럭으로부터 멀어져감으로써 불럭은 목숨을 구하게 됩니다. 실제로는 두 사람과 우주정거장 모두 거의 같은 지구 주위 궤도에 있기 때문에 우주정거장으로부터 멀어지는 힘은 존재하지 않습니다. 줄을 조금 당기기만 해도 두 사람 모두 안전하게 우주정거장으로 귀환할 수 있었을 것입니다. 그러나 영화에서는 블록이 우주정거장으로 귀환하기 위해 클루니가 떠나갑니다.

나는 영화 제작자들이 영화를 재미있게 만들기 위해 물리학 법칙들을 조금 왜곡하는 것에 반대하지 않습니다. 그러나 이 경우 왜곡이 불필요했다고 생각합니다. 줄을 완전히 없앤다고 해도 같은 극적인 장면을 얻을 수 있습니다. 불럭과 클루니가 서로 붙잡고 있는 상태로 우주정거장으로부터 서서히 멀어져 간다고 상상해봅시다. 우주정거장과 둘 사이에는 연결하는 줄이 없습니다. 운동량 보존은 두 사람이 정확히 어떤 행동을 해야 할지 알려줍니다. 함께 붙잡고 있으면 가차 없이 우주정거장으로부터 멀어지게 되어 결국 두 사람 모두 죽습니다. 그러나 살 방법이 있습니다. 둘 중 한 사람이 다른 사람을 미는 것입니다. 그 경우 이들의 전체 운동량은 변하지 않지만, 한 사람은 우주정거장에 가까워지고 다른 사람은 멀어지게 됩니다. 불럭이 우주정거장으로 귀환하도록 클루니가 자신을 희생하면 됩니다. 또는 클루니나 불럭 두 사람 중 한 사람이 다른 사람을 밀어 피할 수 없는 위험에 빠뜨리고 자신을 구할 수도 있습니다. 그러나 그러면 영화가 아주 달라지게 됩니다.

고전역학

운동량 보존은 오늘날까지 중요한 물리학 원리이지만 이 원리를 이해하기 위해 걸어온 과정이 훨씬 더 중요한 의미를 가집니다. 물리학을 생각하는 새로운 방법을 제시했기 때문입니다. 이로 인해 내적 본질, 인과율과 운동의 원인인 원동자mover를 필요로 하는 아리스토텔레스의 목적론적 세계가 사라지게 되었습니다. 대신 세계에 대한 패턴인 물리학 법칙들이 아리스토텔레스의 세계관을 대체하게 되었습니다. 르네 데카르트René Descartes와 갈릴레오 갈릴레이Galileo Galilei와 같은 사람들의 중요한 기여로부터 1687년 아이작 뉴턴이 **고전역학**classical mechanics이라는 최초의 완전한 물리학 법칙들로 이루어진 이론을 소개했습니다.

현학적이지만 중요한 내용을 소개합니다. 현대물리학자들은 '고전'역학과 '뉴턴'역학을 구분해 이야기합니다. 고전역학은 방대한 이론인 반면, 뉴턴역학은 고전역학의 특수한 모델 가운데 하나입니다. 고전역학은 세계가 구체적이고 측정 가능한 값들을 가진 사물들로 이루어져 있으며, 이들은 결정론적인 운동 방정식을 따른다고 말합니다. 뉴턴역학은 절대 공간과 절대 시간이라는 특수한 아이디어를 추가했습니다. 뉴턴역학은 고전적이지만 뉴턴역학적이지 않은 '상대론적' 역학과 대비가 됩니다. 상대론적 역학에서 공간과 시간은 통합되어 있습니다. 상대성이론에 관한 이야기를 할 때까지 에너지와 운동량과 같은 대상에 적용할 방정식들은 뉴턴역학을 따릅니다. 더 복잡하게 이야기하자면 '라그랑주역학Lagrangian mechanics'과 '해밀턴역학Hamiltonian mechanics' 같은 이론도 있습니다. 이 이론들은 수학적으로 뉴턴역학과 같은 것들이지만, 사용하는 용어와 개념들이 다릅니다. 라그랑주역학과 해밀턴역학은 고전역학임이 분명합니다. 이들을 뉴턴역학이라 부를지, 고전역학이라 부를지는 각자의 취향에 달려있습니다.

고전역학은 본질이나 인과율과 관련된 이론이라기보다 패턴에 관한 이론입니다. 왜냐면 "무엇이 계의 자연스러운 상태인가?" 또는 "무엇이 계를 그런 식으로 움직이게 하는가?"라고 묻지 않기 때문입니다. 단지 "특정 순간에 계가 무슨 일을 하고 있는가?"라는 것만 묻습니다. 그리고 그로부터 계가 다른 순간에 무슨 일을 할지를 정확하게 예측합니다. 심지어 특정 순간은 미래가 아닌 과거일 수도 있습니다. 두 입자의 운동량 보존에 관한 식 (1.2)는 미래뿐만 아니라 과거에서도 이 식이 작동한다는 것을 내포하고 있습니다. 전체 초기 운동량을 알고 있다면 더 앞선 시간에서도 이 운동량이 같다는 것을 이 식이 알려줍니다.

이것은 또 다른, 훨씬 더 거대한 보존 법칙인 **정보 보존**conservation of information의 한 가지 예입니다. 정보 보존의 원리는 고전역학의 뉴턴의 법칙들 속에 내재되어 있지만, 1814년 무렵 프랑스의 수학자 피에르-시몽 라플라스Pierre-Simon Laplace의 연구가 발표되기 전까지는 알려져 있지 않았습니다. 어느 한순간의 고전계의 상태는 계의 모든 부분, 예를 들면 태양계의 모든 행성의 위치와 속도로 주어집니다. 라플라스는 정보의 양이 시간이 지나도 보존된다고 지적했습니다. 어느 한순간의 상태로부터 미래나 과거에 상관없이 다른 모든 순간의 상태를 예측할 수 있습니다. 또는 정보를 완벽하게 알고 있으며 정확히 계산할 수 있는 능력을 가지고 있다면, 적어도 원칙적으로 예측이 가능합니다. 라플라스는 이런 능력을 가진 '전능적인 지성'을 상상했지만, 사람들은 나중에 이것을 가상의 존재인 라플라스의 악마Laplace's Demon라고 불렀습니다. 라플라스의 악마 사고실험이 지적하고자 했던 것은 모두가 이런 정보를 가질 수 있으며 이로부터 그런 예측을 할 수 있다는 것이 아니고, 실제로 그렇게 하려고 노력해야 한다는 것도 아닙니다. 어느 누구도 우주보다도 훨씬 작은 모래알 속 모든 원자의 위치와 속도를 알 방법은 없습니다. 그러나 우주는 이런 정보를 갖고 있으며 고전역학의 법칙들은 이 정보가 시간이 흘러도 보존된다고 예측하고 있습니다.

에너지 보존

이제 고전역학에서 가장 잘 알려진 것 가운데 하나인 **에너지 보존** conservation of energy을 알아보겠습니다. 에너지 보존은 물리학의 아이디어들을 개발하는 과정을 보여주는 흥미로운 예입니다. 벡터인 운동량과 달리 물체의 에너지는 단지 숫자에 불과합니다. 즉 에너지는 크기는 있지만 방향은 없는 물리량입니다(숫자를 종종 '스칼라scalar'라고도 부릅니다. 특히 스칼라라는 용어는 벡터나 더 복잡한 물리량과 구별할 때 사용합니다). 에너지는 숫자 형태로 주어지지만, 운동량과 관련된 에너지—즉 운동에 관한 에너지—는 **운동에너지**kinetic energy의 한 종류만 존재합니다. 질량 m, 속력 v인 물체의 운동에너지 공식은 다음과 같습니다.

$$E_{운동} = \frac{1}{2}mv^2 \qquad (1.3)^*$$

---

* 왜 공식에 $\frac{1}{2}$이 등장할까요? 미적분을 이용해 설명할 수 있지만, 우리는 아직 미적분에 익숙하지 않습니다. 뒤에서 다루겠지만, 미리 이야기하자면, 물체를 밀면 힘을 거리에 대해 적분한 만큼 에너지가 축적됩니다. 뉴턴의 운동 제2법칙에서 힘은 질량과 가속도의 곱과 같습니다. 또 가속

고전역학에서는 운동량과 에너지가 모두 보존되지만, 운동에너지 자체는 보존되지 않습니다. 왜냐면 운동에너지가 다른 종류의 에너지로 변환(또는 다른 에너지로부터 생성)되기 때문입니다. 활에서 화살이 발사될 때는 활시위를 당겨 생겨난 에너지가 화살의 운동에너지로 변환됩니다.

상황이 단순한 경우 에너지가 한 형태에서 다른 형태로 어떻게 변환되는지 직접 추적할 수 있습니다. 물리학자들은 언덕 위에 있던 공이 마찰이나 공기저항을 받지 않고 구르는 것을 예로 들곤 합니다. 이 경우 운동에너지 외에 언덕 위 공의 높이와 관계된 **퍼텐셜에너지** potential energy도 존재합니다. 높은 곳에 있는 공에 대한 퍼텐셜에너지 공식은 다음과 같습니다.

$$E_{\text{퍼텐셜}} = mgh \tag{1.4}$$

여기서 m은 공의 질량, g는 지구 표면 근처에서의 중력가속도입니다(다른 행성에서 이 실험을 한다면, 이 행성에 맞는 중력가속도로 바꾸면 됩니다). 지구 표면 근처에서 중력가속도는 $g = 9.8$ (미터/초)/초의 값을 갖습니다. 즉 (공기저항을 무시했을 때) 낙하하는 물체의 속력이 매초 9.8미터/초만큼씩 증가합니다. 언덕이 전혀 없을 경우, 물체의 가속도는 이 값이 됩니다.

도는 속도를 시간으로 미분한 것입니다. 그러므로 가속도를 거리에 대해 적분한 것은 속도에 대해 속도 자체를 적분한 것과 같게 됩니다. 따라서 $\int mv\,dv = \frac{1}{2}mv^2$을 얻습니다. 아마도 지금은 이것을 이해할 수 없겠지만, 조금만 기다리면 이해하게 될 것입니다.

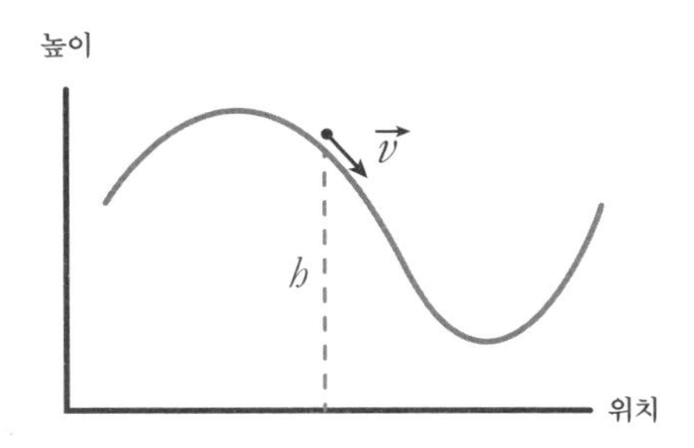

마찰이 없는 언덕에서 구를 경우, 전체 에너지 $E_{운동}+E_{퍼텐셜}$은 일정하지만 두 형태의 에너지 사이에 변환이 일어납니다. 언덕 위에서 공이 정지해 있다가 아래로 굴러 내려오기 시작하면 공의 속도가 운동에너지를 만드는데, 이 양은 정확히 퍼텐셜에너지의 감소량과 같습니다.

퍼텐셜에너지와 운동에너지가 서로 변환되는 것은 쉽게 알 수 있습니다. 그러나 다른 형태의 에너지라면 이보다 알기가 어렵습니다. 앞서 충돌 후 서로 멀어지는 두 당구공의 예를 들었습니다. 특히 완전히 마찰이 없는 당구대 위에서 움직이는 가상의 '물리학자용 당구공들'은 충돌할 때 소리나 열을 발생하지 않습니다. 이 경우 운동량과 운동에너지가 모두 보존됩니다. 이제 고등학교 또는 대학교 물리학 수업 때 배운 내용을 회상해봅시다. 당구공이 **탄성**elastic 충돌을 한다면 운동량과 운동에너지 모두 보존되는데 이유는 당구공들이 단지 서로 반발할 뿐이기 때문입니다.

그러나 **비탄성**inelastic 충돌을 할 경우, 운동량은 보존되지만 운동에너지는 다른 형태의 에너지로 변환됩니다. 당구공 대신 크기가 같고 방향이 서로 반대인 운동량을 가진 두 진흙 덩어리가 충돌한다고 상상해봅시다. $\vec{p}_1$(초기)$=-\vec{p}_2$(초기). 이 경우 두 진흙 덩어리는 되튀지 않고 서로 붙어 다른 모양이 됩니다. 이 경우 운동량은 여전히 보존되지만 운동에너지는 보존되지 않습니다. 운동에너지가 열과 진흙 덩어리의 모양에 변형을 일으키는 데 소모됩니다.

뉴턴을 포함한 초기 사상가들은 운동량과 에너지가 별개라고 생각하지 않았습니다. 이들을 '운동의 양'과 관련된 단일한 것으로 생각했습니다. 힘을 받지 않는 물체는 직선 등속운동을 한다는 것이 기본 원리인 뉴턴역학에서 운동량은 분명하게 정의되어 있습니다. 고트프리트 빌헬름 라이프니츠Gottfried Wilhelm von Leibniz(미적분의 발명을 두고 싸운 뉴턴의 경쟁자)는 mv^2로 정의한 '활력'이 운동을 탐구하는 데 있어 더 중심이 되는 물리량이라고 주장하긴 했지만 운동에너지는 조금 더 미묘합니다.

이 상황을 마침내 프랑스의 철학자이자 물리학자인 에밀리 뒤 샤틀레émilie du Châtelet 후작 부인이 해결했습니다. 그녀는 뉴턴의 저서를 프랑스어로 번역했으며 운동량 보존의 중요성을 인식하고 에너지는 별도로 보존되는 물리량이라고 주장했습니다. 그 증거로 그녀는 네덜란드의 물리학자 빌럼 야코프 스흐라베산더Willem Jacob s' Gravesande가 처음으로 생각해낸 무거운 공들을 부드러운 진흙에 떨어뜨리는 실험을 했습니다. 공의 운동량은 지구에 모두 전달되지만, 공의 운동에너지는 지면에 파인 자국을 만듭니다. 그녀는 실험을 통해 이동한 진흙의 양이 공이 진흙에 충돌할 때 속력의 제곱에 비례하는 것을 관측했고, 이것은 정확히 운동에너지의 공식에서 예상했던 것과 같았습니다.

많은 사람이 '질량 보존'의 법칙의 존재를 알지만, 상대성이론이 등장하면서 이 법칙은 엄밀히 말해 사실이 아니게 되었습니다. 상대성이론에서도 에너지와 운동량은 모두 보존됩니다(하지만 이 물리량들에 대한 방정식은 앞에서 제시한 방정식과는 조금 다릅니다). 그러나 질량은 단지 특별한 종류의 에너지입니다. 이것이 유명한 아인슈타인의 방정식이 의미하는 것입니다. 즉 정지한 (운동에너지가 0인) 물체의 에너지는 질량에 광속의 제곱을 곱한 것과 같습니다.

$$E_{\text{정지}} = mc^2 \tag{1.5}$$

보통의 경우 질량 보존은 아주 좋은 근사approximation이지만, 일상적으로 입자들의 속력이 광속에 가까운 경우를 다루는 입자물리학에서 질량 보존은 더 이상 유용하지 않으므로 에너지 보존을 고려해야 합니다.*

---

* 속도에 따라 증가하는 '상대론적 질량'이라는 개념이 있습니다. 이 용어는 혼동을 일으키므로 불필요합니다. 물체의 질량은 고정된 물리량이라 생각하고 에너지가 속도에 의존한다고 생각하는 것이 더 좋습니다.

보존 법칙들은 왜 존재할까요?

과학자들은 "왜?"라는 질문을 던지기를 좋아합니다. 왜 나무에서 사과가 떨어지는지, 왜 커피와 크림은 항상 섞이는지, 왜 산소를 차단하면 불이 꺼지는지 등을 알고 싶어 합니다. 그러나 답을 하기가 쉽지 않습니다. "왜?"라는 질문에 "그게 자연의 방식이야"라는 것이 궁극적인 대답이 될 수밖에 없을 가능성도 염두에 둬야 합니다.

다행히도 보존 법칙들을 안다면 이보다 좋은 대답을 할 수 있습니다. 20세기 초까지 그렇게 생각하지 않았지만, 독일의 수학자 에미 뇌터 Emmy Noether*가 마침내 보존 법칙들이 자연법칙의 **대칭성**symmetry과 관련이 있다는 놀라운 정리를 증명했습니다. 이 정리의 기본 아이디어는 간단합니다. 대칭성은 계의 본질적인 성질을 변화시키지 않으면서 계에 적용할 수 있는 변환입니다. 원은 중심에 대해 임의의 각도로 회전을 시키더라도 변하지 않기 때문에 대칭성을 가지고 있습니다. 반면 정사각형은 중심에 대해 90도의 정수배 회전에 대해서만 대칭성을 갖습니다.

계에 대한 모든 끊임없고 연속적인 대칭성 변환은 특정한 물리량의 보존과 연관되어 있다는 것이 바로 뇌터의 정리Noether's theorem입니다. 예를 들어 물리학 법칙 전체가 공간 이동(계를 하나 선택하여 계를 다른 곳으로 이동합니다)과 시간 이동(실험 후 조금 기다렸다가 다시 실험

---

* ö처럼 움라우트가 붙은 독일어 모음은 보통 '외oe'로 발음합니다. 예를 들어, 에르빈 슈뢰딩거 Erwin Schrödinger 의 성을 'Schroedinger'로 적기도 합니다. 그러므로 에미 뇌터의 성이 사실은 'Nöther'라고 생각할지 모르지만, 그렇지 않습니다. 그녀는 실제로 자신의 성을 'Noether'로 적었습니다. 요한 볼프강 괴테Johann Wolfgang Goethe도 유사한 경우입니다.

을 합니다)에 대해 대칭성을 가진다고 합시다. 그러면 어느 한 이동에 대해 이동 이전과 이동 이후에 같은 결과를 얻어야 합니다. 뇌터의 정리는 이런 대칭성들이 이미 알려진 보존 법칙들과 관계가 있다는 것을 알려줍니다. 공간 이동에 대해 불변하면 운동량 보존이 성립하고, 시간 이동에 대해 불변하면 에너지 보존이 성립합니다. 다른 수많은 대칭성의 경우도 같습니다. 1차원 시간에 대응하는 유일한 보존량은 에너지입니다. 그러나 3차원 공간의 경우 세 방향 가운데 어느 한 방향으로 개별적인 이동이 가능합니다. 운동량이 벡터인 이유가 이 때문입니다. 운동량은 3개의 성분을 가지는데, 각 성분은 공간의 각 방향과 관계된다고 생각할 수 있습니다. 또 계를 3개의 독립적인 회전축 주위로 회전하는 데 따른 대칭성이 존재합니다. 이 대칭성 때문에 또 다른 보존 법칙인 **각운동량**angular momentum 보존이 성립합니다.

대칭성	보존량
시간 이동	에너지
공간 이동	운동량
회전	각운동량

이들 대칭성—공간 이동, 시간 이동, 회전—은 모두 **시공간 대칭성**spacetime symmetry입니다. 왜냐면 계를 공간 및/또는 시간에서 변환하는 것과 관계가 있기 때문입니다. 입자물리학과 양자장이론에서는 양자장의 다른 부분들을 서로 '회전'시키는 **내부 대칭성**internal symmetry이 존재합니다. 이런 내부 대칭성은 전하의 보존이나 입자의 여러 다른 성질의 보존과 관계가 있습니다.

물리학 법칙들이 특정한 대칭성을 보인다는 사실을 상기할 때, 한 가지 미묘한 문제가 발생합니다. 우리가 처한 실제 상황이 대칭성을 깨는 것처럼 보인다는 것입니다. 예를 들어 우리 우주는 팽창하고 있습니다. 즉 시간이 지나면 멀리 있는 은하들과 다른 은하들 사이의 거리가 증가합니다. 따라서 팽창하는 우주에서는 에너지가 보존되지 않는 것처럼 보입니다. 우리 우주의 형상은 시간에 따라 변합니다. 한곳에 가까이 뭉쳐 있던 것들이 미래에는 멀리 떨어져 있게 됩니다. 우리가 알고 있는 물질 형태의 모든 에너지(복사, 보통의 물질, 암흑물질, 암흑에너지 등등)를 더한 값은 시간에 따라 일정하지 **않습니다**. 시공간의 곡률과 관련된 에너지를 정의하여 이 값을 수정하는 방법들이 있긴 하지만, 이 방법들도 완전히 만족스러운 것은 아닙니다. '한 공간 영역에 들어 있는 전체 에너지'를 '이 영역 안에 있는 모든 것들의 에너지의 합'으로 정의하는 것과 이 값이 시간에 따라 변한다는 것을 받아들이는 것은 타당해 보입니다.

정리하면 다음과 같습니다. 보존 법칙들은 까다롭습니다. 방심은 금물이고 침착해야 합니다. 우리가 우주의 가장 위대한 생각들로 깊이 파고 들어갈수록 이런 마음가짐을 가져야 합니다.

구형 소의 철학

보존 법칙들은 분명 개념적으로 중요할 뿐만 아니라 실제로도 유용합니다. 그러나 보존 법칙들, 그 가운데 특히 운동량 보존 법칙을 물리학 세계를 탐구하는 적절한 출발점으로 잡는 데는 또 다른 이유가 있습니다. 운동량 보존 법칙이 **구형 소 철학**spherical-cow philosophy이라는 방법론적 원리를 잘 보여주고 있기 때문입니다.

구형 소는 물리학자들끼리 즐겨 사용하는 농담에서 나온 명칭입니다. 한 낙농업자가 농장의 우유 생산량을 늘리기 위해 근처 대학교에 근무하는 한 과학자에게 도움을 청합니다. 설명하기 어려운 어떤 이유 때문에 낙농업자와 과학자는 이론물리학자에게 자문을 구합니다. 물리학자는 복잡한 계산을 위해 자리를 비웠다가 인상적으로 보이는 여러 방정식을 가지고 돌아옵니다. "내 생각에 여러분들의 문제를 푼 것 같습니다"라고 물리학자가 말합니다. "답이 무엇인가요?"라고 낙농업자가 묻습니다. "그럼 우선 소를 구라고 가정하고…"

이 경우 즉시 이해되지는 않지만, 소는 구가 아닐 뿐 아니라 소의 비구형성이 소라고 판단하게 하는 결정적인 요소라는 사실이 이 유머의 핵심입니다. 구형 소는 절대로 소일 수가 없습니다. 물리학자의 바람대로 이런 가정을 함으로써 계산을 간단하게 할 수는 있을지 모르지만, 그리하면 실제로 낙농업자에게 유용한 정보를 전혀 제공할 수 없게 됩니다.

구형 소 농담이 유명한 것은 아주 우습기 때문—이전에 그런 주장을 한 사람은 없었습니다—이라기보다 '구형 소를 가정'하는 것 같은 일이 실제로 물리학에서는 아주 유용하기 때문입니다. 구형 소는 물리학의 일반적인 원리의 한 예입니다. 즉 가능한 한 많은 복잡성을 무시함으로써 어려운 문제를 단순한 문제로 이상화할 수 있습니다. 그리고 이 단순한 문제의 답을 얻습니다. 그런 뒤 무시했던 복잡성들을 삽입하여 이들이 단순한 문제의 답에 어떤 영향을 미치는지를 계산합니다.

이런 사고방식을 통해 운동량 보존을 알아낼 수 있었습니다. 아리스토텔레스는 틀리지 않았습니다. 커피잔은 저절로 움직이지 않으며 커피잔을 조금 밀면 잠시 움직였다가 멈춰 정지 상태로 되돌아갑니다. 그러나 이븐 시나 역시 틀리지 않았습니다. 커피잔은 내적 본성이 아닌 마찰 때문에 정지합니다. 우리가 마찰을 무시할 수 있다고 하고 화살이 진공 속에서 날아가고 있다고 상상한다면, 화살은 일정한 속도로 계속 움직일 것입니다. **이것이** 유용한 물리학 분석의 출발점입니다. 우리는 항상 마찰이라는 복잡성을 나중에 다시 추가할 수 있습니다.

이런 종류의 추론을 한 대가가 바로 갈릴레오였습니다. 그는 한눈에 어떤 것들이 필수적이고 어떤 것들을 무시해야 하는지 알아차리는 데 천재적이었습니다. 아리스토텔레스는 무거운 물체가 가벼운 물체보다 빨리 떨어진다고 주장했습니다. 다시 말하지만, 아리스토텔레스는 틀리지 않았습니다. 한 권의 책과 한 장의 종이를 동시에 떨어뜨리고 실험 결과를 지켜봅시다. 그러나 갈릴레오는 공기저항이 없다면 두 물체가 같은 속도로 떨어질 것이라고 주장했습니다. 이것은 수 세기가 지난 후에도 실행하기 어려운 실험이었습니다. 그러나 갈릴레오는 교묘한 실험 장치를 제작하여 두 물체가 같은 속도로 떨어진다는 숨겨진 원리를 밝힐 수 있었습니다.

앞으로 구형 소 철학이 유용한 경우를 거듭해서 보게 될 것입니다. 그러나 아무리 유용하더라도 구형 소 철학은 진리를 발견하는 보편적인 방법은 아닙니다. 예를 들어 낙농업자는 이 방법을 사용할 수 없습니다. 거시적인 스케일에서 우리가 만나게 되는 많은 복잡계의 경우, 상황에 따른 여러 특성 간의 상호작용이 결정적인 역할을 담당합니다. 즉 여러 상황을 한번에 하나씩 무시하고 나중에 이들의 영향을 고려하는 식으로는 올바른 풀이를 얻을 수 없습니다. 생물학이나 경제학 같은 분야에서는 흔히 모든 것이 다른 모든 것에 의존합니다.

물리학이 어렵게 느껴지는 까닭은 물리학이 실제로 다른 과학 분야에 비해 아주 쉽기 때문입니다. 물리학(적어도 물리학의 어떤 분야들)은 고려해야 할 계의 여러 요소를 무시하여 훨씬 간단하게 만든 문제를 푼 후 마지막에 무시했던 모든 요소의 영향을 고려하는 기적 같은 능력을 갖고 있습니다. 이런 기적은 생각보다 물리학자들의 삶을 엄청나게 편하게 해줍니다. 그 결과 물리학자들은 양자역학으로부터 상대성이론을 거쳐 빅뱅까지, 직관에 반하는 놀라운 세상의 속성들을 발견할 수 있었습니다. 단지 머리만 좋아서는 절대로 이런 속성들을 알아낼 수 없었을 것입니다. 물리학자들은 실험 데이터를 설명하기 위해 이런 속성들을 발명했어야 했습니다. 그러나 이런 속성들은 매우 직관에 반하기 때문에 적어도 첫눈에 이해하기가 힘듭니다. 우리 앞의 풍경이 낯설어 보이는 것은 우리가 아주 먼 곳을 보고 있기 때문입니다.

CHAPTER 2

변화

고전역학에 대한 라플라스의 패러다임에 따르면, 한 물체의 현재 위치와 속도를 알고 있고 이 물체에 영향을 미치는 이 물체와 관련된 다른 모든 물체의 위치와 속도 역시 알고 있다면, 이 물체의 미래를 결정할 수 있습니다. 그러고 나서 이 물체에 작용하는 힘들이 무엇인지를 찾아낼 수 있으며, 뉴턴의 제2법칙으로부터 물체의 가속도를 구할 수 있습니다.

✳ ✳ ✳

물리학은 세상이 어느 정도 연속성과 예측성이 있다는 사실에 근거해 만들어졌습니다. 그러나 우리 주위의 모든 것이 매 순간 같은 상태에 머문다면, 세상은 아주 지루한 곳이 될 것입니다. 다행히도 세상은 지루하지 않습니다. 행성과 별들은 계속 움직이고, 사람들은 일을 하거나 휴일에는 비행기를 타고 여행을 떠나며, 원자들도 우리 몸 안과 다른 곳에서 이리저리 움직이고 있습니다. 우리는 이런 현상들을 이해하는 데 최대한 관심을 가져야 할 필요가 있습니다.

고전물리학에서 변화change는 프랑스 수학자 피에르 시몽 라플라스의 이름을 따서 라플라스의 패러다임Laplacian paradigm이라고 부르는 특수한 틀을 사용해 기술합니다. 라플라스의 악마 사고실험은 정보가 보존되는 것을 보여주었습니다. 미래를 예측하거나 과거를 추리하는 데 필요한 데이터는 고립된 계의 역사 속 어느 한순간에 들어 있습니다. 이것은 사물이 어떻게 변화하는지를 이해하기 위한 다음과 같은 패러다임이 있다는 것을 의미합니다.

- 어느 한순간 계의 상태가 무엇인지를 명시합니다.
- 물리학 법칙들을 사용해서 다음 순간에서의 계의 상태를 계산합니다.
- 다시 물리학 법칙들을 사용해서 새로운 순간에서 다음 순간으로 어떻게 진화하는지 계산합니다.
- 이 과정들을 반복합니다.

이 알고리듬을 사용하면 계의 전체 역사, 즉 과거와 현재와 미래를 구성할 수 있습니다. 이 알고리듬은 계가 지향하는 본질이나 목적이나 목표와 아무런 관계가 없습니다. 그저 한 상태로부터 다른 상태를 구하는 것으로, 다음 상태는 현재 상태와 물리학 법칙들에 의해 결정됩니다.

그러나 '바로 다음 순간'이 가지는 의미는 무엇일까요? 여기서 '순간'이란 무엇일까요? 1초일까요? 아니면 100만 분의 1초일까요? 명확하지 않아 보입니다.

아마도 우리에게 필요한 것은 시간을 가능한 한 최소 단위로 나누는 것 같습니다. 그러나 시간은 일상 경험이나 현대물리학의 관점에서 볼 때 연속적으로 흐르는 것 같습니다. 엘레아의 제논Zenon('제논의 역설'의 그 제논입니다)으로부터 아르키메데스Archimedes까지 고대인들조차 시간이 가진 연속성에 혼란스러워했습니다. 아이작 뉴턴과 고트프리트 빌헬름 라이프니츠가 각각 따로 미적분calculus을 개발할 때까지 사실상 이 혼란은 해결되지 않았습니다. 미적분은 무한히 작은 양을 다루는 수학적 도구입니다. 이 장에서 미적분에 대해서도 조금 공부할 예정입니다.

기쁜 소식은 생각보다 미적분의 기본 개념들이 이해하기 쉽다는 것입니다. 실제로 두 가지 기본 개념만이 존재합니다. 어떤 것의 변화율을 계산하는 '도함수derivative'와 전체 변화량을 계산하는 '적분integral'이 그것입니다.

(나쁜 소식은 없습니다.)

행성과 힘

변화를 기술하는 라플라스의 패러다임을 이해하기 위해 또 다른 방법을 고려해봅시다. 태양계 행성들의 운동이 좋은 예입니다. 행성 운동은 역사적으로 물리적 통찰력이라는 결실을 제공했습니다.

사람들 대부분은 프톨레마이오스Ptolemaios와 니콜라우스 코페르니쿠스Nicolaus Copernicus를 잘 알고 있습니다. 2세기 알렉산드리아 출신 천문학자인 프톨레마이오스는 (지구가 태양계 중심에 있다는) 천동설을 만들어냈으며, 천동설은 1000년 이상 최첨단 태양계 모델로 군림했습니다. 16세기 폴란드의 천문학자 코페르니쿠스는 (태양이 태양계의 중심에 있다는) 지동설이라는 또 다른 태양계 모델을 발표했습니다. 우주의 중심에 살고 있다고 생각하던 수많은 사람이 지동설에 당황했습니다. 그러나 프톨레마이오스와 코페르니쿠스의 모델 모두 원 궤도에 기초한 것으로, 둘 모두 천문학 관측 결과를 설명하기에는 부족했습니다. 원만으로 행성 궤도를 설명하는 모델을 만들면 각 궤도의 중심이 조금씩 어긋나 있어 공통의 중심이 존재하지 않습니다. 또 행성은 주원main circle을 따라 움직이지 않고 중심이 주원에 위치한 작은 주전원circular epicycle을 따라 움직입니다.

17세기 독일의 천문학자 요하네스 케플러Johannes Kepler가 이 상황을 크게 단순화했습니다. 그는 태양계의 중심에 태양이 있고 태양 주위로 지구가 공전하는 코페르니쿠스의 모델을 받아들였습니다. 그러나 케플러의 진정한 창의적 통찰력은 누구도 의심하지 않던 원 외에 행성 궤도가 취할 수 있는 다른 형태가 존재한다는 것을 찾아낸 것입니다. 케플러는 궤도가 **타원**ellipse이며, 그러면 주전원 및 이와 관련된 복잡성이 즉시 제거된다고 제안했습니다. 그는 스승인 티코 브라헤Tycho Brahe가 오랜 노력을 기울여 얻은 데이터에 기초해 행성 운동에 관한 세 가지 법칙을 발표했습니다.

1. 행성은 타원의 초점 가운데 하나에 태양이 위치한 타원 궤도를 따라 움직인다.
2. 행성과 태양을 잇는 선은 타원 궤도 위에서 같은 시간 동안 같은 면적을 휩쓸고 지나간다. 따라서 행성이 태양에 가까울수록 더 빨리 움직이고 태양에서 멀리 떨어져 있을수록 더 느리게 움직인다.
3. 더 큰 궤도는 공전 주기가 더 길다. 특히 주기의 제곱은 타원의 장축의 세제곱에 비례한다. 이 관계에 의해 여러 행성의 궤도는 서로 관련되어 있다.

케플러의 법칙은 행성들의 동역학을 이해하는 데 엄청난 진전을 가져왔습니다. 그러나 다른 진전들에서처럼 곧바로 새로운 질문들도 생겨났습니다. 행성 궤도들은 **왜** 케플러의 법칙을 따르는 것일까요?

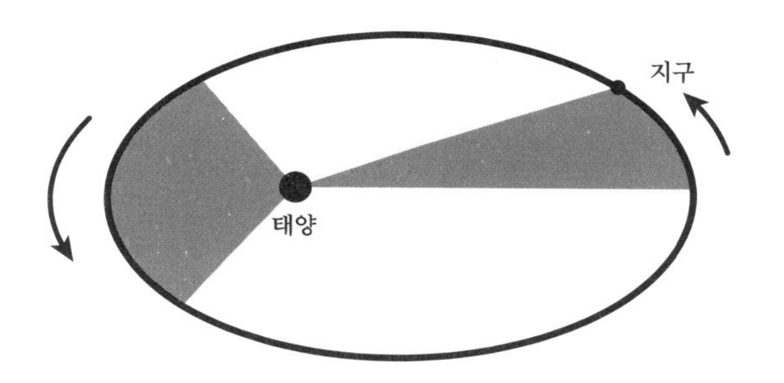

심지어 이런 질문을 해도 되는 것일까요?

이런 또는 이와 관련된 질문들은 이성의 시대 여명기인 17세기 말 몇몇 위대한 사상가들의 마음을 사로잡았습니다. 갈릴레오와 데카르트의 연구에 자극을 받아 자연철학자들은 **역학**mechanics—운동과 운동이 일어나는 원인에 관한 연구—분야에 관한 훈련을 쌓았습니다. 운동량이 보존되고 직선 등속운동이 자연스러운 상태라는 것을 새롭게 이해하면서 왜 물체들이 직선에서 벗어난 운동을 하는지 이해하는 것이 중요해졌습니다. 물체가 어떤 종류의 **힘**force을 받기 때문이라는 것이 분명한 답이었지만, 처음에는 무엇을 힘으로 간주해야 할지, 또 어떻게 힘이 작용하는지 분명하지 않았습니다. 이 상황은 아리스토텔레스의 강제 또는 부자연스러운 운동이라는 개념과 다르지 않았습니다. 그러나 무엇이 자연스러운 운동인지에 관해서는 다른 아이디어를 가지고 있었습니다. 아리스토텔레스는 정지 상태가 자연스러운 상태라고 생각했고, 반면 고전역학에서는 일정한 속도로 움직이는 것이 자연스러운 상태라고 생각했습니다.

네덜란드의 물리학자 크리스티안 하위헌스Christiaan Huygens에 의해 중요한 진전이 이루어졌습니다. 줄에 돌을 매단 후 돌을 원을 그리며 회전시킨다고 상상해봅시다. 여러분은 돌이 줄을 당기는 것을 느낄 수 있을 것입니다. 따라서 돌이 원운동을 하게 만들려면 돌을 잡아당겨야 합니다. 하위헌스는 원운동이 가능하도록 돌에 주어야 할 '구심력'의 양을 계산하는 공식을 유도했습니다(또 그는 빛의 파동이론을 제안했고, 진자시계를 발명했으며, 토성의 위상인 타이탄을 발견했습니다. 모두 그가 자신의 전성기일 때 한 일들입니다). 돌의 운동은 태양 주위의 행성 운동과는 다르지만, 근본적으로는 유사성을 갖고 있습니다.

영국에서는 1660년 왕립학회가 창립되었고 곧이어 실험학자 로버트 훅Robert Hooke, 건축가 크리스토퍼 렌Cristopher Wren, 젊은 천문학자 에드먼드 핼리Edmond Halley와 같은 사상가들이 등장했고, 이들은 친구가 되었습니다. 훅은 왕립학회에서 열린 강연에서 중력으로 행성 운동을 설명할 수 있다고 이야기했습니다. 중력은 태양에서 나오며 거리에 따라 감소하고 중력에 의해 행성의 궤적이 직선에서 조금씩 벗어난다고 주장했습니다. 그러나 훅은 수학적으로 충분한 설명을 할 수 없었고, 이런 아이디어를 담은 포괄적인 모델을 만들 수가 없었습니다. 훅은 렌과 핼리와 함께 커피숍(당시 새롭게 등장한 인기가 많은 장소)에서 이 문제를 논의했습니다. 1684년이 되어 이들은 태양의 중력이 **역제곱 법칙**inverse-square law을 따른다면—중력의 끄는 힘이 행성까지의 거리의 제곱에 반비례해 감소한다면—구심력에 대한 하위헌스의 공식을 사용하여 케플러의 제3법칙을 유도할 수 있다는 것을 이해하게 되었습니다. 3배 멀리 떨어진 행성은 1/9배의 중력을 느낍니다. 그들은 이런 종류의 힘을 받는 행성의 궤도가 실제로 타원 궤도여야 하는 것을 증명할 수 없었습니다.

뉴턴과 뉴턴의 법칙

세인트폴성당을 비롯해 여러 건물들을 설계해 아마 다른 친구들보다 더 부유했던 렌은 역제곱 법칙을 따르는 힘을 받는 행성 궤도의 모양을 유도할 수 있는 사람에게 줄 상을 제안했습니다. 당시에 아이작 뉴턴이 거의 케임브리지에만 머물렀음에도 불구하고, 아이작 뉴턴이 영국에서 가장 머리 좋은 사람임을 모두가 알고 있었습니다. 마침내 핼리가 뉴턴을 방문하기로 용기를 냈습니다. 뉴턴은 핼리를 반갑게 맞이했고, 핼리는 역제곱 법칙을 따르는 힘을 받을 때 궤도의 모양이 무엇인지에 관해 질문을 했습니다. 뉴턴은 즉시 궤도가 타원이라고 대답했습니다. 핼리는 깜짝 놀라서 뉴턴에게 어떻게 그런 확신을 가지게 되었는지 더 물었습니다. "왜냐구요?" 뉴턴이 말했습니다. "제가 계산을 해보았으니까요."

어떻게 뉴턴이 이런 계산을 해냈는지 조금 불분명합니다. 우리가 아는 것은 핼리가 뉴턴으로 하여금 무언가를 발표하도록 설득했고, 그 결과로 나온 뉴턴의 소논문을 핼리가 왕립학회에서 발표했다는 것입니다. 이 최초의 논문에는 세부사항이 빠져 있었기 때문에 핼리는 뉴턴에게 내용을 좀더 구체화하도록 독촉했습니다. 한번 일을 시작하자 뉴턴은 멈출 수가 없었습니다. 18개월이 지나 뉴턴은 《자연철학의 수학적 원리Philosophie Naturalis Principia Mathematica》(《프린키피아Principia》)를 출간합니다. 이 책은 현대 지성의 역사에서 논쟁의 여지가 없는 가장 영향력이 큰 업적입니다.

《프린키피아》는 20세기까지도 도전을 받지 않은 고전역학의 체계를 확립했을 뿐만 아니라 중력에 관한 완벽한 법칙을 제공했으며, 이를 통해 케플러의 법칙을 유도했고 현재 미적분으로 알려진 것을 처음으로 암시했습니다. 뉴턴은 미적분을 거의 다 개발했지만, 《프린키피아》에서 미적분을 충분히 활용하려 하지 않았습니다. 왜냐면 미적분이 새로운 것이어서 논쟁을 불러일으키리라 생각했기 때문입니다. 그 결과 미적분의 아이디어와 보편적으로 사용되는 표기법을 독립적으로 개발한 라이프니츠와 격렬한 논쟁을 벌여야 했습니다(또 뉴턴은 역제곱 법칙을 두고 훅과 격렬한 논쟁을 벌였습니다. 뉴턴은 수많은 격렬한 논쟁에 휘말렸습니다).

고전역학은 단지 특별한 물리적 현상에 대한 이론이 아니라 이론 체계입니다. 고전역학은 물리적 세계의 작동에 대한 포괄적인 사고 방법으로 양자역학이 등장하기 전까지는 거의 모두가 진리로 받아들였습니다. 지금까지 수많은 아주 똑똑한 사람들이 수백 년 동안 운동량, 힘과 운동이 무엇인지 이해하기 위해 투쟁해온 것을 보았습니다. 뉴턴은 이들에 대해 세심하게 생각한 뒤, 단지 올바른 답처럼 보이는 것을 발표했을 뿐입니다. 현대 우주론자인 로키 콜브Rocky Kolb가 이야기했듯이, "뉴턴의 업적을 최초의 유인 비행의 업적과 비교해서 이야기하자면, 1903년 12월 17일 키티호크 모래사장에서 윌버 라이트Wilbur Wright와 오빌 라이트Orville Wright 형제가 날아오름으로써 현대 제트기가 뉴욕 상공을 날게 된 것을 상상하면 됩니다."*

---

* Rocky Kolb, *Blind Watchers of the Sky: The People and Ideas That Shaped Our View of the Universe*(Basic Books, 1997), p. 134.

그럼 실제로 뉴턴은 어떤 이야기를 전하려고 했을까요? 다음 장에서 고전역학에 대해 더 파고 들어가겠지만, 행성의 운동에 관해서 두 가지 결정적인 아이디어를 전하려고 했습니다.

첫째, 물체의 자연스러운 운동이 직선 등속운동이라면, 속도의 변화율인 **가속도**acceleration는 물체가 직선 등속운동에서 벗어난 정도를 나타내준다는 것입니다. 여러 다른 방향으로 가속을 할 수 있기 때문에, 속도처럼 가속도 역시 벡터입니다. 고전역학에서 가장 유명한 방정식인 **뉴턴의 운동 제2법칙**Newton's second law of motion은 물체의 가속도가 물체에 작용하는 힘에 비례하며 그 비례상수가 물체의 질량이라는 것입니다.

$$\vec{F} = m\vec{a} \tag{2.1}$$

제1법칙은 힘이 작용하지 않을 때 물체의 속도가 일정하다는 것이고, 제3법칙은 상호작용하는 물체들은 크기가 같고 방향이 반대인 힘을 서로에게 작용한다는 것입니다. 보통 한 물체에 한 번에 1개 이상의 힘이 작용하곤 합니다. 이런 경우 개별 힘들을 모두 더해 전체 힘을 얻고, 이 전체 힘이 가속도를 결정합니다(벡터는 크기뿐만 아니라 방향도 갖고 있기 때문에, 2개의 큰 힘을 더해도 두 힘의 방향이 반대이거나 거의 반대에 가깝다면 알짜 힘은 작을 수 있습니다). 식 (2.1)의 양변을 m으로 나누어 가속도를 힘으로 표현할 수도 있습니다, $\vec{a} = \vec{F}/m$.

두 번째 아이디어는 훅을 비롯한 다른 사람들이 이야기한 역제곱 법칙의 최종 버전인 **뉴턴의 보편중력법칙**Newton's law of universal gravitation

입니다(뉴턴의 만유인력법칙이라고 부르기도 하지만, 중력을 강조하기 위해 보편중력법칙으로 번역한다—옮긴이). 여기서 논쟁의 여지가 없는 뉴턴의 고유한 아이디어는 이 법칙이 실제로 보편적이라는 것입니다. 이 법칙은 사과가 사과나무에서 떨어지는 것뿐만 아니라 행성이 태양 주위로 공전하는 것도 설명합니다. 지금은 이것을 당연하다고 여기지만 그 당시에는 행성 운동을 과수원에서 일어나는 일상적인 일들과 연결한 극적인 지적 도약이었습니다.

질량이 m_1과 m_2이고 거리 r 떨어진 두 천체를 생각해봅시다. $\vec{e}_r$을 '단위 벡터'—길이가 1인 벡터를 의미하며 거리를 측정하는 단위는 무엇이든지 상관이 없습니다—라 하고, 방향은 천체 2에서 천체 1을 향합니다. 그러면 뉴턴은 천체 1의 중력 끌림에 의해 천체 2가 받는 힘은 다음과 같이 주어진다고 이야기합니다.

$$\vec{F} = G\frac{m_1 m_2}{r^2}\vec{e}_r \tag{2.2}$$

숫자 G는 자연의 상수로 지금은 **뉴턴의 중력상수**Newton's gravitational constant라고 부르며, 이 상수는 중력이 얼마나 센지를 알려줍니다. 천체 2의 관점에서 천체 1은 중력의 **원천**source—중력을 만드는 물리적 성질—이며, 반대 경우 역시 성립합니다.

이 방정식은 앞서 방정식들보다 조금 더 복잡해 보이지만, 잘 들여다보면 또다시 두 벡터, 천체 1이 천체 2에 작용하는 힘 $\vec{F}$와 천체 2에서 천체 1을 향하는 단위 벡터 $\vec{e}_r$사이의 비례 관계를 볼 수 있습니다. 표기가 복잡한 것은 단순히 비례와 관계된 요소들이 뉴턴의 상수와 두 질량을 포함하고 있고, 이를 거리의 제곱으로 나누기 때문입니다. 이 방정식으로부터 태양이 행성들에 작용하는 중력 끌림의 정확한 수치를 계산할 수 있으며, 이 값이 태양에 가까울 때는 상당한 크기를 가지지만 태양에서 멀리 떨어져 있을 때는 아주 작아지는 것을 알 수 있습니다.

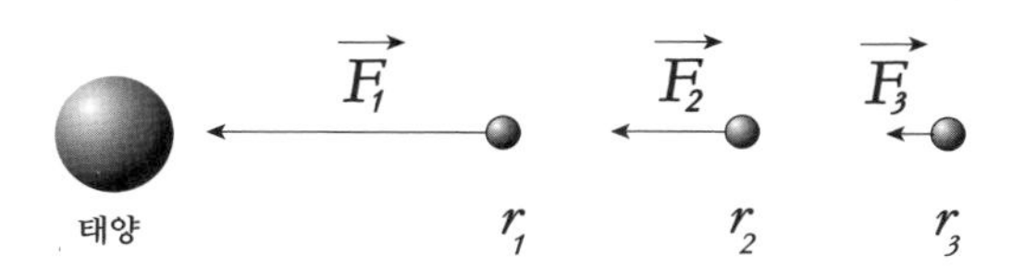

운동 제2법칙 (2.1)과 보편중력법칙 (2.2)라는 간단한 2개의 규칙으로부터 뉴턴은 케플러의 모든 법칙뿐만 아니라 더 많은 것들을 유도할 수 있었습니다. 예를 들면 뉴턴은 구형 물체에 의한 중력이 같은 크기의 질량이 구의 중심점에 몰려 있을 때의 중력과 같다는 것을 보여주었습니다. 따라서 태양과 행성들이 적어도 거의 완벽한 구형에 가깝다면, 이들을 고체 덩어리가 아닌 점 입자들로 취급해도 됩니다. 각 행성을 태양 주위를 공전하는 고립계로 취급하는 이상화가 가능합니다. 뉴턴의 법칙들을 알고 있다면, 예를 들어, (태양계에서 가장 무거운 행성인) 목성의 궤도가 다른 행성들의 운동에 어떤 영향을 미치는지 물을 수 있습니다. 이것은 천체역학을 바라보는 완전히 새로운 방법이며, 오늘날에도 우주선을 달까지 보내기에 충분할 만큼의 정확성을 갖고 있습니다.

국소적으로 생각하기

여기서 뉴턴이 케플러의 법칙을 유도한 과정을 보여주지는 않을 것이지만, 행성의 동역학(과 더 넓게 보자면 물리학)에 관한 두 가지 접근법의 철학적 차이를 밝히고자 합니다. 케플러는 행성들이 타원 궤도를 따라 움직인다는 것과 행성들의 속력에 관한 정보를 알려주었습니다. 궤도가 타원이라고 이야기하는 것은 **전역적**global 서술입니다. 즉 이 서술은 전체 궤적을 이야기하고 있습니다. 한 행성이 태양 주위를 한 바퀴 공전할 때까지 기다리면, 그때 행성이 실제로 타원 궤도를 따라 움직였음을 증명할 수 있습니다.

이와 같은 결론에 도달하는 동안 뉴턴이 수행한 절차는 아주 달랐습니다. 이제 출발점은 시간상으로 **국소적**local입니다. 즉 모든 관련 정보는 한순간에서만 주어져 있습니다. 특정한 순간에서의 행성의 위치, 속도와 행성에 작용하는 힘이죠. 이제 뉴턴의 제2법칙은 같은 순간에 행성이 느끼는 가속도를 알려줍니다. 이 가속도로부터 다른 순간들에서의 행성의 전체 행동을 구할 수 있습니다.

이것이 라플라스의 패러다임이 작동하는 방식입니다. 뉴턴이 개발했지만, 이것의 철학적 중요성을 강조한 사람은 라플라스였습니다. 또 윌리엄 로언 해밀턴 같은 연구자는 이 아이디어를 크게 업그레이드한 이론을 소개했습니다. 라플라스의 패러다임은 계에서 앞으로 일어날 일들 또는 과거에 일어났던 일들을 결정하는 데 필요한 모든 정보가 각 순간의 계의 **상태**state에 들어 있다는 것입니다. 행성들과 태양과 같은 간단한 계의 경우, 상태는 단지 각 요소의 위치와 속도에 의해 결정됩니다. 행성에 작용하는 힘들을 알 필요가 있다고 항의할 수 있는데, 실제로 맞는 이야기입니다. 그러나 이 힘들은 계의 **다른** 부분들의 위치와 속도에 의해 결정됩니다. 그러므로 태양계의 한 행성이 아닌 모든 것의 위치와 속도를 안다면, 준비는 모두 끝난 셈입니다.

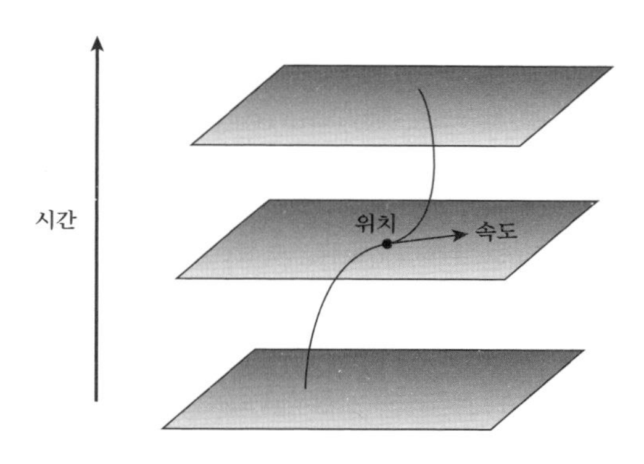

라플라스의 패러다임을 완료하려면 두 가지 큰 작업을 해야 합니다. 첫째, 여러 물리량의 **변화율**rate of change(여기서 율rate은 시간에 대한 미분을 의미한다—옮긴이)을 계속해서 알아내야 합니다. 속도는 위치의 변화율이고 가속도는 속도의 변화율입니다. 변화율은 무엇이고 어떻게 변화율을 계산할까요? 한 장소에서 다른 장소로 이동할 경우, 전체 이동거리를 이 거리를 이동하는 데 걸린 시간으로 나누어 평균average 속력을 구할 수 있습니다. 그러나 우리는 각 순간에서의 **순간**instantaneous 속도와 순간 가속도를 구하고자 합니다. 이들은 유한한 거리를 유한한 시간으로 나누어서는 얻을 수 없습니다. 그 값을 알려면 좀더 머리를 써야 합니다.

또 다른 큰 작업은, 초기 위치, 속도와 가속도를 안다고 가정하고, 전체 경로에 대한 위치, 속도와 가속도를 모두 구하는 것입니다. 달리 이야기하자면 이동하는 각 순간에서의 변화율로부터 이동한 **누적** 거리를 재구성하는 것입니다. 또다시 일정한 속도로 이동하는 단순한 경우, 속도에 이동한 시간을 곱해주면 이동한 거리를 구할 수 있습니다. 그러나 이동하는 동안 속력이 커지거나 줄어든다면 또는 이동 방향이 달라진다면, 그 거리를 구하기가 쉽지 않게 됩니다.

두 가지 질문—어떤 물리량의 순간 변화율은 무엇인가와 시간에 따라 변화하는 물리량들을 어떻게 구하는가?—이 정확히 미적분의 연구 주제입니다. 수학 용어로는 이들을 각각 도함수와 적분이라고 부릅니다. 이제 본격적으로 시작해봅시다.

함수

직선 도로를 따라 달리는 자동차를 상상해봅시다. 자동차의 위치, 속도와 가속도는 모두 벡터이지만, 운동 방향이 한 방향이므로 각 벡터의 성분은 1개뿐입니다. 따라서 위치, 속도와 가속도를 단순히 숫자(양수나 음수 모두 가능합니다)로 취급할 수 있습니다. 더 나아가 이 자동차가 무한히 정확한 속도계를 갖고 있어 계속 위치를 정확하게 관찰하면서 모든 순간에서의 위치와 속도의 정보를 기록할 수 있다고 상상해봅시다.

수학적으로 말하자면, 이것은 자동차의 위치 x를 시간 t의 **함수**

function로 구하는 것입니다. 함수는 한 물리량과 다른 물리량 사이의 지도, 즉 **맵**map입니다. 즉 첫 번째 물리량의 값을 알고 이것을 함수에 대입하면 함수는 두 번째 물리량의 값을 알려줍니다. 알고자 하는 물리량들은 단순한 숫자일 수도 있고 숫자 집단이나 다른 더 복잡한 것일 수도 있습니다. 입력하는 양을 함수의 인수argument라고 부르는데, 함수는 이 인수에 해당하는 값을 출력합니다.

함수: 인수 → 값

$$f: t \rightarrow x$$

t를 x로 매핑하는 함수를 $x = f(t)$ 또는 간단히 $x(t)$로 적을 수 있습니다. 함수와 변수의 표기에 사용하는 실제 문자들은, 이 문자들이 무엇을 의미하는지 기억하는 한, 마음대로 고를 수 있습니다. x와 y를 사용해 특정 지역의 위치를 나타낸다면, 각 위치에서의 고도를 함수 $h(x, y)$로 표시할 수 있습니다. 그러므로 x와 같은 양이 때로 함수의 인수(입력)가 될 수도 있고, 어떤 때는 숫자(출력)의 역할을 담당할 수도 있습니다.

앞서 자동차의 예에서 인수는 시간 변수 t이고, 관련된 함수는 각 시간에서의 자동차의 위치 값인 $x(t)$입니다. t의 함수로 x를 그래프에 그려 이 함수를 표현할 수도 있습니다. 누구나 t^2 또는 $\sin(t)$와 같은 특정한 특수 함수는 잘 알고 있을 것입니다. 그러나 t값으로부터 x값을 알게 해주는 유일한 맵이 존재한다면, 이 맵을 표현할 간단한 공식의 존재 여부와 상관없이 항상 함수라는 아이디어를 적용할 수 있습니다.

'유일한 맵'이란 인수의 각 값이 오직 1개의 함수 값과 대응이 된다는 것을 의미합니다. 다른 인수에 대해서도 이 값이 반복해 나올 수 있습니다. 자동차가 한 지점을 통과했다가 되돌아와 이 지점을 또다시 통과할 수도 있습니다. 그러나 각각의 t에서 특정한 x값을 갖는 것이 더 좋습니다. 이것은 함수의 그래프를 그릴 때 곡선이 올라갔다 내려갔다 하지만, 절대로 왼쪽에서 오른쪽으로 되돌아가지는 않는다는 것을 말합니다.

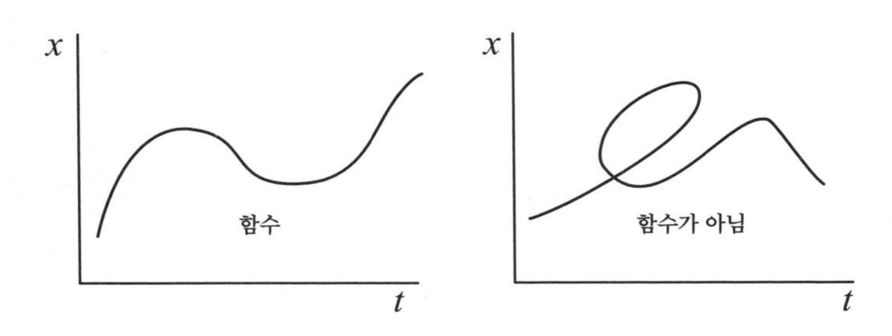

도함수

위치의 시간 함수 $x(t)$가 주어지면 각 순간에서의 속도가 무엇인지 물을 수 있습니다. 속도가 위치의 변화율임을 알고 있지만, 어떻게 $x(t)$로부터 속도를 계산할 수 있을까요? 속도는 한순간에서의 위치만 알아서는 구할 수 없습니다. 자동차의 위치만이 주어지고 더 이상 다른 정보가 없다면, 속력이 얼마인지 알 수 없습니다. 따라서 다른 순간들에서의 위치에 대한 정보를 이용할 필요가 있습니다.

함수의 그래프를 들여다보는 것만으로도 이 자동차의 속도가 각 점에서의 곡선의 **기울기**—얼마나 곡선이 빨리 상승하거나 떨어지느냐—와 관계가 있다는 것을 느낄 수 있습니다. 곡선이 전반적으로 평평한 곳에서는 시간이 지나도 자동차가 많이 이동하지 않게 되어 속도가 느립니다. 곡선이 가파르게 변하는 곳에서는 시간이 조금 지나도 자동차가 많이 이동하므로 속도가 빠릅니다.

그러므로 특정 시간 t_0에서 정확히 $x(t)$ 곡선에 접하는 직선—**접선** tangent line—을 그리는 것을 상상해봅시다. 정확히 시간 t_0인 순간에서의 자동차의 속도는 이런 특별한 접선의 기울기와 같습니다. 우리는 이제 각 점에서의 접선의 기울기를 정의하고 계산하는 체계적인 절차를 개발하는 것을 필요로 합니다.

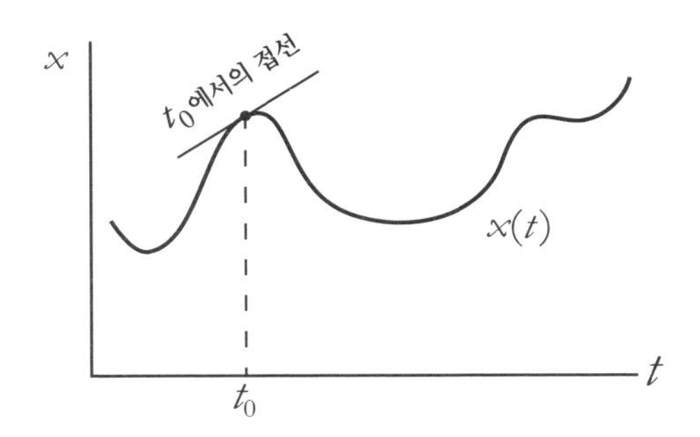

자동차가 일정한 속도로 움직인다면, 접선의 기울기를 구하기가 쉽습니다. 이 경우 함수는 다음 그림에서 보듯이 직선이 됩니다. 그러면 기울기, 즉 속도를 계산하는 일은 간단합니다. 기울기는 위치 변화를 대응되는 시간 변화로 나눈 값이 됩니다. 기호를 사용해 표현해봅시다. 위치 변화를 Δx, 시간 변화를 Δt로 적는다고 합시다. 여기서 Δ는 그리스어 델타의 대문자 표시이며, 흔히 물리량의 변화량을 표현하는 데 사용합니다(Δx는 물리량 Δ에 물리량 x를 곱한 것이 아니라 x의 변화를 나타내는 하나의 개별적인 물리량입니다). 그렇다면 직선 경로에서 속도는 다음과 같이 주어집니다.

$$v = \frac{\Delta x}{\Delta t} \tag{2.3}$$

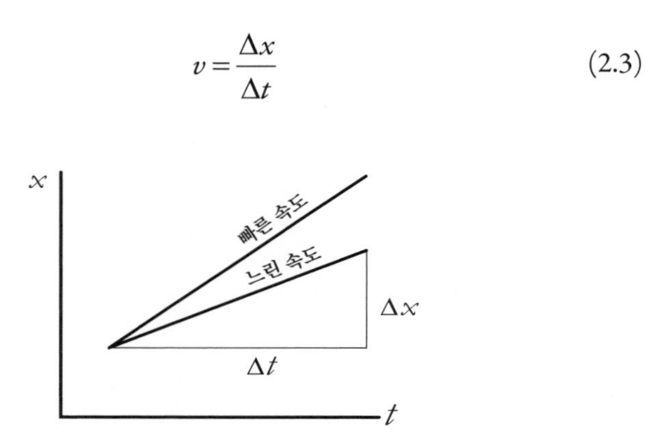

이제 우리는 미적분이 지닌 기본적인 성질 하나를 이해할 수 있습니다. 함수가 비교적 천천히 변한다면—즉 아주 뾰족뾰족하거나 한 값에서 다른 값으로 무작위적으로 변하지 않는다면—전체 구간에서 함수가 아주 많이 휘어져 있더라도 아주 짧은 구간에서 이 함수는 거의 직선처럼 **보일** 것입니다. 점점 더 함수를 확대할수록, 곡선이 점점 더 직선처럼 보이기 시작합니다.

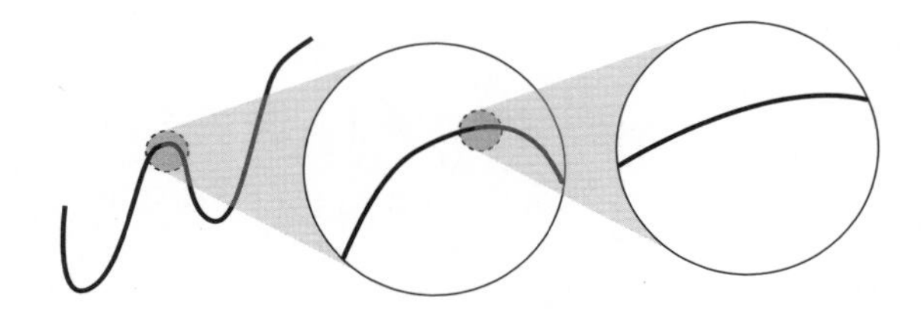

이 방법은 속도를 구할 전략이 무엇인지를 암시합니다. 속도를 계산하고자 하는 시간 t를 설정합니다. 이제 시간 구간 Δt를 선택한 다음, 이를 초기 시간 t와 최종 시간 $t + \Delta t$사이의 구간으로 생각합니다. 함수가 주어져 있다면, 초기 시간에서의 자동차의 위치 $x(t)$와 최종 시간에서의 위치 $x(t + \Delta t)$를 알 수 있습니다. 따라서 이 시간 동안의 전체 위치 변화량을 다음 식을 사용해 계산할 수 있습니다.

$$\Delta x = x(t + \Delta t) - x(t) \tag{2.4}$$

만약 함수가 직선이 아니고 전체적으로 휘어져 있다면, 전체 위치 변화량을 전체 시간 변화량으로 나누어 이 구간에 대한 평균 속도를 구할 수 있습니다.

$$v_{평균} = \frac{\Delta x}{\Delta t} \tag{2.5}$$

이 식은 식 (2.3)과 유사해 보이지만 식 (2.3)은 일정한 속도로 움직이는 경우에만 적용되는 식입니다. 반면 식 (2.5)는 어떤 경로에 대해서든 특정 시간 구간에서의 평균 속도를 알려주는 식입니다.

이것은 우리가 원하는 것이 아닙니다. 우리가 구하려는 것은 임의의 시간 구간에서의 평균 속도가 아니라 각 순간에서의 순간 속도입니다. 그러나 우리는 어떻게 해야 할지 짐작할 수 있습니다. 시간 구간 Δt는 임의로 선택할 수 있습니다. 즉 원하는 대로 구간을 잡을 수 있습니다. 그러므로 시간을 확대한다고 해봅시다. Δt값을 작게 잡으면

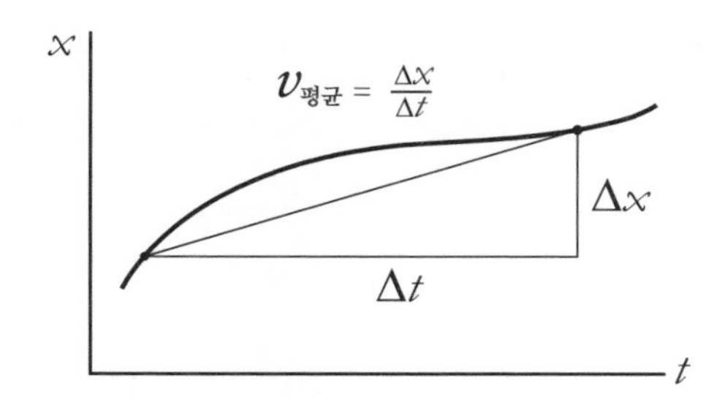

잡을수록, Δx는 점점 더 작아집니다. Δx와 Δt모두 0이 될 때까지 줄일 수 있지만, 이들의 비 $\Delta x/\Delta t$는 0이 아닌 어떤 값에 가까워집니다. 실제로 이 값은 정확히 우리가 구하려고 하는 것—초기 점에서의 접선의 기울기—에 접근합니다.

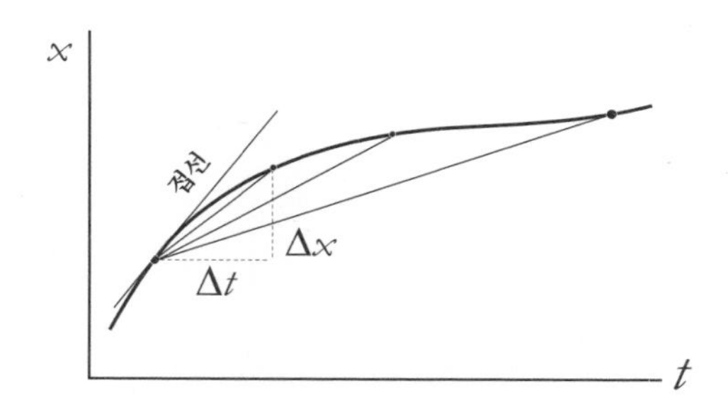

앞서 언급한 절차를 Δt가 0에 접근할 때의 **극한 취하기**taking the limit 라고 부릅니다. 수학적으로 0을 0으로 나눈 값은 어느 값이라도 가능하므로 이것은 아무런 의미가 없습니다. 그러나 Δt와 Δx 모두 각각 0에 접근할 때 이들의 극한값을 잡을 수 있어 이들의 비—속도 v—를 정의할 수 있습니다. 이런 과정을 함수 $x(t)$의 도함수를 구한다고 하고 다음과 같이 적습니다.

$$v = \text{limit}\left(\frac{\Delta x}{\Delta t}\right) = \frac{dx}{dt} \tag{2.6}$$

이것이 전부입니다. 이것이 바로 도함수입니다. 도함수는 특정한 한 점에서의 곡선의 기울기를 말하며, 이 점에서 접선에 점점 더 가까워지는 연속한 직선들의 기울기의 극한을 취한 값으로 정의됩니다. x가 t의 함수인 특별한 경우를 생각해봅시다. 이 함수의 도함수는 속도지만, 이 아이디어는 훨씬 더 일반적입니다. 예를 들어 가속도는 시간에 대한 속도의 도함수입니다.

$$a = \frac{dv}{dt} \tag{2.7}$$

속도의 단위는 미터/초(초당 미터)입니다. 반면 가속도는 속도의 변화율이기 때문에 가속도의 단위는 (미터/초)/초가 됩니다. 지구 근처에서 자유낙하하는 물체의 중력가속도는 9.8미터/초/초(약자로 m/s^2)입니다.

우리는 흔히 $f(x)$라고 적는 어떤 x의 함수에 관심을 가지게 되며, 그 도함수는 df/dx가 됩니다. 모든 함수는 어떤 변수'의' 함수이며, 이 변수에 대한 함수의 도함수를 계산할 수 있습니다. 변수에 어떤 기호를 사용하든 상관없이 도함수의 계산은 전혀 차이가 없습니다. 변수의 기호는 단지 편의상 사용하는 표식에 지나지 않습니다. 이해를 돕기 위해 시간은 t, 거리는 x를 사용하는 것이 좋지만, 선택은 각자 취향에 달려 있습니다.

물리량 dx와 dt를 **무한소**infinitesimal라고 부릅니다. 이들은 숫자처럼 보이고 둘을 나누면 속도 v가 되지만, 실제로는 이보다 더 미묘한 의미를 가지고 있습니다. 이들이 정말로 숫자라면, 이들의 값이 0이 되어 쓸모가 없어집니다. 오히려 Δx와 Δt가 모두 0에 접근할 경우, Δx와 Δt의 극한값이라는 아이디어를 나타냅니다. 두 무한소를 각기 잘 정의할 수 없을지라도 두 무한소의 비는 잘 정의된 숫자가 됩니다. 수학자들은 이 모든 것이 존중받을 수 있도록 엄청난 노력을 기울였습니다. 물리학자들은 수학의 완벽성에 크게 신경을 쓰지 않습니다. 물리학자들은 수학이 유용하다면 엄지를 치켜세우고 다음 문제를 풀기 위해 나아갑니다.

이 시점에서 두 가지가 여러분을 괴롭힐 수 있습니다. 첫째, 모든 것이 너무 쉬워 보입니다. 지금까지 우리가 한 일은 조심스럽게 도함수가 곡선에 접하는 직선의 기울기라고 정의하는 것이었습니다. 미적분처럼 어렵다고 알려진 어떤 것은 이보다 더 어려워야 합니다. 그리고 둘째, 아직도 우리가 도함수의 정의를 가지고 무슨 일을 **해야** 하는지 여전히 명확하지 않습니다. 질문이 조금 추상적입니다. 실제로 함수가 주어져 있거나 속도계의 기록이 주어져 있을 경우, 도함수를 찾기 위해 실제로 앞의 긴 설명을 모두 따라야 할까요?

이 두 문제는 서로 관련이 있으며, 기본적으로 두 문제는 서로를 상쇄합니다. 이것이 진짜 미적분 수업이라면 주어진 함수들의 도함수를 계산할 수 있는 구체적인 규칙들을 지루하지만 공부해야 하고, 이런 과정을 **미분**differentiation이라고 부릅니다. 아주 간단한 함수 $f(x)=ax+b$를 생각해봅시다. 여기서 a와 b는 고정된 매개변수(흔히 상수라고 부릅니다)입니다.[*] 이 함수는 **선형** 함수라고 알려져 있습니다. 왜냐하면 이 함수의 그래프를 그리면 직선이 되기 때문입니다. 이 선형 함수의 도함수는 조금 생각해보면 쉽게 구할 수 있습니다. 상수 b는 직선의 기울기에 영향을 주지 않습니다. 그러므로 이를 무시할 수 있습니다. 그리고 상수 a는 직선의 기울기입니다. x를 Δx만큼 변화시키면, $f(x)$는 $a\Delta x$만큼 변화합니다. 따라서 x값이 무엇이든 상관없이 $\Delta f(x) / \Delta x = a$가 됩니다. 따라서 아래와 같음을 알 수 있습니다.

$$\frac{d}{dx}(ax+b)=a \tag{2.8}$$

선형 함수의 도함수는 상수가 되고, 원래 함수 식에서 x 앞에 붙은 숫자와 같습니다.

그러나 미분은 보통 이처럼 간단하지 않습니다. 곡선들 대부분은 각 점에서 다른 기울기를 갖습니다. 예를 들어 포물선 함수 $f(x)=x^2$의 도함수는 아래와 같이 주어집니다.

$$\frac{d}{dx}x^2=2x \tag{2.9}$$

함수 $f(x)=x^2$과 특정한 점들($x=-2, -1, 0, 1, 2$)에서의 접선의 기울기를 함께 그린 다음 그림에서 이런 사실을 알 수 있습니다. x가 음의

---

* 여기서 x는 함수의 인수이고 $f(x)$는 함수 값입니다. 함수 값에 다른 변수 이름을 붙이지 않지만, 원한다면 이름을 붙여도 좋습니다. 예를 들면 $y=f(x)$처럼 말입니다. 이 함수의 그래프를 그릴 때, 수평축은 x가 되고 수직축은 $f(x)$가 됩니다.

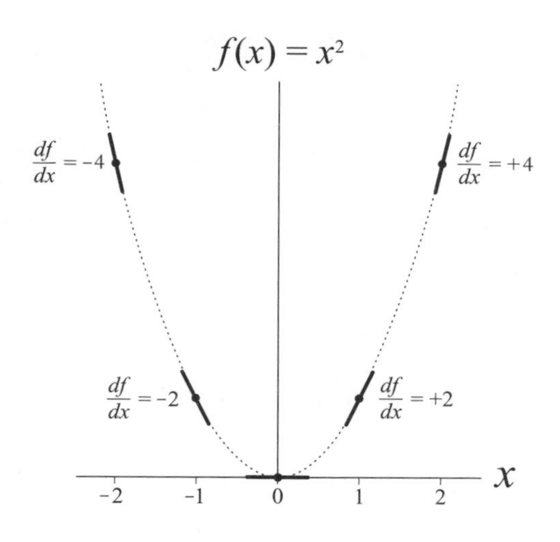

값일 때 포물선이 아래로 굽어 있으므로 도함수 역시 음의 값을 갖습니다. x가 양의 값일 때는 도함수가 급격히 증가하는 양의 값을 갖습니다.

x의 지수가 2가 아닌 다른 값을 가지는 함수일 때, 또 x의 제곱근, x의 로그 함수, x의 사인 함수나 코사인 함수 및 이런 2개 함수의 곱 함수 등에 대해서도 이들의 도함수를 구하는 비슷한 공식이 존재합니다. 책 뒤에 있는 부록 A에 몇 가지 예가 실려 있습니다.

이런 기술을 모두 배워야 하기 때문에 때로 미적분 수업은 조금 고되지만 현역 과학자들에게는 유용한 시간이 됩니다. 여기서 우리의 목표는 직업 물리학자가 되기 위한 훈련을 받는 것이 아니라 가능한 한 최대로 세상을 이해하려고 하는 것입니다. 근본적으로 우리는 미분에 재미를 붙이는 데 집중하려고 합니다. 미분은 곡선의 기울기, 예를 들면 시간에 따른 위치가 알려진 자동차의 속도를 계산하는 방법을 알려줍니다. 이 지식을 갖추고 앞으로 더 나아가 봅시다.

적분

고전역학에 대한 라플라스의 패러다임에 따르면, 한 물체의 현재 위치와 속도를 알고 있고 이 물체에 영향을 미치는 이 물체와 관련된 다른 모든 물체의 위치와 속도 역시 알고 있다면, 이 물체의 미래를 결정할 수 있습니다. 그러고 나서 이 물체에 작용하는 힘들이 무엇인지를 찾아낼 수 있으며, 뉴턴의 제2법칙인 식 (2.1)로부터 물체의 가속도를 구할 수 있습니다. 이상의 내용을 염두에 두고 이 물체의 궤적을 알아내려면 어떻게 해야 할까요? 속도가 위치의 변화율이고 가속도가 속도의 변화율이라면, 위치와 속도가 어떻게 시간에 따라 달라졌는지를 결정하기 위해 누적 변화량을 모두 더해주어야 합니다.

다시 직선을 따라 일정한 속도로 움직이는 자동차로 돌아가봅시다. 시간의 함수로 위치 그래프를 그리는 대신, 이 그래프를 모른다고 가정하고 시간의 함수로 속도의 그래프를 그려봅시다. 속도가 일정하기 때문에 이 그래프를 그리기는 매우 쉽습니다.

어떤 물체가 일정한 속도 v로 움직인다고 할 때, 이 물체가 이동한 거리 x는 속도에 움직이는 데 걸린 시간을 곱한 값, 즉 $x=v\cdot\Delta t$입니

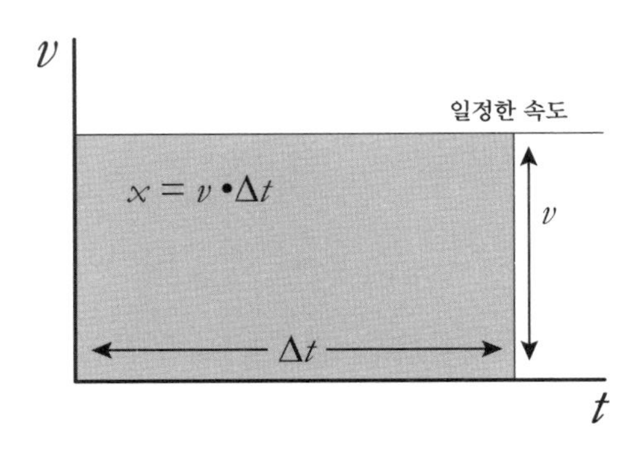

다. 앞의 그림을 이용해 이 관계를 쉽게 기하학적으로 알아낼 수 있습니다. 이동한 거리는 가로가 수평축으로 0에서 Δt까지, 세로는 수직축으로 0에서 v까지인 직사각형의 면적과 같습니다. 어떤 물리량의 누적량은 이 물리량의 함수에 의해 정의되는 곡선 아래쪽의 면적으로 생각할 수 있습니다.

이 생각을 속도가 일정하지 않을 경우까지 일반화시켜보겠습니다. 도함수라는 아이디어를 개발할 때 의도한 것은 곡선을 확대하여 직선처럼 보이게 하는 것이었습니다. 우리는 여기서도 유사한 논리를 적용할 수 있습니다. Δt를 작게 잡고 $t=0$에서 $t=\Delta t$까지의 직사각형 면적을 계산[$v(0)\cdot\Delta t$]한 후, 다시 $t=\Delta t$에서 $t=2\Delta t$까지 곡선 아래에 있는 면적을 구하는 같은 계산을 하고, 이 과정을 계속하면 곡선 함수 $v(t)$ 아래쪽에 있는 면적을 근사적으로 구할 수 있습니다. 마지막으로 이런 가는 직사각형들의 면적을 모두 더하면 곡선 아래에 있는 면적과 거의 같은 면적을 얻을 수 있습니다. 이런 수많은 양을 더하는 절차를 합산 기호로 표시하는데, 그리스어 시그마의 대문자인 Σ로 적습니다.

$$v(t)\text{ 아래쪽에 있는 면적} \approx \sum^{\text{직사각형}} v(t)\Delta t \qquad (2.10)$$

여기서 물결 표시(≈)는 '거의 동일하다'를 의미합니다.

시간 간격 Δt를 점점 더 작게 할수록, 직사각형의 폭은 점점 가늘어집니다. (반면 직사각형의 개수는 점점 더 많아집니다.) 이런 절차를 거치면 면적이 곡선 아래쪽에 있는 진짜 면적에 점점 더 가까워집니다.

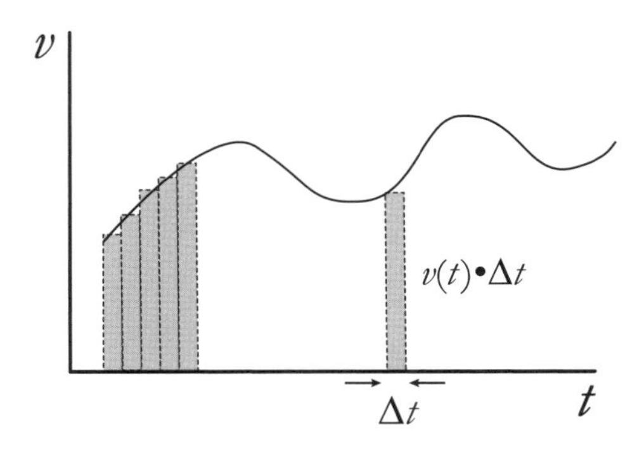

따라서 도함수의 경우에서처럼 Δt를 무한히 작게 하는 극한을 취하고 이것을 dt라고 부릅니다. 또 합산 기호 Σ를, S를 예술적으로 변형한 새로운 기호로 대체합니다. 이 결과가 바로 시간에 대한 속도의 **적분** integral이며, 적분은 이동한 누적 거리를 알려줍니다.

$$\Delta x(t) = \text{limit}\left[\sum v(t)\Delta t\right] = \int v(t)\,dt \tag{2.11}$$

유사한 방식으로 속도의 변화량을 가속도의 적분을 통해 계산할 수 있습니다.

$$\Delta v(t) = \int a(t)\,dt \tag{2.12}$$

여기서는 깔끔하게 적기 위해 어떤 정보를 감추었습니다. 계산한 것은 초기 시간과 최종 시간 사이 위치(또는 속도)의 변화량이었습니다. 좀더 세심하게 신경을 써서 적어보면, 실제로 초기 시간과 최종 시간이 무엇인지를 표시해주어야 합니다. 자세한 것은 부록 A를 보세요.

도함수를 0 나누기 0에 의미를 부여하는 방법이라고 생각한 것처럼, 적분 역시 무한대 곱하기 0에 의미를 부여하는 방법이라고 생각할 수 있습니다. 여기서 무한대는 곡선 아래쪽의 폭이 좁은 직사각형의 개수, 0은 각 직사각형의 면적을 의미합니다. 이것을 수학적으로 엄밀하게 해낼 수 있습니다(수학자들은 이 주제를 단순히 **해석**analysis이라고 부릅니다). 그러나 여러분은 이제 왜 뉴턴이 《프린키피아》에서 미적분 사용을 망설였는지 알 수 있을 것입니다. 이 아이디어가 당시에는 매우 새로운 것이었고, 심지어는 오늘날에도 수학의 기초를 연구하는 일부 수학자들은 미적분이 수학적으로 **완전한** 엄밀성을 갖고 있다는 것에 회의적입니다. 다행히도 물리학의 목적을 위해서는 미적분이 충분한 것 이상으로 잘 들어맞습니다.

뉴턴의 법칙을 알고 물체에 작용하는 힘들을 알고 있다면, 가속도를 알기 위해 무언가를 적분할 필요가 없습니다. $F=ma$로부터 직접 주어지기 때문입니다. 속도를 알기 위해 가속도를 적분할 수 있으며, 위치를 알기 위해 속도를 적분할 수 있습니다. 그러므로 라플라스의 패러다임이 한 약속이 지켜지는 것을 알 수 있습니다. 즉 초기 위치와 속도가 주어지면, 물체의 전체 궤적을 구성해낼 수 있습니다.

미분과 적분을 함수에 대한 **연산자**operator라고 생각할 수 있습니다. 연산자는 함수를 다른 함수로 매핑합니다. 함수가 하나 주어지면, 이 함수의 도함수를 구하여 새로운 함수를 만들 수 있습니다. 또는 적분을 해서 또 다른 함수를 얻을 수도 있습니다. 실제로 미분과 적분은 서로 반대인 연산 작용을 합니다. 도함수는 적분한 것을 원래대로 되돌리며, 적분은 도함수를 원래 함수로 바꿉니다.

$$\text{도함수}\{\text{적분} f(x)\} = f(x)$$
$$\text{적분}\{\text{도함수} f(x)\} = f(x) \tag{2.13}$$

또는 기호로 아래와 같이 적습니다.

$$\frac{d}{dx}\int f(x)dx = f(x)$$
$$\int \frac{df}{dx}dx = f(x) \tag{2.14}$$

실질적으로 함수의 도함수를 계산하는 것은 아주 쉬운 일이지만, 적분을 하는 것은 아주 어렵습니다. 최고의 물리학자들조차 흔히 특별한 적분의 값이 필요할 때, 이 값을 구하려고 컴퓨터를 사용합니다.

도함수와 적분을 '하는 데' 크게 걱정할 필요는 없습니다. 주어진 함수를 취하고 도함수와 적분을 계산하면 됩니다. 부록 A에 몇 가지 예가 주어져 있지만, 우리는 구체적인 계산보다 관련된 개념에 더 주목하려 합니다. 우리는 한 가지 단순한 결과를 사용할 것입니다. 무한히 작은 구간들을 적분하면 유한한 크기의 구간이 됩니다.

$$\int dx = \Delta x \tag{2.15}$$

이 방정식은 단순히 "누적된 x의 전체 양이 과정의 초기로부터 최종까지의 x의 변화와 같다"는 것을 말하고 있습니다. 여기서 변수 x는 어떤 것이라도 가능합니다. 공간에서의 거리, 시간 경과, 또는 어떤 순간 우리가 관심을 가지는 모든 물리량이 될 수 있습니다.

연속과 무한대

아이작 뉴턴이 자신의 법칙들을 발표한 이후, 기본적인 물리계에 대한 수많은 법칙이 제안되었습니다. 제임스 클러크 맥스웰James Clerk Maxwell은 전기와 자기에 관한 일련의 방정식을 제시했습니다. 알베르트 아인슈타인은 시공간의 곡률에 관한 방정식을 제안했습니다. 에르빈 슈뢰딩거는 양자역학계의 파동함수에 관한 방정식을 제안했고, 다른 많은 제안이 뒤를 따랐습니다. 이들 모두가 가진 공통점은 모두가 **미분 방정식**differential equation이라는 것입니다. 즉 어떤 대상을 기술하든 상관없이 이들 방정식은 도함수(시간에 대한 도함수, 또 흔하게는 공간에 대한 도함수)를 포함하고 있다고 것입니다. 이 때문에 물리학 연구에서는 미적분이 중심적인 역할을 담당합니다.

꼭 이 방식이어야 할까요? 우리는 물리학의 최종 법칙들을 모르기 때문에 최종 법칙들에 대한 다른 가능성도 열어두어야 합니다. 물론 한 가지 가능성은 라플라스의 패러다임 전부가 완전히 틀렸을 수 있다는 것입니다. 즉 기본 물리학 법칙들은 태생적으로 국소적이 아니라 전역적이기 때문에, 한순간에서의 특정한 정보만 가지고는 미래 혹은 과거의 일들을 모두 재구성할 수 없다는 것입니다.

또 다른 가능성은 시간이 연속적이 아니라 단속적이라는 것입니다. 실제로 최소 시간 간격이 존재할지 모르며, 우주는 연속적인 흐름이 아니라 어떤 간격 단위로 시간이 흐르는 것일지 모릅니다. 이것은 충분히 고려해볼 만한 것인데, 여기에는 장점과 단점이 모두 있습니다. 장점 한 가지는 연속성 아이디어(또한 이것의 사촌인 무한대)와 관련된 많은 수학적 또 철학적인 퍼즐이 존재한다는 것입니다. 그리고 이들이 퍼즐인 이유는 아마도 실제 세계에 이들을 적용할 수 없기 때문입니다. 그러므로 누가 이런 것에 신경을 쓸까요? 단점 한 가지는 적어도 세상에 대한 근본적인 기술의 한 부분이라고 여겼던 고전역학과 상대성이론에 대해 우리가 알고 있다고 생각했던 모든 것을 버려야 한다는 것입니다. 궁극적으로는 이렇게 해야 할 만큼 가치가 있을지 모르겠지만, 지금은 이런 과격한 변화에 조심스럽게 접근하는 것이 합리적이라는 생각이 듭니다.

시간(또는 다른 물리량들)이 연속적이라고 이야기하는 것은, 예를 들어 유한한 거리만큼 떨어져 있다고 생각하는 두 점 사이일지라도, 이 물리량이 무한한 개수의 값을 가진다는 것을 의미합니다. 과거로부터 현재까지의 시간을 나타내는 직선을 상상해보면, 이것을 이해할 수 있을 것입니다. 2개의 순간을 선택하고 $t=0$과 $t=1$이라고 부릅시다.

분명 두 순간 사이의 절반인 $t=1/2$인 곳을 선택할 수 있습니다. 그러나 그러고 나면 같은 방식으로 $t=0$과 $t=1/2$ 사이의 절반인 곳, 즉 $t=1/4$도 선택할 수 있습니다. 이 과정을 계속하면 $t=1/8$, $1/16$,

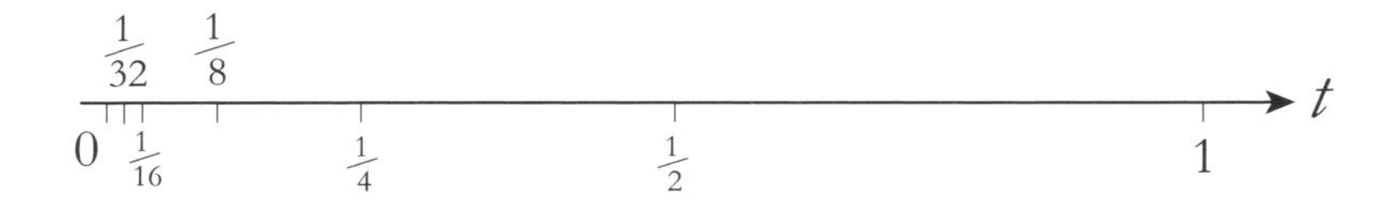

1/32,…이 가능합니다. 그리고 꼭 $t=0$에서 다음 값 사이만이 아니라 $t=1$에서 이전 값 사이에서도 이런 과정을 계속하여 $t=$ 3/4, 7/8, 15/16, 31/32,…를 얻을 수 있습니다. 어렵지 않게 연속선에 있는 두 점 사이에서 무한한 개수의 값을 얻을 수 있습니다.

더 놀라운 사실은 '0과 1 사이의 숫자의 개수'를 의미하는 무한대의 크기와 '$-\infty$와 $+\infty$사이 숫자의 개수'를 의미하는 무한대의 크기가 같다는 것입니다. 부분 집합의 원소 수는 전체 집합의 원소 수보다 적어야 한다고 생각하기 때문에, 이것이 이상해 보입니다. 그러나 무한대는 특별합니다. $-\infty$와 $+\infty$사이 숫자의 개수는 0과 1 사이 숫자의 개수와 같습니다. 왜냐면 둘 사이에 정확히 일대일 대응 관계가 존재하기 때문입니다. 이런 대응 관계를 간단한 함수로 표현할 수 있습니다.

여기서 함수는 x에 대한 y의 함수이며, 이 함수는 $-\infty$와 $+\infty$사이의 x값을 0과 1 사이의 y값으로 매핑하는 특성을 갖고 있습니다.

이 때문에 여러분은 모든 무한한 양이 비밀리에 모두 같은 크기를 갖고 있다고 생각할지 모르겠습니다. 사실 무한대에 2(또는 0보다 큰 어떤 숫자도 무방합니다)를 곱해도 얻은 값은 같은 무한대입니다. 정수의 개수는 짝수의 개수와 같습니다. 그러나 모든 것이 이처럼 간단하지는 않습니다. 19세기 말 독일의 수학자 게오르크 칸토어Georg Cantor

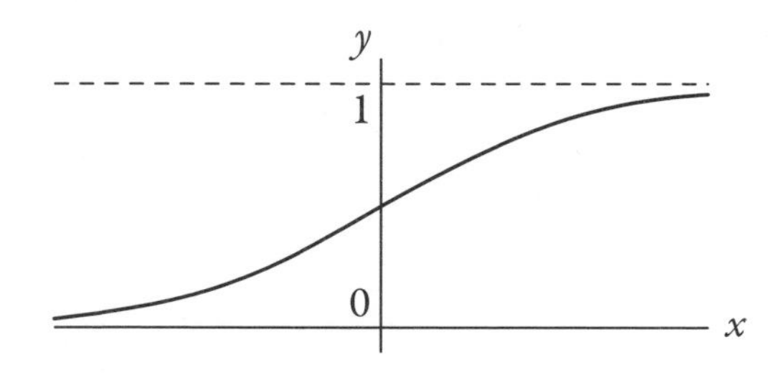

가 발견한 것처럼, 크기가 다른 무한대가 있을 수 있습니다. **칸토어의 정리**Cantor's theorem는 무한히 많은 정수가 존재하고 무한히 많은 실수가 존재하지만, 실수의 개수가 정수의 개수보다 크다는 것입니다. 칸토어의 발견은 모든 수학자의 갈채를 받지 못했습니다. 많은 수학자는 칸토어가 발견한 결과에 회의적이었습니다. 칸토어와 동시대를 산 레오폴트 크로네커Leopold Kronecker는 칸토어를 "청소년들을 망치게 하는 인물"이라고 했습니다. 현대 수학자들은 일반적으로 칸토어의 주장을 받아들이고 있지만, 그의 주장에 포함된 가정들을 신뢰할 수 있을지 여전히 걱정하고 있습니다.

칸토어의 수학이 물리학과 관련이 있을까요? 인간은 유한한 존재이며, 사람들은 우리 중 누구도 '무한대'와 '아주아주 큰 것'(또는 '0'과 '아주아주 작은 것')을 실질적으로 구별할 수 없다고 생각할 수 있습니다. 그러므로 물리적인 세계를 기술하고자 할 때, 아마도 무한대인지 아닌지 세심하게 신경을 써야 할지 모릅니다. 그러나 인간이 머리에 담을 수 있는 것과 실제 자연을 혼동하지는 말아야 합니다. 언젠가 실체와 맞부딪히게 될 때, 아직 그 방법이 무엇인지 모른다고 하더라도, 연속과 무한대라는 주제를 생각하는 최상의 방법이 존재한다는 것에 감사하게 될 것입니다.

CHAPTER 3

동역학

변화가 완전히 일반적인 개념인 반면, 동역학은 구체적으로 물리학 방정식들을 따르는 변화에만 관계된다는 것이 그 차이입니다. 특정한 물리계의 성질들을 들여다보고 고전역학이 이들의 행동을 어떻게 설명하는지 볼 것입니다. 운동에너지와 퍼텐셜에너지에 관해 생각해보고 다른 물체들의 동역학과 관계된 흥미로운 사실들을 알아내고자 합니다. 이 방법은 궁극적으로 계의 역사 전체를 고려하는 전역적 관점에서 역학을 재구성합니다. 이런 놀라운 아이디어를 "최소 작용의 원리"라고 부릅니다.

* * *

완전히 평평한 공원에서 서로 떨어져 있는 두 그루의 나무를 생각해봅시다. 한 그루의 나무에 서서 다른 나무쪽으로 몸을 향합니다. 이제 눈을 가리고 걷기 시작합니다. 이동하는 방향을 아주 잘 유지하고 있으며 여러분을 방해하거나 끼어드는 사람이 없다고 가정합니다. 이동이 끝나면 여러분이 다른 나무에 와 있는 것을 알 수 있습니다. 그리고 눈가리개를 벗고 그동안의 발자국을 돌아보면 직선을 따라 움직인 것을 알 수 있습니다.

이제 완전히 다른 일을 해봅시다. 긴 줄을 가지고 줄의 한쪽 끝은 나무 한 그루에 묶고 다른 쪽 끝은 다른 나무에 묶습니다. 줄이 여전히 두 나무 사이에 연결되어 있지만, 줄을 팽팽하게 당겨 줄의 길이가 최소가 되게 합니다. 이 결과 역시 줄은 직선이 됩니다. 당긴 줄은 정확히 앞서 걸어간 발자국 위에 위치하게 됩니다.

이것은 아주 당연하면서도 동시에 놀라운 일입니다. 누구나 '직선'에 대해 공통의 개념을 가지고 있지만, 직선을 만드는 데는 두 가지

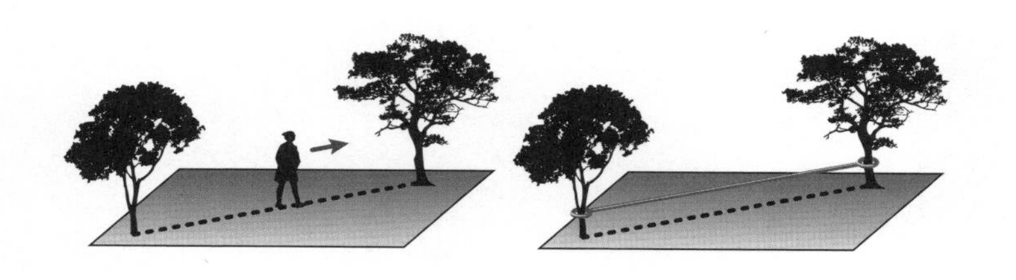

다른 방법이 존재합니다. 하나는 '같은 방향으로 계속해서 이동하는 것'이고 다른 하나는 '두 끝점 사이의 거리를 최소화'하는 것입니다. 첫 번째 방법은 앞 장에서 이야기한 라플라스 패러다임의 정신에 따라 행위에 대한 국소적 철학을 반영하고 있습니다. 매 순간 특정한 행위를 하고 이런 노력이 최종적으로 특정한 경로를 만듭니다. 두 번째 방법은 전역적인 방법으로 케플러의 법칙을 떠올리게 합니다. 두 나무 사이에 줄을 매는 모든 가능한 방법 가운데서 줄의 길이가 가장 짧은 것을 선택합니다. 그러나 서로 독립적인 것처럼 보이는 이런 아이디어들은 최종적으로 같은 답을 보여주고 있습니다.

물리학도 같은 방식으로 작동합니다. 한순간 계의 상태에 들어 있는 정보를 이용해 시간에 따라 그 순간으로부터 다음 순간으로 계가 진화하는 것을 완벽하게 구성할 수 있다는 라플라스의 아이디어를 강조해도 되는 충분한 이유가 있습니다. 그러나 같은 답을 얻을 수 있는 다른 방법들도 존재합니다. 이 방법들은 라플라스의 방법과 궁극적으로 같은 것이지만, 겉보기에는 아주 달라 보입니다. 이런 다른 방법들을 사용한 체계에서는 조금 다른 기본 개념들을 사용할 수도 있습니다. 이 상황은 어떤 용어가 '최상' 또는 '가장 현실적'인지에 관한 흥미로운 질문을 던집니다. 다른 사고방식들이 정말로 정확히 같은 것이라면, 이 질문은 문제될 것이 없을 것입니다. 그러나 우리는 궁극적인 물리학 법칙이 무엇인지 알지 못하며, 한 가지 사고방식이 궁극적 법칙에 이르는 좀더 직접적인 길을 제공할 수도 있습니다. 리처드 파인만Richard Feynman이 이야기한 것처럼, 한 이론에 대한 두 가지 체계가 정확히 같은 예측을 할 수 있지만, '이 형식에서 알려지지 않은 다른 형식으로 전환하려고 할 때 심리학적으로는 동일하지' 않을 수도 있습니다.

앞 장에서 '변화'에 초점을 맞추었다면, 이 장에서는 **동역학**dynamics을 다룰 것입니다. 변화가 완전히 일반적인 개념인 반면, 동역학은 구체적으로 물리학 방정식들을 따르는 변화에만 관계된다는 것이 그 차이입니다. 특정한 물리계의 성질들을 들여다보고 고전역학이 이들의 행동을 어떻게 설명하는지 볼 것입니다. 운동에너지와 퍼텐셜에너지에 관해 생각해보고 다른 물체들의 동역학과 관계된 흥미로운 사실들을 알아내고자 합니다. 이 방법은 궁극적으로 계의 역사 전체를 고려하는 전역적 관점에서 역학을 재구성합니다. 이런 놀라운 아이디어를 '최소 작용의 원리principle of least action'라고 부릅니다.

운동에서 중요한 것

라플라스의 패러다임이 어떤 일을 하는지 조금 더 체계적으로 알아보겠습니다. 설명이 간단하도록 3차원 공간에서 움직이는 1개의 입자에 초점을 맞추고, 이 입자의 위치를 벡터 $\vec{x}$로 표시합니다. 이 계의 상태는 입자의 위치와 시간에 대한 위치의 도함수인 속도 $\vec{v} = d\vec{x}/dt$로 구성되어 있습니다. 3차원 공간 속 1개의 입자에 대해서는 모두 6개의 값—위치에 관한 성분 3개와 속도에 관한 성분 3개—이 필요합니다.

그러므로 우리가 할 일은 다음과 같습니다. '언덕을 굴러 내려오는 공' 또는 '태양 주위를 공전하는 행성'과 같이 어떤 특정한 상황이 주어져 있고 어떤 특별한 시간 t_0에서 $(\vec{x}, \vec{v})$의 데이터가 주어져 있다면, 이 데이터와 상황에 대한 정보로부터 이 대상에 작용하는 전체 힘 $\vec{F}(\vec{x}, \vec{v})$를 계산할 수 있습니다. 예를 들어 대상이 행성이라면 태양을 비롯해 모든 행성에 작용하는 중력에 관한 뉴턴의 법칙으로부터 힘이 주어집니다. 그러고 나서 뉴턴의 제2법칙을 사용하여 가속도 $\vec{a} = \vec{F}/m$을 구합니다. 이제 초기 $(\vec{x}, \vec{v})$ 데이터뿐만 아니라 위치와 속도가 얼마나 빨리 변화하는지도 알 수 있습니다.

$$\text{속도 } \vec{v} = \vec{x}\text{의 변화율} = \frac{d\vec{x}}{dt},$$

$$\text{가속도 } \vec{a} = \vec{v}\text{의 변화율} = \frac{d\vec{v}}{dt} = \frac{\vec{F}}{m}$$

이제 미적분을 사용하여 시간의 순방향으로 이동하며 전체 궤적 $\left[\vec{x}(t), \vec{v}(t)\right]$를 얻습니다.

이 방법은 놀라울 정도로 유연한 뼈대를 제공합니다. 입자들에 대해 많은 이야기를 했지만, 고전역학은 이보다 훨씬 더 포괄적입니다. 가령 고체, 액체나 기체처럼 퍼져 있는 물질을 기술한다고 가정해봅

시다. 그리고 거시적 관점에서 이들을 개별 원자들의 집단이 아니라 물질이 연속적으로 분포해 있는 것이라고 상상해봅시다. 이런 물질을 확대해서 아주 작은 일부분, 즉 미소 '부피 요소' dV를 들여다봅시다. 이 미소 요소에는 여러 힘이 작용합니다. 외부 세계로부터 작용하는 중력이나 전기력을 받아 늘어나기도 하지만 이 미소 요소와 접하고 있는 물질의 다른 요소들이 작용하는 압력에 의해 압축되기도 합니다. 이 미소 부피 요소의 위치와 속도와 작용하는 힘을 알고 있다면, 뉴턴의 법칙을 사용해 이 미소 부피 요소가 어떻게 움직일지 알아낼 수 있습니다. 이후의 일은 미적분이 처리해줍니다. 각각의 작은 부피 요소에 일어난 일들을 모두 더해줌으로써 계 전체에 대한 방정식들을 유도할 수 있습니다.

이 계의 궤적을 구하기 위한 입력 데이터로 위치와 속도가 모두 필요하다는 사실은 중요합니다. 그러나 이 계의 초기 순간에 대한 **다른** 정보들이 필요하지 않다는 것 역시 중요합니다. 가속도가 무엇인지 알 필요가 있지만, 독립적인 정보로 가속도가 필요하지는 않습니다. 왜냐면 (처한 상황이 무엇이고 나머지 세계가 무슨 일을 하는지 안다면) 가속도는 뉴턴의 제2법칙에 의해 결정되기 때문입니다. 속도는 위치의 도함수이고 가속도는 속도의 도함수이므로, 가속도는 위치의 **2차 도함수**second derivative라고 할 수 있습니다.

$$\vec{a} = \frac{d\vec{v}}{dt} = \frac{d}{dt}\left(\frac{d\vec{x}}{dt}\right) = \frac{d^2\vec{x}}{dt^2} \tag{3.1}$$

이 식에서 d는 변수가 아닙니다. d/dt는 시간에 대한 도함수를 얻게 해주는 연산자입니다. 2차 도함수는 같은 함수에 d/dt를 두 번 적용하는 것을 말하며 d^2/dt^2라고 적습니다.

또 고차 도함수 역시 생각할 수 있는데 별난 이름들이 붙어 있습니다.

- 속도 = 위치의 (시간에 대한) 1차 도함수
- 가속도 = 속도의 1차 도함수 = 위치의 2차 도함수
- 저크jerk = 가속도의 1차 도함수 = 위치의 3차 도함수
- 스냅snap = 저크의 1차 도함수 = 위치의 4차 도함수
- 크래클crackle = 스냅의 1차 도함수 = 위치의 5차 도함수
- 팝pop = 크래클의 1차 도함수 = 위치의 6차 도함수

때때로 이런 용어들은 공학(및 아침식사 준비)에서 유용하게 사용됩니다. 그러나 물리학에서는 거의 사용하지 않습니다. 대부분의 경우, 이런 용어들이 필요하지 않습니다. 계의 모든 부분의 위치와 속도만 알고 있으면, 가속도를 구할 수 있으며 다른 것들도 구할 수 있습니다.

갈릴레오의 상대성이론

아주 심오한 내용이 여기 있습니다. 계의 위치와 속도를 아는 것이 필요하다는 사실은 우주에 **선호하는 위치나 속도가 없다**는 사실을 알려줍니다. 적어도 물리학 법칙에 관한 한, 다른 상태들보다 특별한 하나의 상태란 존재하지 않습니다. 위치의 경우 이 주장을 받아들이는 것이 어렵지 않습니다. 이탈리아 피렌체에서 자연의 기본 법칙을 검증하는 물리학 실험을 하고, 다시 같은 실험을 영국 케임브리지에서 할 경우, 같은 실험 결과를 얻으리라고 예상할 수 있습니다. (대기압에 따라 달라지는) 음속 또는 (고도에 따라 달라지는) 중력 가속도 측정 실험처럼 어디에서 실험을 하느냐에 따라 측정 결과가 달라지는 실험들도 있을 수 있습니다. 그러나 뉴턴의 제2법칙이나 중력의 역제곱 법칙과 같은 물리학 법칙 자체가 장소에 따라 변한다고 생각하지는 않습니다. 물리학 법칙들은 우주의 어느 한 장소가 다른 장소보다 더 특별하다고 생각하지 않습니다.

직관적으로 이해하기 어렵겠지만, 물리학 법칙들은 어느 한 속도가 다른 속도들보다 더 특별하다고 생각하지 않습니다. 어떤 대상의 속도에 관해서 이야기할 때, 엄밀하게 말하자면 속도는 항상 다른 대상의 속도와 비교해 측정됩니다. 두 물체가 주어져 있고 둘 사이의 거리가 정확히 정의되어 있다고 하면, 이들의 상호 속도는 거리의 시간에 대한 도함수가 됩니다. 그냥 '속도'라는 것은 존재하지 않습니다. 일상생활을 하면서 우리는 이런 심오한 사실을 인식하지 못하고 있습니다. 왜냐면 지구라는 분명한 기준으로부터 아주 멀리 떨어진 적이 결코

 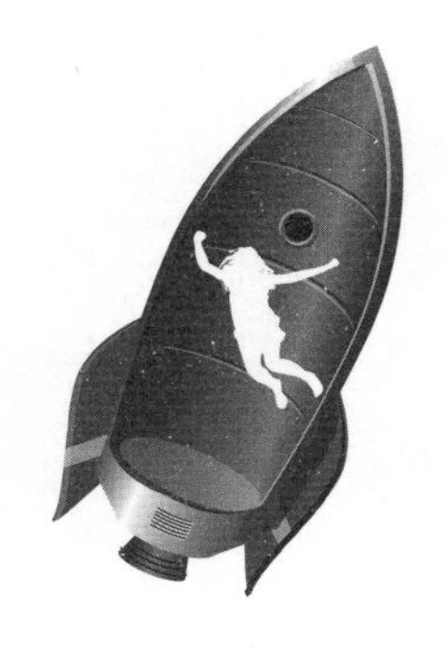

없었기 때문입니다. 자동차나 비행기의 속력에 관해 이야기할 때, 보통 이 속력이 지구에 대해 측정된 값이라고 가정합니다. 그러나 이것은 우리가 위치한 국소적 환경이 가진 속성이지 물리학의 기본 법칙들이 가지고 있는 속성은 아닙니다. (그리고 비행기 조종사들이 쉽게 깨닫듯이 지상에 대한 속력과 대기에 대한 속력을 구별하는 것은 중요합니다.)

엔진이 꺼진 우주선 안에 갇혀 있어서 전혀 가속도를 느낄 수 없다고 상상해봅시다. 외부를 볼 수 없다면(또는 외부를 볼 수 있는 기구를 사용할 수 없다면), 우주선이 얼마나 빠르게 움직이는지 알 방법이 없습니다. 왜냐면 이 우주선이 '얼마나 빠르게 움직이는지' 알려줄 비교 대상을 볼 수 없기 때문입니다. 우주에는 선호하는 위치가 존재하지 않는 것처럼, 정지하고 있는 절대적인 척도 역시 존재하지 않습니다.

물리학 법칙들에서 선호하는 정지 상태의 표준이 없다는 것을 처음으로 지적한 사람은 갈릴레오였습니다. 그는 우주선을 생각하지는 않았지만, 바다를 항해하는 선박들을 근거로 같은 시나리오를 제안했습니다. 그는 태양이 지구 주위로 공전하는지 아니면 (갈릴레오가 생각하고 있었듯이) 지구가 태양 주위를 공전하는지에 관한 당시의 논쟁을 다루었습니다. 지구가 공전한다면 지구 표면의 운동이 다른 것들의 운동에 추가되기 때문에 지구가 공전한다는 사실을 알 수 있을 것이라고 많은 사람이 주장했습니다. 갈릴레오는 중요한 것은 두 물체 사이의 상대운동이라고 대답했습니다. 예를 들어 배의 돛대 꼭대기에서 대포알을 떨어뜨린다면, 배에 탄 사람의 관점에서 볼 때, 이 배가 바다에 대해 정지하고 있든 움직이고 있든 상관없이 탄알이 수직으로 떨어지게 된다고 갈릴레오는 단정했습니다.

'상대'운동에 대한 강조는 상대성이론을 떠올리게 하며 그럴 충분한 이유가 있습니다. 선호하는 위치나 정지 표준이 우주에 존재하지 않는다는 사실을 **상대성 원리**principle of relativity라고 부르며, 아인슈타인이 등장하기도 전에 이미 갈릴레오가 이 원리를 이야기했습니다. 뉴턴역학은 **갈릴레오의 상대성이론**Galilean relativity의 기초 위에 만들어졌습니다. 갈릴레오의 상대성이론은 두 물체 사이의 상대속도가 어떤 값이라도 허용합니다. 현대의 상대성이론은 갈릴레오의 상대성이론을 네덜란드 물리학자 헨드릭 안톤 로런츠Hendrik Antoon Lorentz를 기념하여 '로런츠'의 상대성이론이라는 아이디어로 교체했습니다. 차이는 로런츠의 상대성이론에는 두 물체 사이의 상대속도에 광속이라는 상한값이 존재합니다.

지금까지 선호하는 위치나 선호하는 속도의 존재를 부인했지만, 선호하는 가속도의 존재는 부인하지 않았습니다. 그것은 선호하는 가속도가 0이기 때문입니다. **관성 궤적**inertial trajectory이라고 부르는 특별한 종류의 경로들이 있습니다. 이들 경로에서는 전혀 가속 운동이 일어나지 않습니다. 위치나 속도와는 달리, 여러분이 우주선 안에 갇혀 있

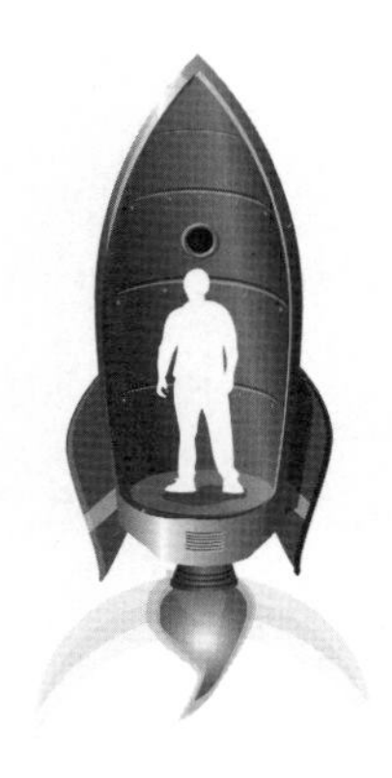

다고 해도 우주선이 가속되는지 안 되는지는 알 수 있습니다. 우주선이 가속되고 있다면, 우주선이 가속 방향과 반대 방향으로 우주선에 탄 사람을 밀기 때문입니다.

언덕 위의 공

구형 소 철학에 따르면, 물리학에서 우리가 할 수 있는 가장 유용한 일들 가운데 하나는 조금 더 현실적인 수많은 상황과 관계된 단순하고 이상화된 문제를 꼭 집어내서 이런 '장난감 모델toy model'(물리학자들은 이런 이름으로 부르길 좋아합니다)을 최대한 이해하려고 노력하는 것입니다. 우리 모두 세상이 어떻게 움직이는지를 직관적으로 이해하고 있지만, 이해하기 쉬운 예들에 친숙해짐으로써 직관력을 계발하고 확장할 수 있습니다.

물리학에 언덕이 있는 곳에서 굴러다니는 공보다 더 흔하고 유용한 장난감 모델은 없습니다. 1장에서 운동에너지와 퍼텐셜에너지에 관해 이야기하면서 이미 이 모델을 사용했습니다. 처음 생각했던 것보다 이 예가 훨씬 더 쓸모가 있다는 것을 알게 될 것입니다. 언덕을 굴러 내려오는 공에 대한 사고로부터 얻게 될 통찰력은 양자장과 입자물리학의 표준모형에도 직접 적용할 수 있습니다.

우리 모두 삶의 어느 한순간에 실제 언덕을 굴러 내려오는 실제 공을 경험한 적이 있었음에도 불구하고, 우리가 염두에 두고 있는 것은 정말로 이상화된 장난감 모델입니다. 평소처럼 공기저항과 마찰과 에너지를 흩뜨리는 다른 요소들을 완전히 무시할 것입니다. 이런 요소들을 포함하는 것이 어렵지는 않지만, 처음 시작할 때는 항상 가장 필요한 것만 남도록 단순화한 후 나중에 복잡성을 추가하는 것이 좋습니다. 더 자세히 들여다보면, 구르는 실제 공은 운동에너지와 퍼텐셜에너지 외에도 구르는 회전 운동에 의한 에너지도 갖습니다. 회전 운동에 의한 에너지 역시 무시합시다. 우리가 생각하고 있는 것은 완벽하게 형태가 없는 입자로, 에너지가 흩뜨려지지 않고 퍼텐셜에너지와 운동에너지의 합이 완벽하게 보존됩니다.

고전역학의 규칙들에 따라 이 공의 위치와 속도를 특정한 후, 공에 작용하는 알짜 힘을 계산하여 가속도를 구하려 한다고 해봅시다. 공은 항상 지면에만 머물며 지면 위나 아래로 이동할 수 없다고 가정합니다. 더 단순화시켜 운동이 1차원에서만 일어난다고 가정하고, 이를 x로 표기합니다. 또 공은 두 번째 차원—높이—에서도 움직일 수 있지만, 높이는 언덕의 고도 $h(x)$로 정해져 있습니다(공이 언덕에서 날아가는 것은 허용되지 않습니다).

공에 작용하는 알짜 힘은 두 가지 힘, 공을 아래로 끌어당기는 중력과 지면 자체가 공에 작용하는 힘을 더한 힘입니다. 지면에 의한 힘은 **수직 항력**normal force이라고 부르는데, 이유는 이 힘이 특별해서가 아니라 이 힘의 방향이 항상 언덕 경사면과 수직하기 때문입니다. 그리고 'normal'은 '수직perpendicular'과 동의어입니다(문맥상으로 '직교orthogonal' 역시 같은 의미를 가지고 있습니다).

지면이 평평한 가장 간단한 경우를 상상해봅시다. 따라서 고도 $h(x)$가 모든 x값에 대해 동일합니다. 중력 $\vec{F}_g$는 공을 아래로 끌어당기고, 수직 항력 $\vec{F}_n$은 지면과 수직하기 때문에 이 경우 수직 항력은 공을 위로 밉니다. 그러므로 오른쪽이나 왼쪽으로는 알짜 힘이 존재하지 않음을 즉시 알 수 있습니다. 왜냐면 알짜 힘은 위로 향하는 힘과 아래로 향하는 힘을 더한 것이기 때문입니다. 더구나 공이 지면을 뚫고 들어가거나 공중으로 떠오르지 않는다고 이야기했습니다. 따라서 알짜 힘은 정확히 0이 되어야 합니다. 달리 표현하자면, 중력과 수직 항력은 크기가 같고 방향이 반대이므로 두 힘을 더하면 알짜 힘은 0이 되어 공의 가속도도 0이 됩니다. 공의 초기 속도와 상관없이 이것은 맞는 이야기입니다. 공을 움직이게 하기 위해 어떤 일을 했든 상관없이 공은 같은 방향과 같은 속력으로 계속해서 움직일 것입니다.

언덕에 경사가 있으면 일이 더 흥미롭습니다. 중력은 여전히 공을 수직으로 끌어당기지만 이제 수직 항력은 지면과 수직하지 않습니다. 그 결과 두 힘을 더하면 알짜 힘이 0이 되지 않습니다. 전체 힘과 가속도 역시 '언덕 아래쪽'으로 향하게 됩니다. 공이 정지해 있다가 출발했다면, 공은 아래로 굴러 내려갈 것입니다. 공이 이미 아래로 움직이고 있었다면, 내려가면서 공이 가속될 것입니다. 공이 언덕을 따라 위로

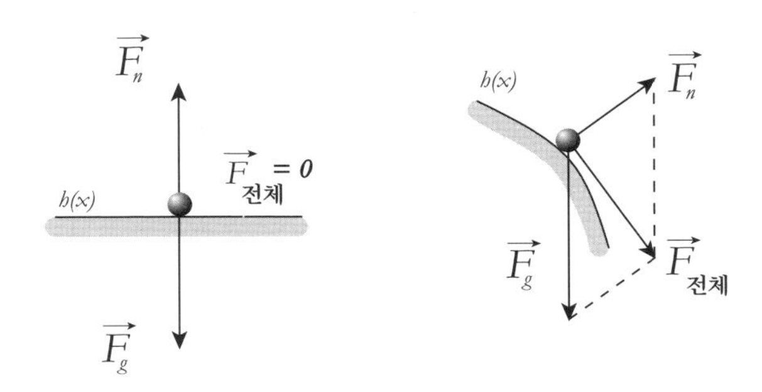

올라가고 있었다면, 공의 속력이 느려질 것입니다.

구르는 공은 퍼텐셜에너지와 운동에너지를 가집니다. 퍼텐셜에너지는 다음과 같이 주어집니다.

$$V(x) = mgh(x) \tag{3.2}$$

이 식에서 m은 공의 질량 $g=9.8$미터/초/초는 중력에 의한 가속도이고 $h(x)$는 각 점 x에서의 언덕의 높이입니다. 각 기호가 가진 의미에 익숙하지 않은 사람이라면, 여기서 사용한 표기법이 조금 혼란스러울 수 있습니다. m은 상수, g도 상수이고 $h(x)$는 각각의 x값에 대해 h값을 주는 함수이기 때문입니다. 퍼텐셜에너지를 구하려면 이 세 가지 값들을 곱해야 하는데, 이 값을 보통 V로 적습니다. 하지만 때로는 다른 기호를 사용하기도 합니다. 언덕의 높이가 아니라 에너지가 중요해지기 때문에, 흔히 퍼텐셜에너지를 직접 **퍼텐셜** $V(x)$라고 부릅니다.

공의 운동을 풀기 위해 뉴턴의 제2법칙 $\vec{F} = m\vec{a}$를 사용하고자 한다면, 퍼텐셜에너지를 고려하는 것이 좋습니다. 실제 공은 오르락내리락하는 언덕에서 수직과 수평 방향 모두로 움직이기 때문에, 알짜 힘을 얻기 위해서는 앞서 언급했듯이 수평과 수직 벡터의 더하기를 고려해야 합니다. 그러나 공이 항상 지면에 머물러 있다고 가정했기 때문에 수평 방향 운동만을 계산해주면 됩니다. 공이 움직이는 동안 수직 상하 운동은 자동으로 따라옵니다.

그러므로 x 방향의 가속도를 구하는 것이 필요하고, 이 가속도는 x 방향의 힘으로부터 나옵니다. 공은 경사면을 따라 이동할 것이고, 경사가 급하면 급할수록 속력이 더 커집니다. 미적분에서 이야기하길, x 방향의 힘은 위치에 대한 퍼텐셜을 미분한 것에 음의 부호를 붙인 것입니다.

$$F_x = -\frac{dV}{dx} \tag{3.3}$$

F_x의 밑첨자 x는 이것이 x 방향의 힘이라는 사실을 상기시켜줍니다. 그리고 음의 부호는 당연합니다. 즉 위쪽으로 기울어진 퍼텐셜(양의 dV/dx)은 공을 왼쪽으로 밀기 때문에 음의 x 방향의 힘에 해당합니다.

에너지 시각

이 힘이 공을 민다는 것을 알면 소매를 걷고 뉴턴의 제2법칙을 사용하여 가속도를 계산한 후 몇 가지 적분을 통하여 주어진 언덕에서 이 공이 정확히 어떻게 굴러가는지 풀어봅시다. 그러나 이런 일을 하는 것은 지루해 보입니다. 대신 에너지 보존을 이용하여 어떤 일이 일어날지 약간의 직관을 얻도록 합시다.

공에는 퍼텐셜에너지 외에 운동에너지도 있습니다.

$$E_{운동} = \frac{1}{2}mv^2 \tag{3.4}$$

여기서 v는 공의 속력입니다. 퍼텐셜에너지와 운동에너지를 더하면 전체 에너지값을 얻게 되고, 이 값은 공이 이동하는 동안 변하지 않습니다.

$$E_{전체} = V + E_{운동} \tag{3.5}$$

이 간단한 방정식은 공의 행동에 관해 많은 것을 알려줍니다. 속도가 0이 되면 운동에너지는 최소(즉 0)가 됩니다. 그러므로 속도가 0일 때는 퍼텐셜에너지, 즉 공의 높이가 최대가 됩니다. 같은 방식으로 퍼텐셜에너지가 최소, 즉 공이 언덕의 바닥에 있을 때는 속도가 최대가 됩니다.

에너지 보존은 공의 궤적에 대한 전체적인 모습을 알려줍니다. 공을 계곡의 바닥에 초기 속도 0인 상태로 놓는다고 상상해봅시다. 이곳에서는 퍼텐셜에너지가 최소가 되고, 퍼텐셜의 도함수 값도 0이 됩니다. 그러므로 공에 힘이 작용하지 않아 공은 그냥 그곳에 정지해 있게 됩니다. 이것은 공을 정지 상태로 계곡의 바닥에 놓으면, 공이 움직이지 않는다는 우리의 직관과 아주 잘 일치합니다.

이제 다시 정지한 공으로 시작하지만, 이번에는 공이 언덕의 경사면에 놓여 있다고 상상해봅시다. 전체 에너지는 단순히 이 위치에서

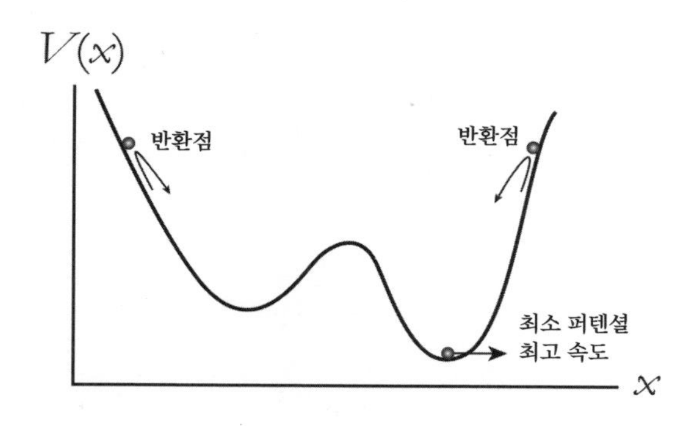

의 퍼텐셜에너지가 됩니다. 공이 아래로 내려가면 공이 가속되어 퍼텐셜에너지가 운동에너지로 변환됩니다. 어떤 곳에서 언덕의 경사가 위쪽을 향하기 시작하면, 공의 속도가 느려지고 퍼텐셜에너지는 증가하게 됩니다. 그리고 공이 처음 출발한 곳의 높이와 같은 높이에 도달하면, 공의 속도가 다시 0이 됩니다. 왜냐면 공이 처음의 퍼텐셜에너지와 정확히 같은 퍼텐셜에너지를 갖게 되기 때문입니다. 이 위치를 궤적에서의 반환점turning point이라고 부릅니다. 왜냐면 공이 반환점에서 왔던 곳으로 되돌아가기 때문입니다.

마찰이 없는 이런 이상화된 세계에서는 공이 두 반환점 사이에서 영원히 왔다 갔다 하는 운동을 합니다. 여러분은 공이 바닥에 도달하면 결국 정지하리라 생각할 것입니다. 그러나 이것은 우리의 직관이 우리를 그릇된 곳으로 인도하기 때문입니다. 우리는 마찰이 있는 세계에 익숙해 있습니다. 공의 에너지가 정확히 보존된다면, 공은 영원히 왔다 갔다 하게 됩니다.

단조화 진동자

구형 소들은 이곳저곳에 있습니다. 물리학에서 가장 좋아하는 구형 소—가장 중요하면서도 가장 단순하며, 정확히 풀 수 있으면서 놀랄 만큼 폭넓은 응용성을 가진 물리계—는 바로 **단조화 진동자**simple harmonic oscillato입니다.

마찰이 없는 언덕 위에 놓인 공을 생각해봅시다. 이제 언덕의 풍경을 조금 더 구체적으로 그려봅시다. 특히 $x=0$에 가장 낮은 바닥이 있는 포물선 모양의 계곡을 생각합시다. 따라서 퍼텐셜에너지는 다음과 같습니다.

$$V(x)=V_0x^2 \tag{3.6}$$

여기서 V_0는 이 포물선이 얼마나 넓은지(V_0가 작음) 또는 얼마나 좁은지(V_0가 큼)를 알려주는 매개변수입니다.

퍼텐셜을 보는 것만으로도 공이 어떻게 행동할지 쉽게 알아낼 수 있습니다. 공이 오른쪽 어딘가, 예를 들어, $x=x_0$에서 속도 0으로 출발하여 바닥으로 굴러 내려가다가 왼쪽으로 굴러 올라갑니다. 퍼텐셜이 $x=0$에 대해 대칭성을 가지므로, 에너지 보존에 의해 즉시 공은 퍼텐셜에너지가 출발했던 때의 값인 $x=-x_0$까지 올라간다는 것을 알 수 있습니다. 이 위치에서 공은 또다시 속도가 0이 되어 반대 방향으로 구르기 시작할 것입니다. 그리고 다시 $x=x_0$로 되돌아가면서 새로운 주기가 시작되고, 이런 일이 영원히 반복됩니다.

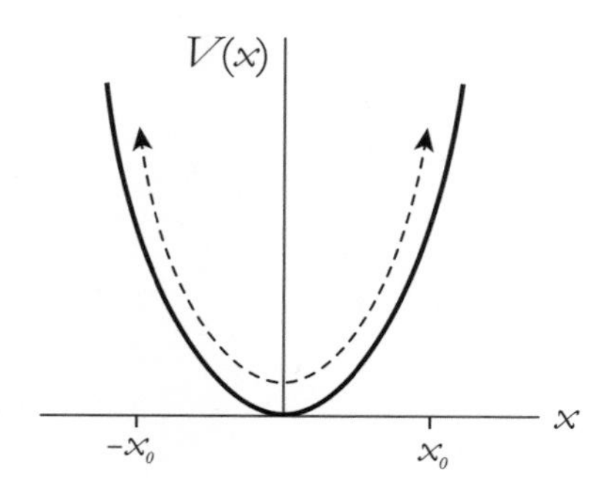

에너지 대신 힘을 가지고 운동을 생각할 수도 있습니다. 식 (3.3)에서 x 방향의 힘은 퍼텐셜의 도함수에 -1을 곱한 것입니다. 퍼텐셜이 $V(x)=V_0x^2$이고 식 (2.9)으로부터 $d(x^2)/dx=2x$임을 알고 있으므로, $F_x=-dV/dx=-2V_0x$가 됩니다. 그러므로 x가 음이면 힘은 양이 되어 공을 오른쪽으로 밀게 됩니다. x가 양이면 힘은 공을 왼쪽으로 밉니다. 어느 경우든 힘은 바닥 $x=0$쪽으로 되돌아가도록 공을 밉니다. 이런 힘을 **복원력**restoring force이라고 하는데, 그 크기는 평형점 $x=0$으로부터의 변위에 비례합니다.

이런 종류의 계를 '진동자'라고 부르는데 앞뒤로 진동 운동을 하기 때문입니다. 퍼텐셜이 정확히 x^2에 비례할 때, 이 진동자의 운동을 '조화' 진동이라고 부릅니다(x^4 퍼텐셜을 가진 계도 진동자이지만, 조화 진동자는 아닙니다). 그리고 '단순'은 (마찰이 없기 때문에) 에너지가 보존된다는 것을 의미합니다. 또 마찰이 0이 아닌 '감쇠' 조화 진동자나 계에 에너지를 계속 주입하여 진동을 유지하는 '강제' 진동자도 존재합니다.

단조화 진동자의 행동을 보여주는 그래프는 다음과 같습니다. 간단

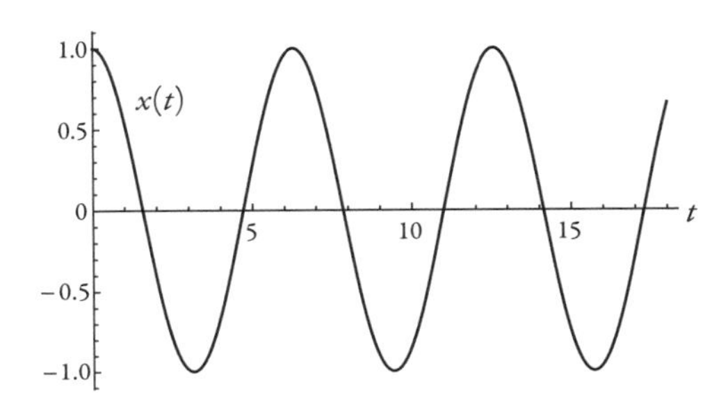

히 하기 위해 $x_0 = 1$로 놓으면, 공이 $x = 1$에서 출발하여 -1까지 움직였다가 다시 $x = 1$로 돌아오는 패턴을 계속해서 보입니다.

삼각함수를 배운 적이 있다면, 이런 종류의 함수가 친숙할(또는 기억날) 것입니다. 특히 중요한 두 가지 삼각함수가 있습니다. **사인**sine 함수는 0에서 시작해 +1까지 증가한 후 -1까지 내려갔다가 다시 돌아옵니다. **코사인**cosine 함수는 +1에서 시작해 0을 거쳐 -1까지 내려갔다가 다시 돌아옵니다.

이런 삼각함수들을 정의하는 가장 쉬운 방법은 단위 원을 생각하는 것입니다. 즉 반지름이 1인 원을 생각합니다. 원 위의 한 점은 x축으로부터의 각도 θ에 의해 유일하게 결정됩니다. 이제 이 각도를 **라디안**radian 단위로 측정하려고 합니다. 360도는 2π 라디안에 해당하는데, π (3.14159⋯)는 원주를 지름으로 나눈 값과 같은 유명한 상수입니다(그러므로 1라디안은 $180/\pi$도가 됩니다). 라디안 단위를 사용하는 데는 여러 이유가 있습니다. 그중 가장 중요한 이유는 라디안을 사용해 각도를 측정하면, 사인과 코사인의 도함수와 적분이 우아한 형태를 띠게 되기 때문입니다. 라디안 단위에서 $\cos\theta$는 이 점을 x축에 투영한 것이 되고, $\sin\theta$는 y축에 투영한 것이 됩니다.

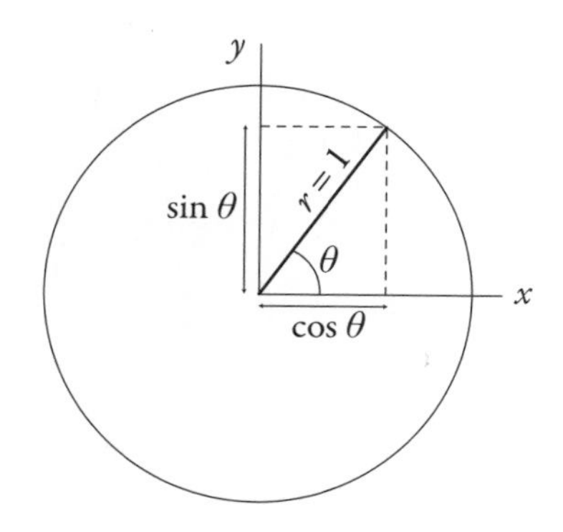

그림에서 $\cos(0)=1$이고 $\sin(0)=0$이 됨을 알 수 있습니다. 각도 θ가 0에서 2π 라디안까지 변할 때 두 함수 모두 위아래로 진동합니다.

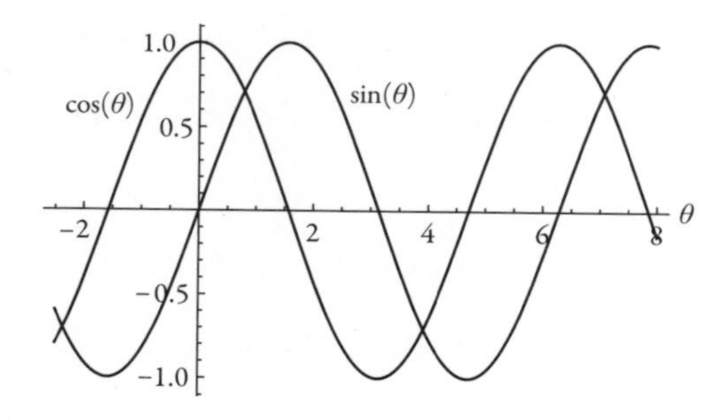

이 삼각함수들의 그래프를 단조화 진동의 시간 변화와 비교하면, 진동자의 위치가 코사인 함수와 아주 유사한 것을 알 수 있습니다. 정확히 코사인 함수와 일치합니다. 정지 상태에서 출발한 일반적인 진동자의 경우 위치가 시간에 따라 다음처럼 변합니다.

$$x(t)=x_0\cos(\omega t) \tag{3.7}$$

기호 ω는 그리스 문자 오메가이고, 진동자의 **각진동수**angular frequency를 의미합니다. 어떤 진동 현상을 만나든 진동수 f는 매초 진동자가 출발점으로 돌아오는 횟수인 반면, 각진동수 ω는 매초 변하는 각도를 말합니다. 따라서 두 물리량은 $\omega = 2\pi f$의 관계를 가집니다. 조화 진동자의 퍼텐셜 식 (3.6)의 경우, 각진동수는 $\omega \propto \sqrt{2V_0}$ 가 됩니다.

이제 진동자의 속도에 대해 생각해봅시다. 처음에 입자를 정지 상태에서 놓아주었기 때문에 진동자의 초기 속도는 0입니다. 이 입자가 왼쪽으로 움직이기 시작했으므로 속도가 음이 됩니다. 반환점에서 속도가 다시 0이 되었다가 좌우로 진동합니다. 이 진동은 흡사 사인 함수처럼 보이지만, 위아래가 뒤집혀 있습니다(왜냐면 $\sin\theta$는 0에서 출발하여 위로 올라가는 반면, 속도는 0에서 출발해 아래로 내려가기 때문입니다). 이것은 정확히 아래와 같이 표현할 수 있습니다.

$$v(t) = -v_0 \sin(\omega t) \tag{3.8}$$

속도 역시 위치처럼 같은 각속도로 진동합니다. 계수 v_0는 진동자로 표현되는 입자의 질량에 의존합니다. 에너지 보존을 이용하여 x_0

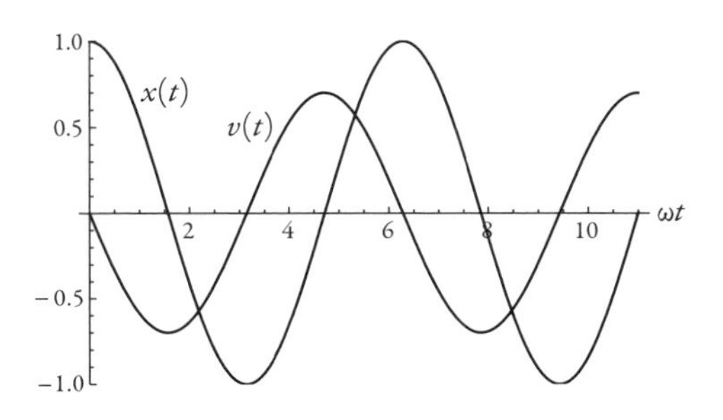

및 V_0와 이 계수의 관계를 알아낼 수 있습니다.

모든 곳에 존재하는 단조화 진동자

단조화 진동자에서 했던 것처럼 운동 방정식을 정확히 풀 수 있다는 것은 유용할 뿐만 아니라 만족감을 줍니다. 또 성취감도 느낄 수 있습니다. 실제 물리적 상황에서 이런 일은 매우 드뭅니다. $V(x) = V_0 x^4$과 같은 대수롭지 않은 4승의 퍼텐셜에서조차 간단한 함수로 표현되는 정확한 풀이란 존재하지 않습니다. 이런 이유에서 단조화 진동자는 소중합니다.

실제 세상에서 정확히 풀리는 계가 반복해서 나타난다면, 상황은 훨씬 더 유리해집니다. 다행히도 단조화 진동자가 바로 그런 예입니다.

언덕을 굴러 내려오는 공과는 무관해 보이는 다른 종류의 물리계를 생각해봅시다. 천장에 매단 용수철에 달린 추를 생각해봅니다. 추를 당기면 용수철이 늘어나고, 용수철은 추에 위로 당기는 힘을 작용합니다. 그러나—적어도 용수철이 완벽하여 굽거나 휘어지지 않는 이상적인 세계에서—추를 위로 밀면 용수철이 추에 아래로 미는 힘을 작용하는 것 역시 맞습니다. 추를 놓았을 때 모든 힘이 균형을 이뤄서 추가 전혀 움직이지 않는, 중앙에 위치한 **평형점**equilibrium point이 존재합니다. 추를 평형점의 위나 아래로 조금 이동시키면, 추가 일정한 주기를 가지고 위아래로 진동하게 됩니다.

포물선 퍼텐셜에 놓인 공처럼 용수철-추 계의 수직 운동을 사인파

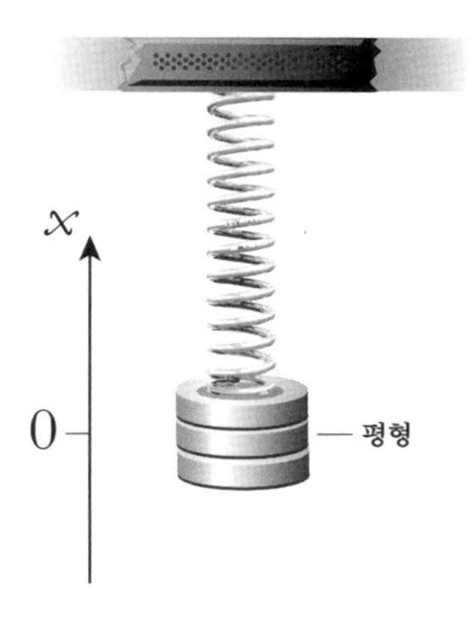

로 기술할 수 있습니다(사인 함수나 코사인 함수를 조금 이동한 함수들을 흔히 '사인파sine waves' 또는 '사인 형태sinusoidal'라고 부릅니다). 사인파에 대해서는 조금 더 알아보겠습니다. 계곡에서 왼쪽과 오른쪽으로 구르는 공과 용수철에 매달린 추의 경우, 두 물리계는 완전히 다릅니다. 그러나 근원적인 **방정식들**은 동일합니다. 이론물리학자의 추상적인 관점에서 볼 때, 두 계는 동일계입니다(계를 제작해야 하는 실험학자들은 여기에 동의하지 않을 것입니다).

단조화 진동자가 물리학에서 자주 나타나는 심오한 이유가 있습니다. 입자물리학의 표준모형에서 진동하는 양자장에 이르기까지, 수없이 많은 계가 **근사적으로** 단조화 진동자입니다. 그 이유는 이해하기 어렵지 않습니다.

마찰이 없이 앞뒤로 진동하는, 따라서 에너지가 보존되는 어떤 물리계를 생각해봅시다. 계가 그 주위로 진동하는(또는 계가 정지 상태에서 출발했다면 계속 정지하고 있는) 평형점이 존재합니다. x를 계가 평형점에서 얼마나 멀리 떨어져 있는가를 알려주는 물리량이라고 합시다.

퍼텐셜에너지는 함수 $V(x)$입니다. 잠시 이 함수가 완전히 임의로 주어졌다고 상상해봅시다.

이제 매우 중요한 수학적 사실을 사용해보겠습니다. 즉 임의의 퍼텐셜에너지 함수는 x의 거듭제곱 꼴을 가진 항들의 합인 무한급수로 표현할 수 있습니다.

$$V(x) = a + bx + cx^2 + dx^3 + ex^4 + \cdots \tag{3.9}$$

계수 [a, b, c...]를 신중하게 선택하면, 성질이 좋은 모든 함수를 이런 형태로 표시할 수 있습니다('성질이 좋다'는 것은 한 값에서 다른 값으로 갑자기 불연속적으로 변하는 함수들은 배제한다는 의미입니다).

이 표현에 대해 조금 더 생각해봅시다. 처음 매개변수 a는 단지 상수입니다. 이 값은 퍼텐셜의 기울기에 전혀 영향을 주지 않습니다. 다른 a값들은 퍼텐셜의 모양을 변화시키지 않으면서 다만 퍼텐셜을 위나 아래로 이동시킵니다. 그러나 힘이 생기게 하는 것은 퍼텐셜의 기울기이지 퍼텐셜의 값이 아닙니다. 식 (3.3)을 통해 우리는 계에 작용하는 힘은 퍼텐셜의 도함수라는 것을 알고 있습니다. 따라서 a와는 상관이 없으므로, 계의 행동을 변화시키지 않으면서 $a = 0$이라고 놓아도 무방합니다.

이제 무한급수의 나머지 항들에 대해서 생각해봅시다. 계가 움직이지 않고 그냥 정지해 있는 평형점을 $x = 0$으로 잡아 x를 정의했습니다. 이 계를 조금 움직이면 어떤 일이 생길까요? 이것은 x값이 아주 작다는 의미입니다. 그리고 작은(1보다 훨씬 작은) 값을 취하여 제곱을 하면, x보다 더 작은 값을 얻게 됩니다. 그러므로 식 (3.9)에 있는 모든 항을 살펴보면, x의 지수가 큰 항일수록 덜 중요해집니다. 충분히 작은 x의 경우, 가장 중요한 항은 첫 번째 항인 bx입니다. 물론 이것은 근사이지만, x값이 작아질수록 더 잘 맞는 근사입니다. 다른 계수들이 무엇이든지 상관없이 x값이 너무 작아 무한급수의 첫 번째 항만이 중요해지는 x값이 항상 존재합니다.

잠깐만. $x=0$이 평형점이라면, $V(0)$가 최솟값—계곡의 바닥—을 가져야 하는데, 평형점에서는 기울기가 0이고, 힘이 작용하지 않습니다. 그러나 $V(x) \approx bx$인 작은 x근사에서는 $x=0$에서의 V의 기울기가 b입니다. b가 0이 아니라면, V역시 0이 아닙니다. 그러므로 주어진 모든 가정을 고려할 때, $a=0$으로 잡은 것처럼 $b=0$으로 잡아야 합니다. 그렇지 않으면, $x=0$이 절대로 최소가 될 수 없습니다. 결국 퍼텐셜은 다음와 같이 되어야 합니다.

$$V(x) = cx^2 + dx^3 + ex^4 + \cdots \tag{3.10}$$

그리고 이제 앞에서 한 것과 같은 주장을 할 수 있습니다. 충분히 작은 x값의 경우, 높은 지수의 항들과는 관계가 없게 됩니다. 달리 말하자면 평형점 근처에 있는 진동하는 계의 퍼텐셜은 근사적으로 다음의 형태를 띤다는 것이 아주 일반적인 사실입니다.

$$V(x) \approx cx^2 \tag{3.11}$$

이것은 포물선, 즉 단조화 진동자의 퍼텐셜입니다. 이것은 놀라운 결과입니다. 마찰이 없는 경우, 평형점에서 조금 벗어나면 **거의 모든 진동하는 계는 근사적으로 단조화 진동자처럼 행동합니다.*** 이때 '진동자'는 퍼텐셜 바닥 근처에서 구르는 공이나 용수철에 매달린 평형점 근처에 있는 추일 수 있습니다. 그러나 또한 진자의 변위, 분자 안에서 진동하는 원자, 음파의 진폭, 회로에 흐르는 전류, 힉스보존장의 값과 같은 것들도 진동자라 할 수 있습니다. 계를 운동에너지와 퍼텐셜에너지로 기술할 수 있는 한, 퍼텐셜은 최솟값 근처에서 포물선으로 근사할 수 있기 때문에 계의 물리적 행동도 조화 진동자의 행동으로 근사할 수 있습니다. 일반적으로 이런 등가성이 항상 옳은 것은 아닙니다. 평형점에서 많이 벗어나게 되면 식 (3.10)의 다른 모든 항이 중요해지기 시작합니다. 그러나 이런 복잡성은 나중에 추가하면 됩니다.

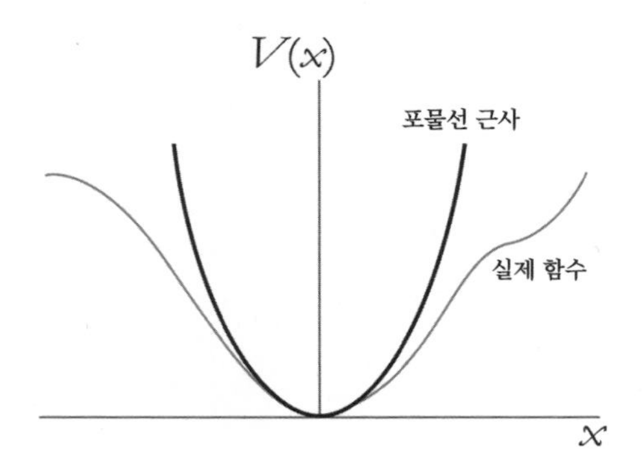

---

* '거의' 모든이라는 표현을 쓴 이유를 알 수 있겠습니까? 행운이 따르지 않는다면, 예를 들어, $c=d=0$이어서 퍼텐셜이 정확히 $V(x)=ex^4$로 주어지는 계를 찾아낼 수도 있을 것입니다. 그러면 작은 x인 경우조차 조화 진동자라는 근사가 성립하지 않습니다.

이런 논의는 구형 소 철학의 응용성을 증가시켜줍니다. 이것은 아주 단순화한 계를 들여다보고 최상의 것을 얻고자 하는 문제가 아닙니다. 복잡한 표현을 받아들여 퍼텐셜을 식 (3.9)처럼 무한한 항들의 합으로 적는다는 아이디어는 아주 다양한 문제에 적용할 수 있는 기술입니다. 그리고 무한급수에서 높은 지수의 항들이 처음 몇 개의 낮은 지수의 항들보다 수치적으로 더 작은 값을 갖는 행운을 아주 자주 만나기도 합니다. 이런 사실들로부터 **섭동이론**perturbation theory이라고 알려진 조직적인 절차가 개발되었습니다. 계를 지배하는 방정식들을 간단한 항과 작은 섭동 항의 합으로 적고 나서 이 간단한 항에 대해 모든 것을 정확히 푼 후 나머지 섭동 항들을 조금씩 추가합니다. (항상은 아니고) 때때로 우주가 섭동 이론을 이해하려는 우리의 시도에 도움을 주기도 합니다.

위상공간

특정 순간 계의 각 부분의 위치와 속도가 주어지면 라플라스의 패러다임에 의해 계의 궤적을 결정할 수 있습니다. 그리고 물체의 운동량은 질량에 속도를 곱한 양 $\vec{p} = m\vec{v}$ 라고 했습니다. 보통 질량이 상수인 계를 고려하기 때문에 계의 행동을 예측하는 데 필요한 정보라는 면에서 '위치와 운동량'이 주어졌다는 것은 '위치와 속도'가 주어졌다는 것과 동등합니다. 물리학의 고급 주제로 들어가게 되면—다음 장에 나옵니다—특정한 관점에서 볼 때, 운동량이 속도보다 더 근본적이라는 것을 알게 될 것입니다. 따라서 우리는 일반적으로 운동량을 사용할 것입니다.

이와 함께 계의 모든 가능한 위치와 운동량의 집합을 계의 **위상공간**phase space이라고 부릅니다.

$$\text{위상공간} = \text{모든 물체 } i\text{에 대해 } \{\vec{x}_i, \vec{p}_i\}$$

(여기서 중괄호 {}는 흔히 어떤 것의 집합을 나타내는 데 사용됩니다). 계가 어느 순간 위상공간 속 어디에 위치하는지가 주어져 있다면, 뉴턴 역학에 의해 계의 전체 진화를 알 수 있습니다. 달리 이야기하자면, **위상공간은 계가 가질 수 있는 모든 가능한 상태의 집합**입니다.

왜 운동량이 속도보다 더 기초적인지를 알려주는 작은 힌트가 뉴턴의 제2법칙 $\vec{F} = m\vec{a}$입니다. 우리는 가속도가 시간에 대한 속도의 도함수인 것을 알고 있습니다. 그리고 뉴턴의 원리에 대한 이런 진술은 암묵적으로 질량은 시간에 따라 변하지 않는 상수에 불과하다는 것을 가정하고 있습니다. 그러므로 $m\vec{a}$는 그냥 '질량에 속도의 도함수를 곱한 것'이 아니라 질량에 속도를 곱한 것의 도함수라고도 생각할 수 있습니다. 왜냐면 상수는 도함수 안 또는 바깥으로 이동할 수 있기 때문입니다.

$$m\frac{d}{dt}\vec{v} = \frac{d}{dt}(m\vec{v}) \quad (m\text{이 상수일 때}) \tag{3.12}$$

이것은 뉴턴의 제2법칙을 운동량의 도함수로 다시 적는 우아한 방법입니다.

$$\vec{F} = \frac{d\vec{p}}{dt} \tag{3.13}$$

이 식은 기분이 좋을 정도로 간단할 뿐 아니라 물체의 질량이 변할 때조차 (예를 들어, 로켓이 배기가스를 분사해 질량이 서서히 줄어드는 경우처럼) 이 형태가 성립하기 때문에 $\vec{F} = m\vec{a}$보다 더 보편적입니다. 힘은 운동량의 시간 변화율입니다.

우리가 경험하는 세계에서 물체들은 3차원 공간에 있습니다. 수학자들, 그리고 이들을 따르는 물리학자들은 '공간'이라는 단어를 훨씬 더 일반적인 것—기본적으로 어떤 추가적인 구조를 가진 모든 집합—을 의미하기 위해 용도 변경을 했습니다. 그러므로 '단일 입자가 취할 수 있는 모든 가능한 위치의 집합'은 바로 친숙한 3차원 공간을 말합니다. 그러나 이 물체의 위상공간의 차원은 위치에 대한 3차원과 운동량(3차원 벡터)에 대한 3차원을 합해 6차원입니다.

3차원 공간에 위치한 N개 입자로 구성된 계라면, 각 입자의 3차원 위치에 표식을 붙인 $3N$차원의 **배위 공간**configuration space을 이야기할 수 있습니다. 각 입자는 3차원의 위치 외에 3차원의 운동량도 가지고 있기 때문에, $6N$차원의 위상공간이 이 배위 공간에 해당합니다. 지구-달 계—3차원 공간에서 움직이는 2개의 물체—는 12차원의 위상공간을 갖고 있습니다. 물체가 단순한 입자들보다 더 복잡하다면, 두말할 필요 없이 이 물체의 방위와 각운동량 역시 고려할 필요가 있습니다.

일반적으로 위상공간은 고려 대상인 계의 종류가 무엇인지에 따라 아주 고차원의 수학적 구조물일 수 있습니다. 이 아이디어의 선구자는 루트비히 볼츠만Ludwig Boltzmann과 제임스 클러크 맥스웰을 비롯한 19세기의 통계물리학자들이었습니다. 이들은 늘 수많은 입자로 구성된 계에 대해 깊이 생각해왔습니다. '많다'는 표현의 전통적인 척도는 **아보가드로의 수**Avogadro's number 6×10^{23}입니다. 이것은 대략 1그램의 단원자 수소에 들어 있는 수소 원자의 개수입니다. 1그램은 작은 질량이지만 인간이 인식할 수 있는 수준이므로, 이 질량 또는 그 이상의 질량을 가진 것들을 거시적이라고 불러도 좋습니다. 아보가드로의 수를 가진 입자 집단은 3.6×10^{24}차원의 위상공간으로 기술됩니다. 이것은 매우 큰 차원입니다.

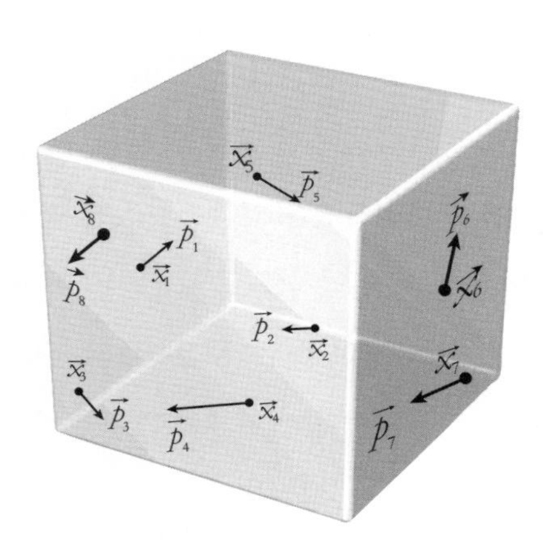

그러나 또한 위상공간의 차원이 적당히 클 수도 있습니다. 단조화 진동자는 진동자의 위치 x로 표시한 1차원의 배위 공간을 가집니다. 따라서 위상공간은 2차원의 $\{x, p\}$입니다. 이 위상공간을 가시화할 수

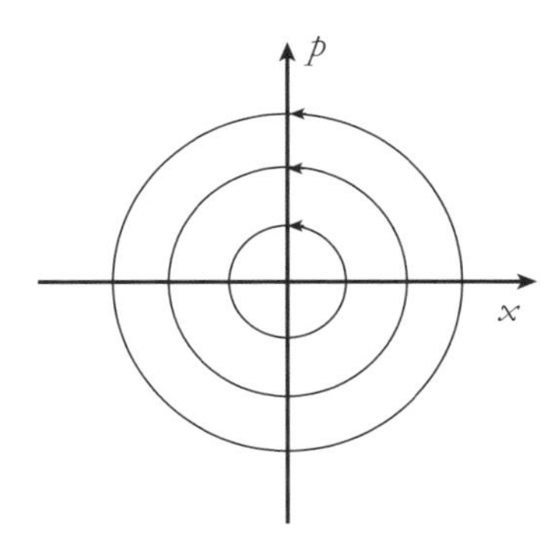

있으며, 이런 가시화는 유용합니다.

그림에는 특별한 단조화 진동자의 세 가지 가능한 위상공간 궤적이 그려져 있습니다. 진동자의 위치는 앞뒤 진동을 하고, 따라서 운동량도 진동을 하지만, 출발점은 다릅니다. 위치가 0일 때 운동량은 최대가 되고, 그 반대도 마찬가지입니다. 그러므로 위상공간에서 계의 모든 가능한 궤적은 타원 궤도가 됩니다. 타원의 크기는 초기 조건에 따라 달라집니다(위상공간에서의 궤적만 타원이지 실제 공간에서의 궤적은 타원이 아닙니다. 실제 공간에서 진동자는 그저 앞뒤로 움직입니다. 위상공간은 다른 아이디어입니다. '위상공간에서의 속도'라고 지정할 필요는 없습니다. 어느 점에서 출발했는지를 알면, 전체 궤적이 결정됩니다). 진동자의 진동수는 초기 진폭과 무관합니다. 따라서 이 계가 얼마나 크게 진동하든 상관없이 한 주기 동안 왕복하는 데는 같은 시간이 걸립니다.

재미를 위해 계에 마찰을 주어 단조화 진동자가 아닌 감쇠 조화 진동자가 되게 하고 어떤 일이 일어날지 알아봅시다. 우리는 직관적으로 어떤 일이 일어날지 알고 있습니다. 진동자가 앞뒤로 움직이지만, 에너지를 잃으며 진동의 진폭이 꾸준히 줄어들게 됩니다. 이 운동은

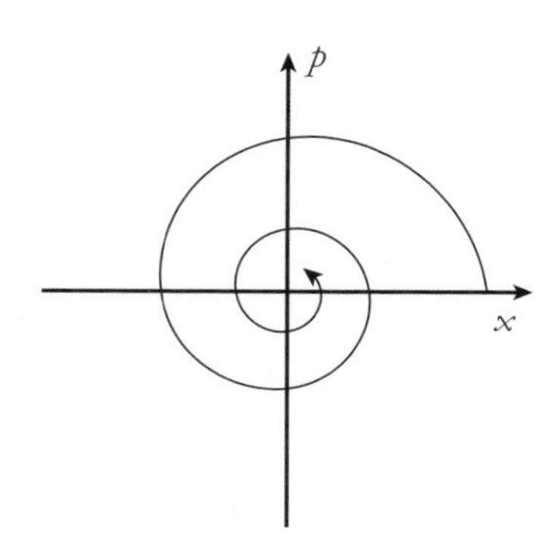

위상공간 도표에서 타원 궤적을 중심을 향해 움직이는 나선으로 대체하는 것에 해당합니다.

경로들의 공간

언덕에서 구르는 공과 앞뒤로 움직이는 진동자에 대해서는 충분히 자세히 설명했습니다. 이제 조금 자극적인 것을 보며 그동안의 노고에 대한 보상을 받도록 합시다.

우리는 고전역학을 탐구하면서, 계의 상태—한순간에 계의 모든 부분의 위치와 운동량으로 결정되는 위상공간상의 한 점—를 알면, 계의 전체 궤적을 결정할 수 있다는 라플라스의 패러다임을 강조해왔습니다. 이 장의 처음으로 돌아가 생각해보면, 이것은 눈을 가리고 직선을 따라 걷는 것과 아주 유사합니다. 우리가 지금 무슨 일을 하는지 알고서 한순간에서 다음 순간으로 시간에 따라 나아갑니다. 물리학자들은 이런 종류의 절차를 **초기값 문제**initial-value problem라고 부릅니다.

왜냐면 어떤 초기 조건에서 출발하여 모든 것을 알아낼 수 있기 때문입니다.

그러나 두 그루의 나무 사이에 연결된 줄을 팽팽하게 당겨 직선을 만드는 것과 같은 또 다른 방법이 있습니다. 직선을 만들기 위해 '초기 방향'에 대해 신경을 쓸 필요는 전혀 없습니다. 단지 두 그루의 나무와 이들 사이에 연결된 줄을 당기기만 하면, 자동으로 올바른 방향을 가리키는 직선이 만들어집니다. 이것은 초깃값 문제가 아닙니다. 이것은 출발점(첫 번째 나무의 위치)에 대한 한 조각의 정보와 끝점(또 다른 나무의 위치)에 대한 다른 조각의 정보가 주어진 경곗값 문제라는 또 다른 종류입니다.

두 그루의 나무를 연결하는 줄은 국소적 성질들보다 전역적 성질들을 가지고 기술할 수 있습니다(행성 궤도에 관한 케플러의 이론과 뉴턴의 이론을 구분한 것을 떠올려보세요). '같은 방향으로 걷기'는 전형적인 국소적 절차입니다. 즉 한순간에서 다음 순간으로 이동하는 구체적인 일을 하기 때문입니다. 반면 '최단 거리를 갖기'는 전역적 성질입니다. 즉 줄의 전체 길이를 줄이 직선이 아닐 경우의 길이와 비교해야 하기 때문입니다.

우리가 암묵적으로 하는 일은 엄청나게 큰 수학적 공간, 즉 끈이 한 점에서 다른 점으로 이어지는 모든 가능한 방법이 존재하는 공간을 상상하는 것입니다. 이런 방법들 대부분은 직선을 만들지 못합니다. 직선 경로는 유일하지만, 곡선 경로는 무수히 많습니다. 가능한 거대한 집합들 중에서 직선 경로는 다른 경로들보다 길이가 더 짧은 것으로 구별됩니다.

놀랍게도 고전역학의 모든 것은 우리가 지금까지 채택해온 국소적이고 시간적으로 진화하는 관점보다는 앞서 설명한 전역적 언어로 기술될 수 있습니다. 어떤 한순간에 한 입자의 위치와 운동량이 주어지는 대신, 단지 특정 초기 시간 t_1에서의 위치 x_1과 나중 시간 t_2에서의 위치 x_2만이 주어진다고 상상해봅시다. 공간의 모든 곡선이 길이를 가지는 것처럼 (x_1, t_1)과 (x_2, t_2) 사이의 모든 가능한 입자 궤적 역시 (나중에 알게 되지만) **작용**action이라고 부르는 물리량을 가집니다. 작용은 운동에너지와 퍼텐셜에너지가 경로를 따라서 어떻게 진화하는지에 의존합니다. 입자가 취할 수 있는 모든 가능한 궤적들 가운데 입자가 진짜로 취하는 궤적—뉴턴의 법칙을 따르는 궤적—이 최소 작용을 가지는 궤적이라는 사실이 밝혀졌습니다.

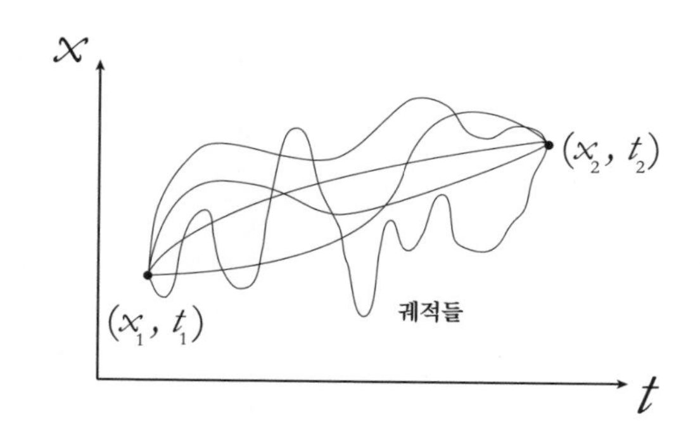

짐작할 수 있듯이, 이 아이디어는 **최소 작용의 원리**principle of least action라고 알려져 있습니다. 이 원리는 1600년대부터 시작해 1800년대까지 점진적으로 개발되었습니다. 최소 작용의 원리는 지금까지 생각해왔던 것과의 결별을 뜻합니다. 따라서 이 원리의 배후에 있는 수

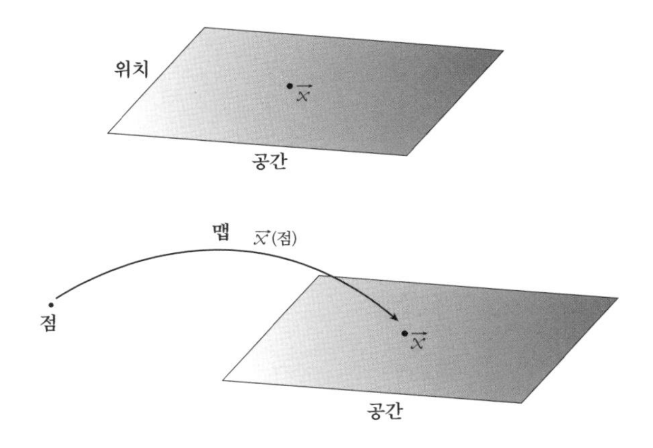

학적 철학에 관한 생각은 잠시 내려놓기로 합시다.

수학이 대부분 **점들 사이의 공간과 맵에 대한 연구**라고 생각할 수 있습니다. 결국 단순한 함수 $f(x)$는 실수 집합을 자신에게 매핑하는 역할을 합니다. 우리는 이미 암묵적으로 많은 사례를 사용해왔습니다. '한 입자의 위치'라고 말할 때는 보통 문자 그대로 공간에 있는 한 점을 연상하게 됩니다. 그러나 수학자는 한 점을 3차원 공간으로 매핑한다는 개념을 갖고 있습니다.

유사하게도 공간에서 한 입자의 시간에 따른 궤적은 한 구간을 공간으로 매핑하는 것으로 생각할 수 있습니다.

그리고 이 문제에서 한 곡선의 길이라는 개념은 (예를 들면, 지정된

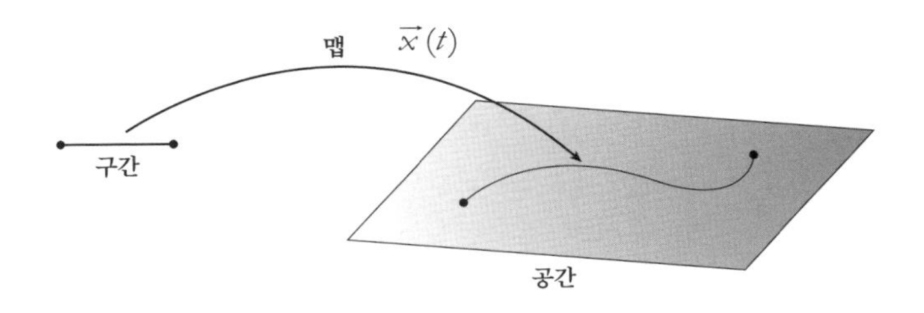

두 점들 사이에 있는) 모든 곡선의 공간에서 각 곡선이 곡선 길이 L과 연관된 음이 아닌 실수 집합으로 보내는 맵을 제공한다고 생각할 수 있습니다.

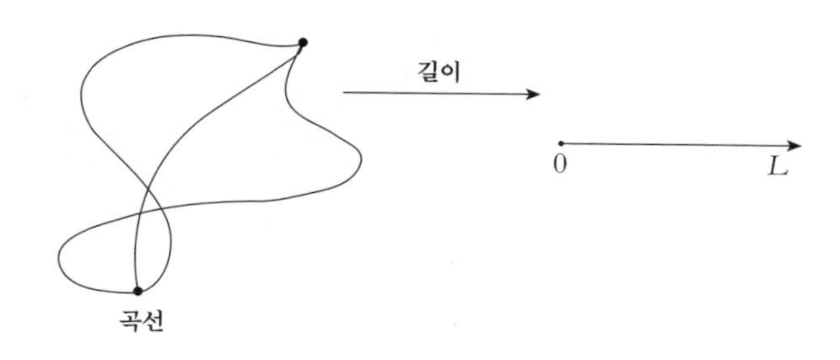

'지정된 두 점 사이의 모든 곡선이 만드는 공간'을 가시화하기가 어렵다는 것은 인정합니다. 우리는 보통 몇 가지 대표적인 예를 그린 뒤 나머지는 여러분이 상상할 수 있길 바랍니다.

점은 0차원, 직선은 1차원, 평면은 2차원 공간입니다. 공간 속 어디에 있는지 아는 데 필요한 각 조각의 정보마다 1개의 차원이 있습니다. 그러므로 모든 곡선의 공간은 **무한** 차원의 공간입니다. 한 곡선을 지정하려면 이 곡선에 있는 무한개의 점들을 특정해야 하기 때문입니다. 이 일은 수학적으로 흥미로우면서도 미묘하지만, 더 주목해야 할 것은 보통의 수학적 도구 상자가 큰 수정 없이 얼마나 무한 차원의 공간들에서도 쓸모가 있는가 하는 것입니다.

특히 무한 차원의 공간에서 미적분을 하는 방법이 있는데, 이것을 **변분법**calculus of variations이라고 부릅니다. 재미는 있지만 변분법에 대해서 더 다루지는 않겠습니다. 인생은 짧고 우리 앞에는 많은 위대한 아이디어들이 있기 때문입니다. 그러나 미적분이 '최소 길이의 곡선을 구하기'라는 아이디어에서 결정적인 역할을 담당하기 때문에 변분법에 대한 언급을 했습니다.

1개 변수를 가진 단순한 함수 $f(x)$로 돌아가봅시다. 도함수 df/dx는 각 점에서의 이 함수의 기울기를 알려줍니다. 그래프를 보는 것만으로 우리는 중요한 성질을 알 수 있습니다. 즉 함수가 국소 최댓값(언덕의 정상) 또는 국소 최솟값(계곡의 바닥)을 가진 모든 점에서 도함수는 정확히 0이 됩니다.

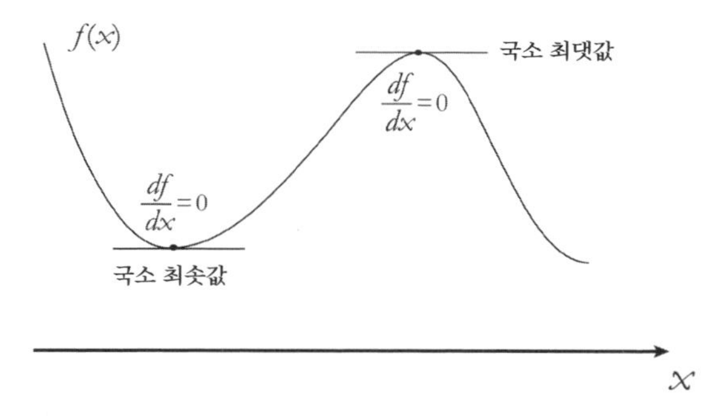

이것이 최소 길이 또는 다른 성질의 곡선을 구하는 방법의 배후에 숨겨진 수학적 비밀입니다. 모든 가능한 곡선들의 집합을 생각해봅시다. '곡선 길이'로 주어지는 이 집합에 대한 함수(각 곡선을 어떤 값으로 보내는 맵)를 정의할 수 있습니다. 그런 후 이 곡선을 무한히 작게 변형시킬 수 있는 모든 가능한 방법에 대한 이 함수의 도함수를 구합니다. 이 함수가 최솟값에 있다면, 모든 도함수가 정확히 0이 될 것입니다. 그러므로 '최소 거리의 경로'라고 말로 표현한 아이디어를 '경로 공간에서의 길이 함수의 도함수를 0으로 보내기'라는 수학 방정식들의 집합으로 바꿀 수 있습니다.

최소 작용

지금 우리의 관심을 끄는 것은 곡선의 길이가 아닙니다. 돌을 공중에 던진 후 돌이 지면에 닿기 전까지의 궤적을 추적하려고 할 때, 돌의 경로가 최단 경로인 직선이 아닌 것은 분명합니다. 최소인 것은 길이가 아니라 작용입니다. 그러므로 작용이 무엇인지 설명이 필요합니다.

궤적 위 모든 점에서 움직이는 입자는 위치 x와 속도 v를 가지므로 운동에너지 $E_{운동}=\frac{1}{2}mv^2$과 퍼텐셜에너지 $V(x)$를 가집니다. 프랑스의 수학자 조제프-루이 라그랑주Joseph-Louis Lagrange의 이름을 따서 운동에너지에서 퍼텐셜에너지를 뺀 물리량인 라그랑지안Lagrangian $L(x, v)$을 정의합니다.

라그랑지안 = 운동에너지 - 퍼텐셜에너지

$$L(x, v)=\frac{1}{2}mv^2-V(x) \tag{3.14}$$

그러고 나서 경로 $[x(t), v(t)]$가 주어지면, 이 경로에 대한 작용 S는 라그랑지안을 시간에 대해 적분한 것이 됩니다.

$$S=\int L(x, v)dt \tag{3.15}$$

라그랑지안은 경로의 모든 점에서—즉 매번—특정한 값을 가집니다. 따라서 작용은 궤적 전체의 함수가 됩니다. 초기 및 최종 위치와 시간이 주어지면, 입자가 움직이는 실제 경로에 대한 작용은 두 점 사이에서 가능한 다른 경로들에 대한 작용보다 작은 값을 가지게 됩니다. 고전역학을 체계화하는 데 라그랑지안이 핵심이 되기 때문에, 이런 방법을 흔히 **라그랑주역학**Lagrangian mechanics이라고 부릅니다. 작용은 시간에 대한 라그랑지안의 적분이며, 실제 물리적 운동은 작용을 최소화하는 운동을 따릅니다.

최소 작용의 원리가 퍼텐셜 안에 있는 한 입자에 어떻게 작용하는지 알아봅시다. 입자의 운동은 시간 t_1일 때 위치 x_1에서 출발하여, 시간 t_2일 때 위치 x_2에서 끝납니다.

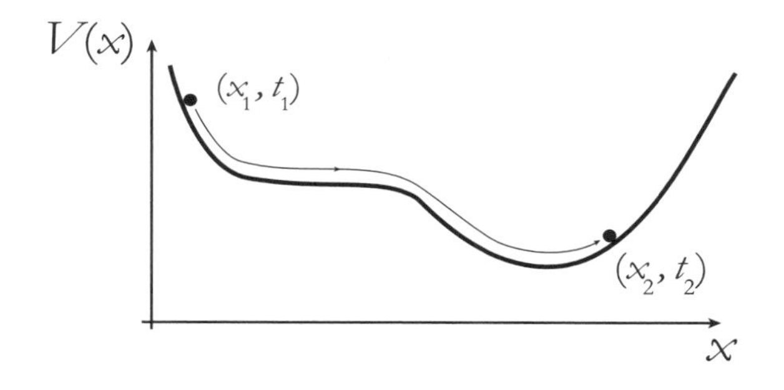

'이 입자를 x_1에 보낸 후, $F=ma$를 이용하여 가속도를 계산합니다. 그런 뒤 입자가 x_2에 도달할 때까지 적분하여 속도를 구합니다'라고 생각할 수도 있습니다. 만약 그렇다면 우리는 여전히 라플라스의 사고방식으로 생각하고 있는 셈입니다. 우리는 단순히 초기 속도 0인 상태에서 이 입자를 출발시킬 수 없습니다. 왜냐면 입자가 잘못된 시간에 최종점 x_2에 도달하게 되기 때문입니다. 마찬가지로 공이 시간 t_2일 때 x_2에서 속도가 0이 되어 **정지**할 필요가 없습니다. 우리가 위치뿐만 아니라 초기 및 최종 시간을 안다는 사실은 이 입자가 두 시간 사이에서 할 수 있는 운동에 강한 제약을 가합니다. 이 입자가 실제로 하게 될 일은 이런 제약 조건을 만족하는 최소 작용의 궤적을 따르는 것입니다. 그리고 이런 제약 조건은 초기 속도가 무엇이 되어야 할지를 우리에게 알려줍니다. 아마도 이 입자는 처음에 언덕을 굴러 올라가서 x_2로부터 멀어져야 할지도 모릅니다. 그렇게 해야 입자가 너무 일찍 최종 위치에 도달하지 않게 됩니다. 입자는 정해진 시간에 입자가 있어야 할 위치에 도달하는 데 필요한 속도를 가지게 될 것입니다.

작용을 최소화한다는 것은 무슨 뜻일까요? 작용은 운동에너지에서 퍼텐셜에너지를 뺀 물리량인 라그랑지안의 적분입니다. 운동에너지 $\frac{1}{2}mv^2$은 절대로 음수가 될 수 없습니다. 따라서 작용을 최소화하기 위해서는 가능한 한 운동에너지가 작아지도록 해야 합니다. 그러나 운동에너지를 정확히 0으로 할 수는 없습니다. 0이 되면 입자가 움직일 수 없게 되고, 특히 입자가 제시간에 x_2에 도달할 수 없게 됩니다. 적당한 시간 안에 적당한 거리를 이동할 만큼 입자가 빨리 움직여야 하지만, 너무 빨라서도 안 됩니다.

한편 '퍼텐셜에너지 빼기'를 최소화하기는 쉬워 보입니다. 그저 $V(x)$가 아주 높은 곳으로 이동하면 됩니다. 그러면 $-V(x)$가 아주 작아지기 때문입니다(아주 큰 음수를 '작다'라고 표현했습니다). 그러나 이 방법은 이전 구절과 충돌을 일으킵니다. x_1에서 출발한 입자가 퍼텐셜에너지가 훨씬 큰 곳으로 빠른 속도로 이동한다면, 이 입자는 제시간에 x_2에 도달하기 위해 곧바로 빠르게 돌아와야 합니다. 그러면 큰 운동에너지를 갖게 되는데, 우리는 운동에너지를 가능한 한 작게 하려고 하고 있습니다.

작용을 최소화하는 일은 균형을 잡는 일입니다. 퍼텐셜에너지는 커지기를 원하지만, 운동에너지는 작아지길 원합니다. 따라서 정해진 시간에 정해진 위치에서 운동이 시작되고 끝나려면 두 에너지 사이의 타협이 필요합니다. 결과적으로 작용을 최소화하는 궤적이 정확히 고전적인 운동 방정식을 만족하는 궤적이라는 것이 밝혀졌습니다. 운동을 해석하는 최소 작용 방식은 수학적으로 원래 뉴턴이 발견한 역학 체계와 동등합니다.

생각해보면, 이것은 놀라운 업적입니다. 고전역학의 핵심 원리인 뉴턴의 제2법칙은 물체에 작용하는 힘이 물체의 질량과 가속도의 곱과 같다는 것입니다. 최소 작용의 접근방식에서는 '힘'이라는 단어가 어디에도 등장하지 않습니다. 결국에 두 가지는 같은 역학이지만, 완전히 별개의 개념들을 사용하고 있습니다.

그렇다면 어느 것이 옳을까요? 라플라스가 주장했듯이, 자연은 실제로 초기 조건에서 출발해 순간순간 변화해나가는 것일까요? 아니면 자연은 초기 점과 최종 점 사이에서 취할 수 있는 모든 가능한 운동을 가시화한 후 작용을 최소화하는 한 가지 운동을 따라 움직이도록 하는 어떤 종류의 예지력을 가지고 있는 것일까요?

그 어느 것도 아닙니다. 자연은 그저 자연일 뿐이고 해야 할 일을 할 뿐입니다. 우리 인간들은 인간의 방식으로 자연을 이해하기 위해 최선을 다하고 있습니다. 같은 근본적 행동을 개념화할 수 있는 동일하지만 다른 방식을 발견할 수도 있을 것입니다. 그럴 경우 어떤 것이 '옳은지'는 덜 중요하며, 당면한 상황에 가장 큰 통찰력을 주는 개념들을 받아들일 준비가 되어 있는 것이 중요합니다.

CHAPTER 4

공간

오늘날 물리학자들 대부분은 몇 가지 이유로 공간 자체를 하나의 사물로 취급하는 뉴턴의 편에 서 있습니다. 첫째로, 물체들 사이의 공간이 비어 있지 않다는 것입니다. 공간은 여러 종류의 장들로 차 있습니다. 둘째로, (시공간의 일부인) 공간은 자체적인 삶을 가지고 있습니다. 아인슈타인은 공간의 기하학이 에너지에 대응하며 또 시간에 따라 변화할 수 있다는 것을 보여주었습니다. 그러나 우리는 아직 최종적인 답에 이르지 못했습니다.

✶ ✶ ✶

지금까지는 일어난 일들—언덕에서 굴러 내려오는 공, 용수철에 매달려 진동하는 추, 태양 주위를 공전하는 행성들—에 대해 이야기를 해왔습니다. 이 모든 논의의 바탕에는 이런 일들이 일어나는 경기장에 대한 생각이 깔려 있습니다. 이 경기장은 일들이 일어나는 모든 가능한 위치들의 집합인 **공간**space입니다. 우리는 지금까지 공간이라는 아이디어를 별생각 없이 반복해 사용해왔습니다. 1장의 첫 번째 구절에 이미 공간이란 단어가 등장했습니다. 아마도 여러분이 공간이란 개념에 익숙해져 있기 때문일 것입니다. 이제 더 깊이 파고 들어갈 시간이 되었습니다. 공간은 어떤 성질들을 가지고 있으며, 그 이유는 무엇일까요? 애초에 왜 공간이라고 부르는 것이 필요했을까요?

이런 질문 가운데 일부는 만족할 만한 답을 가지고 있을지 모릅니다. 또 일부는 그렇지 않을 수 있습니다. 우리가 할 수 있는 일은 공간이 가진 성질들을 생각해보고 이것들이 어떻게 물리적 세계의 다른 성질들과 연관되어 있는지 알아내는 것입니다. 공간은 사물일까요,

아니면 사물이 지닌 한 가지 성질에 지나지 않을까요? 3차원 공간이라는 것의 의미는 무엇일까요? 그리고 공간의 관점에서 생각하는 것이 유용한 물리적 행동들은 무엇일까요? 이런 질문들은 고전역학을 기술하는 또 다른 역학 체계를 찾을 수 있도록 우리를 이끌 것입니다. 이 장에서는 뉴턴역학과 라그랑주역학 이후에 등장한 해밀턴역학에 대해 살펴볼 것입니다. 다른 역학 체계와 달리 해밀턴역학은 처음부터 공간을 특별한 존재로 대우하지 않습니다. 그러므로 이것은 공간의 특수한 성질들에 관해 생각해보는 데 유용한 방식입니다.

물질 대 관계

고전역학의 여명기인 1700년대 초반 '실제로' 공간이란 무엇인가라는 문제에 대해 많은 생각이 등장했습니다. 그중 한 가지 아이디어는 공간이 그 속에 있는 사물들과는 별개로 존재하는 **물질**substance이라는 것이었습니다. 이 견해에 의하면 세상은 다양한 종류의 물체 및 이 물체들을 내장하고 있는 공간으로 구성되어 있습니다. 공간은 내부에 있는 모든 것의 용기 구실을 합니다.

이런 주장은 상당히 자연스러워 보이지만, 공간은 결코 사물이 아니며 어떤 두 물체가 '둘 사이의 거리'라는 양에 의해 특징지어진다는 사실을 재포장하는 방법에 지나지 않는다는 또 다른 견해가 있습니다. 이런 관점에서 보면, 공간은 근본적으로 **관계**와 연관이 있습니다. 세계의 모든 물체가 어떻게 이들 사이의 거리에 의해 연관되어 있는지 알면 물체들이 머무는 '공간'이라고 부르는 추가적인 대상이 불필요합니다. '공간'은 물체 사이의 거리 관계를 기술하는 편리한 방법에 지나지 않습니다.

공간의 본질에 관한 이런 두 가지 상반되는 견해인 '실체주의substantivalism'와 '관계주의relationalism'는 영국의 새뮤얼 클라크Samuel Clarke와 독일의 고트프리트 빌헬름 라이프니츠 사이의 활발한 편지 왕래를 통해 등장하게 되었습니다. 여러분은 라이프니츠가 아이작 뉴턴과 함께 미적분의 공동 발견자라는 것과 아이작 뉴턴의 숙적이라는 것을 기억하고 있을 것입니다. 뉴턴은 클라크와 같은 중재자를 통하는 것을 선호했지만, 뉴턴과 라이프니츠는 공격적인 의견을 여러 번 직접 교환하기도 했습니다.

라이프니츠-클라크 사이의 편지 왕래를 부추긴 사람은 프로이센에서 자란 귀족 부인 안스바흐의 카롤리네였습니다. 라이프니츠는 그녀의 가정교사 중 한 사람이었습니다. 카롤리네는 남편 게오르크 아우구스투스Georg Augustus가 웨일스의 왕세자가 되자 같이 영국으로 이주했습니다. 나중에 남편이 조지 2세 왕이 되면서 그녀는 왕비가 되었습니다. 카롤리네는 과학과 철학에 지속적인 흥미를 보였습니다. 천연두를 퇴치하는 능력에 관한 연구를 지휘한 후 그녀는 우두 접종의 대변자가—현대 백신 접종의 선구자—가 되었습니다.

카롤리네가 왕비가 되기 위해 영국 궁정에 도착한 후, 라이프니츠는 그녀에게 영국 철학을 경고하는 편지를 보냈습니다. 라이프니츠는 특히 존 로크John Locke와 아이작 뉴턴의 철학이 신학적으로 문제가 많다고 생각했습니다. 카롤리네는—장난으로?—이런 비난을 뉴턴의 친구이자 저명한 성공회 목사였던 클라크에게 보여주었습니다. 클라크는 데카르트의 영향을 크게 받은 라이프니츠의 관계주의적 관점과는 반대로 공간이 절대적이라는 뉴턴의 견해를 옹호하는 편지를 라이프니츠에게 보냈습니다. 우리는 적어도 뉴턴이 클라크에게 편지에 어떤 것을 적을지 조언한 것을 알고 있습니다. 그러나 일부 학자들은 본래 뉴턴이 클라크의 편지들을 대신 썼다고 생각하고 있습니다.

라이프니츠-클라크 사이의 편지 왕래는 1716년 라이프니츠의 사망으로 끝이 납니다. 그러나 살아남은 편지들은 초기 과학철학의 주요 업적으로 남게 되었습니다. 두 사람은 공간의 본질뿐만 아니라 자유의지와 신의 본질을 놓고서도 의견을 나누었습니다. 오늘날 물리학자들 대부분은 몇 가지 이유로 공간 자체를 하나의 사물로 취급하는 뉴턴의 편에 서 있습니다. 첫째로, 물체들 사이의 공간이 비어 있지 않다는 것입니다. 공간은 여러 종류의 장들로 차 있습니다. 둘째로, (시공간의 일부인) 공간은 자체적인 삶을 가지고 있습니다. 8장에서 논의하겠지만, 아인슈타인은 공간의 기하학이 에너지에 대응하며 또 시간에 따라 변화할 수 있다는 것을 보여주었습니다. 그러나 우리는 아직 최종적인 답에 이르지 못했습니다.

따라서 한때 물리학의 진보에 절대적으로 중요하다고 여겼던 질문은 제대로 된 답도 모른 채 서랍 속에 남게 되었습니다. 과학의 진화는 그저 새로운 것을 배우며 진보하는 것이 아닙니다. 어떤 질문들이 중요하고 어떤 질문들은 무시해야 할지를 결정하는 과정을 통해 진보합니다. 때로는 질문이 별로 흥미롭지 않아서, 어떤 때는 이 질문에 답할 때가 적당하지 않았기 때문입니다. 공간은 물질 그 자체가 아니라 양자 얽힘에 의해 생긴 존재라는 자극적인 현대적 아이디어가 등장했습니다. 그러므로 어쩌면 관계주의가 최종 승자가 될 수도 있을 것 같은 느낌이 듭니다.

차원

우리가 '공간'이란 무엇인지에 대해 조금은 직관적으로 생각한다고 가정하고, 공간의 다른 성질들을 살펴봅시다. 가장 중요한 성질은 **차원성**dimensionality입니다. 일상생활을 하면서 우리가 움직이는 공간은 3차원 공간입니다. 그러나 물리학자들은 흔히 이보다 더 낮거나 높은 차원의 공간을 들여다봅니다. 물리학자들은 단순화한 가상 모델인 1차원이나 2차원 공간 또는 끈이론 또는 다른 통일 이론에 등장하는 3차원 이상의 공간에 대해서도 생각합니다. 다른 추상적인 수학적 '공간'들 역시 존재합니다. 이들은 여러 입자로 이루어진 계의 배위 공간이나 위상공간과 같은 몇몇 추가적인 구조를 가진 집합들로, 이들 공간의 차원은 완전히 다를 수 있습니다. 이 장에서는 우리 주위의 친숙한 공간에만 초점을 맞추고자 합니다.

2개의 길고 가는 막대를 상상해봅시다. 두 막대가 서로 수직(직각)이 되도록 묶습니다. 이제 세 번째 막대를 집어 처음 두 막대의 교차점에 묶는데, 새로운 막대가 처음 두 막대 모두와 수직이 되게 합니다. 이제 네 번째 막대를 집어 같은 위치에 묶어 처음 세 막대 모두와 수직이 되게 합니다.

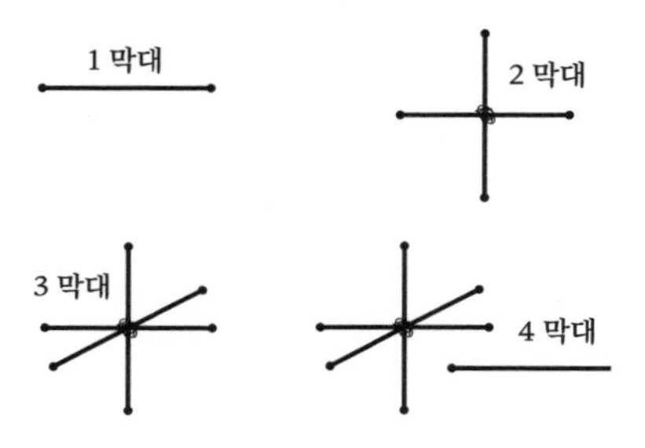

여러분은 그렇게 할 수 없습니다. 우리 세상에서는 3개의 직선이 서로 수직하도록 만들 수는 있지만, 4개의 직선이 서로 수직하도록 만들 수는 없습니다. 이것이 공간이 3차원이라는 것을 보여주는 한 가지 방법입니다.

(의자가 안정적으로 서 있으려면 다리 3개가 필요하다는 것을 알고 있을 것입니다. 공간이 2차원이라면 몇 개의 다리가 필요할까요? 또 4차원이나 그 이상의 차원이라면 어떨까요?)

그렇다면 차원은 근본적으로 '사물이 움직일 수 있는 독립적인 방향'이라고 할 수 있습니다. 이런 차원의 개념에서는 한 방향 또는 정확히 그 반대 방향으로 움직이는 것을 같은 방향으로 취급합니다. 현재 있는 위치로부터 판단해볼 때, 앞/뒤는 한 방향이고, 오른쪽/왼쪽은 또 다른 방향이 되며, 위/아래는 제3의 방향이 됩니다. 이런 모든 방향이 독립적인 반면, 다른 방향들은 이들 방향의 조합으로 생각할 수 있습니다. 이것이 3차원입니다.

같은 아이디어를 표현하는 또 다른 방법은 공간의 한 점의 위치를 지정하기 위해서 **좌표**coordinate라고 부르는 3개의 숫자가 필요하다는 점에 주목하는 것입니다. 시작점을 선택하고, 앞서 만든 3개의 수직 막대들의 가상 버전이라 할 수 있는 3개의 추상적인 수직 방향, 즉 **축** axis을 연장한다고 상상해봅시다. 원점으로부터 이 점까지 일련의 수직 직선 선분만큼 이동한 후 각 선분의 길이를 측정함으로써 모든 점에 좌표—예를 들어(x, y, z)—를 부여할 수 있습니다.

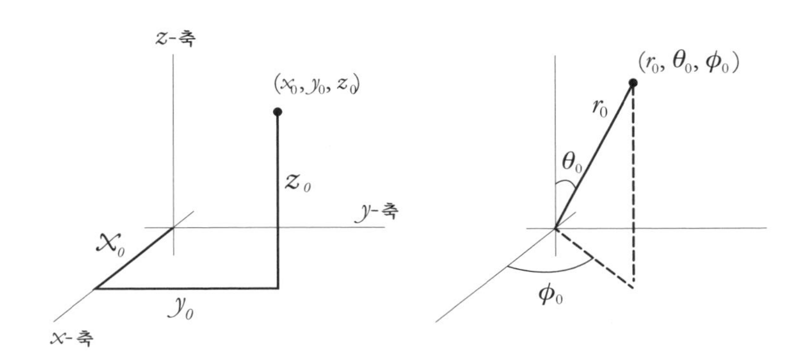

중요한 것은 우리가 사용하는 특별한 좌표계가 아니라 한 점의 위치를 지정하는 3개의 숫자가 항상 필요하다는 사실입니다. 르네 데카르트의 이름을 딴 **직교 좌표** Cartesian coordinates는 수직한 축들의 집합으로 정의합니다. 그러나 같은 점을 원점으로부터 이 점까지의 지름 방향 선분의 길이인 r, 지름 방향 선분과 z축 사이의 극각 polar angle인 θ(그리스 문자 '세타') 및 x축과 이 점을 xy 평면에 투영한 것 사이의 방위각 azimuthal angle인 φ(그리스 문자 '파이')를 측정하여 이 점을 특정할 수도 있습니다. 특정한 고정값 r을 가진 모든 점의 집합이 구면이기 때문에, 이런 좌표를 **구면 좌표** spherical coordinates라고 부릅니다.

좌표는 세상이 가진 객관적인 특징이 아닙니다. 좌표들은 인간의 발명품이며 공간의 다른 위치들에 붙이는 표지와 같은 것들입니다.

물체의 물리적 길이를 센티미터 또는 인치로 표현하더라도 달라지지 않는 것처럼, 물리량들도 좌표에 의존하지 않는다는 것을 경험을 통해 알 수 있습니다. **좌표 불변**coordinate invariance이라는 속성은 꽤 간단해 보이지만, 이것의 개정판은 현대 기초 물리학에서 중심적 역할을 담당하고 있는 대칭성과 게이지 이론에 대해 깊이 생각하게 합니다.

만약 공간이 3차원이라면, 공간의 부분집합들은, 적어도 근사적으로, 더 낮은 차원을 가질 수 있습니다. 긴 직선 전선을 생각해봅시다. 물론 이 전선은 실제로 3차원의 물체입니다. 자세히 보면 전선의 단면적이 0이 아닌 것을 알 수 있습니다. 그러나 멀리서 보면 전선은 1차원처럼 보입니다. 이 전선을 따라 이동하는 전자들이 전선의 길이를 따라 빠르면서도 자유롭게 움직이며, 수직 방향으로는 매우 어렵게 또는 전혀 이동하지 않는다면, 물리학자들은 행복하게도 이 계를 1차원인 것처럼 생각하고 모델을 만듭니다. 마찬가지로 흥미로운 현상들이 박막이나 3차원 물체의 표면처럼 2차원 공간에서만 나타나는 경우가 있기도 합니다. 그런 경우 흔히 관련된 현상들을 실제로 2차원 세계에서만 존재하는 것으로 편하게 취급하기도 합니다. 여기서도 구형소 철학이 작동하고 있습니다. 즉 복잡한 계를 훨씬 더 단순한 계로 근사시켜 전체 차원을 사라지게 하는 것입니다.

차원과 힘

공간이 실제로 다른 차원을 가지고 있었다면, 생명체가 아주 달라졌을 것입니다. 사실 생물학적 삶이 불가능했을지 모릅니다. 우리가 가장 좋아하는 물리적 힘인 뉴턴의 역제곱 법칙으로 기술되는 중력에 대해 생각해봅시다. 두 물체 사이의 중력은 둘 사이의 거리를 제곱한 것에 반비례합니다. 왜 거리의 제곱에 반비례할까요? 왜 거리 자체나 거리의 8승에 반비례하지 않을까요?

여기서 간단한 가시화가 도움을 줄 수 있습니다. 태양에서 무한대까지 모든 방향으로 뻗어 있는 직선들의 집합을 마음속에 그려봅시다. 이런 직선들을 일명 **역선**lines of force이라고 부릅니다. 왜냐면 태양의 중력이 이 직선들을 따라 물체를 끌어당기기 때문입니다. 역선은 순수 개념적 존재입니다. 태양에서 뻗어 나온 물리적인 직선이란 실제로 존재하지 않습니다. 그러나 이 직선들이 어떻게 퍼져나가는지를 가시화하는 것은 역제곱 법칙을 설명하는 데 도움이 됩니다.

중심에 태양이 위치한 구면을 그리면, 모든 역선은 이 구면을 관통

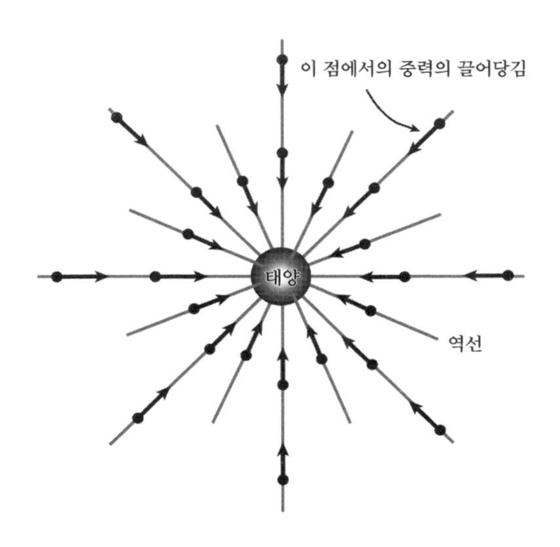

합니다. 더 큰 반지름을 가진 또 다른 구면을 그리면, 같은 역선들이 구면을 관통하지만, 이들은 더 많이 퍼져 있습니다. 즉 구면 위 일정한 면적을 더 작은 수의 역선이 관통합니다.

구면의 전체 면적 A는 구의 반지름 r과 $A=4\pi r^2$의 관계를 가지고 있습니다. 이와 같은 수식 속 4π는 보통 우리가 외워서 알고 있는 것이지만, 면적이 r^2에 비례한다는 사실은 **차원 분석**dimensional analysis과 관련이 있습니다. 물리량은 항상 **단위**units—길이, 시간, 질량 또는 이들의 조합*—로 표현되어야 합니다. 사물을 함께 더한다거나 또는 사물들을 서로 동일시하려고 할 때마다, 항상 이들은 같은 단위를 가지고 있어야 합니다.

면적은 항상 '거리의 제곱'이라는 단위를 가집니다(왜냐면 면적은 2차원의 양이기 때문입니다). 그리고 우리의 질문(반지름 r인 구면의 면적은 얼마인가?) 속에 나오는 거리는 오직 반지름뿐입니다. 그러므로 면적은 물론 r^2에 비례할 것입니다. 다른 것은 불가능하기 때문입니다. 마찬가지로 원주는 거리 단위로 측정하기 때문에, 원주는 r에 비례합니다(원주는 $2\pi r$입니다).

중력의 역선은 비어 있는 공간에서 시작하거나 끝나지 않습니다. 중력의 역선들은 중력의 근원인 무거운 물체로부터 시작됩니다. 그러므로 태양에서 뻗어 나오는 역선들의 경우, 다른 반지름을 가진 각각의 구면을 관통하는 역선의 전체 수는 동일합니다. 각 구면의 면적은 r^2

---

* 때때로 단위를 차원이라고도 하기 때문에, '차원 분석'이란 이름이 붙었습니다. 그러나 우리는 '차원'이라는 용어를 물체가 움직일 수 있는 독립적인 방향의 수를 나타낼 때만 사용합니다.

에 비례해서 증가합니다. 그 결과 태양 근처에서는 밀집해 있던 역선들이 멀리 갈수록 퍼져 덜 밀집하게 됩니다. 특히 역선의 밀도는 $1/r^2$을 따라 감소하게 됩니다. 그리고 특정한 물체를 관통하는 역선의 수는 중력의 세기에 비례합니다.

이것이 바로 역제곱 법칙입니다. 한 물체가 느끼는 힘은 단순히 이 물체 근처를 통과하는 역선들의 밀도에 비례하므로, 힘 역시 거리 제곱에 반비례하여 감소합니다. 왜냐면 역선들이 거리 제곱에 따라 증가하는 면적을 가진 구면 전체로 퍼지기 때문입니다(우리가 물체로부터 멀리 떨어져 있을 때 물체가 희미하게 보이는 것도 '역선'을 '광선'으로 바꾸기만 하면 같은 논리를 이용해 설명할 수 있습니다).

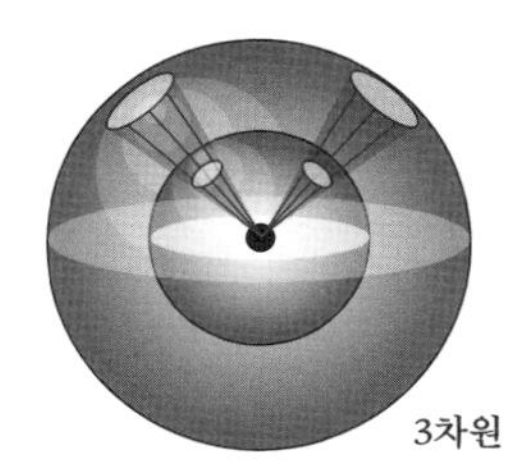

공간의 차원이 다르면 결과가 매우 달라집니다. 2차원 공간에서는 2차원의 구면이 아닌 1차원의 원으로 한 물체를 둘러쌀 수 있습니다. 그러므로 역선의 밀도, 따라서 중력이 끌어당기는 세기는 거리 제곱에 반비례하는 것이 아니라 거리에 반비례해 감소하게 됩니다. 반면 4차원 공간에서는 3차원의 초구면hypersphere으로 한 물체를 둘러쌀 수 있습니다(결과를 가시화할 수 없다는 것이 중요합니다. 그래서 직접 수학에 의존할 수밖에 없습니다). 그러므로 4차원 공간에서 중력은 역세제곱 법칙을 따라야 합니다. d차원의 우주 공간에서 중력은 $1/r^{d-1}$에 비례할 것입니다.

이런 식으로 생각한다면, 자연의 힘들은 역제곱 법칙을 따를 수밖에 없다는 것이 거의 자명해 보입니다. 그러나 모두 그렇지는 않습니다. 항상 그런 것은 아니지만, 적어도. 기본 입자들의 수준에서는 '강한 핵력'과 '약한 핵력'이 작용하는데, 이 힘들은 아주 짧은 거리에서만 작용하고 곧바로 사라져버립니다. 그 이유는 각각의 경우마다 다릅니다. 강한 핵력의 경우, 역선들이 무한대로 뻗어 나가지 않고 서로 엉키게 됩니다. 약한 핵력의 경우, 역선들이 점차 약해지는 것처럼 보이고, 실제로도 그렇습니다. 이유는 이 역선들이 모든 공간에 퍼져 있는 힉스장에 의해 흡수되기 때문입니다. 아무도 자연이 깔끔할 거라고 말한 적이 없습니다.

중력 외에 역제곱 법칙을 따르는 유명한 예가 하나 있는데 바로 전자기학입니다. (흔하게 일어나는 다른 대전 입자와의 만남을 피하는 한) 대전 입자의 전기장은 무한대까지 뻗어 나가는 전기력선을 만듭니다. 그 결과 전기장의 세기는 역제곱 법칙을 따릅니다. 이런 경우를 **쿨롱의 법칙** Coulomb's law이라고 부릅니다. 적어도 3차원 공간에서는 그렇습니다.

전자기학의 맥락에서, 역선이라는 아이디어를 처음으로 제안한 사람은 19세기 중엽 마이클 패러데이 Michael Faraday였습니다. 패러데이는 마을 대장장이의 아들로 빈곤한 가정에서 태어났습니다. 10대 때 패러데이는 마을 서적상의 도제가 되었고, 이것이 그가 읽기 교육을 받는 기회가 되었습니다. 그는 런던에 있는 왕립학회에서 일하게 되었습니다. 처음에는 화학 부서에서 일했고(그는 분젠 버너의 초기 버전을 발명했을 뿐만 아니라 벤젠을 최초로 발견한 사람이 되었습니다), 이후에 전기와 자기 연구에 매료되었습니다. 패러데이가 전자기학 연구에서 발견한 현상들은 나중에 제임스 클러크 맥스웰이 전자기학의 통합 이론을 발견할 수 있는 발판을 제공했습니다. 맥스웰은 패러데이의 물리학적 통찰력을 엄격한 방정식들의 체계로 바꿀 수 있는 수학적 배경을 가지고 있었습니다.

다시 돌아보는 운동량과 속도

무엇이 '공간'을 공간으로 만들까요? 다시 말해 공간을 '공간 전체에 퍼져 있는 재료'라고 기술하고 싶게 만드는 세계가 가진 속성은 무엇일까요? (그리고 공간도 시간에 따라 진화하지만, 이 내용은 다음 장에서 다룰 것입니다).

이 문제를 해결하기 위해 우리가 가장 좋아하는 것 가운데 한 가지를 해봅시다. 즉 고전역학을 생각하는 새로운 방법을 살펴봅시다. 우리는 이미 고전역학을 다루는 뉴턴의 방법을 알고 있습니다. 즉 계를 구성하는 각 부분의 위치와 속도를 알아내고, 이들이 뉴턴의 법칙에 따라 시간적으로 진화하게 하는 것입니다. 그리고 우리는 계가 정해진 초기 조건과 최종 조건 사이에서 취할 수 있는 모든 경로를 상상하고, 이 경로 가운데 최소 작용을 가진 경로를 선택하면, 이것이 계가 실제로 따르는 경로가 되는 최소 작용의 원리를 따라 유도한 라그랑주역학을 알고 있습니다.

고전역학의 체계를 얻는 우리의 세 번째 방법은 **해밀턴역학**Hamilton mechanics입니다. 해밀턴역학의 중심 아이디어는 '운동량'을 '속도'와 무관하게 스스로 존재감을 가진 개념으로 높여주는 것입니다. 이 방법은 조금 교묘하긴 합니다. 왜냐면 처음 봐서는 이 방법이 뉴턴역학의 체계와 거의 구별되지 않는 것처럼 보이기 때문입니다. 그러나 이 방법은 미묘하지만 다릅니다(또 더 강력합니다). 그리고 이런 미묘함은 왜 공간이 그토록 중요한 개념인지 이해하는 데 결정적인 역할을 합니다.

앞 장에서 우리는 계가 가질 수 있는 모든 가능한 위치와 운동량의 집합인 위상공간에 관해서 이야기했습니다. 라플라스의 패러다임에 의하면, 시간의 한순간에서 위상공간상의 한 점을 지정하는 것만으로도 (적어도 외부 영향과 단절된 계라면) 계의 전체 궤적을 결정할 수 있습니다. 그리고 심지어 운동량을 위상공간의 한 부분으로 사용했더라도 뉴턴역학 안에서는 운동량과 속도를 서로 교환할 수 있습니다. 왜냐면 이들의 관계가 $\vec{p} = m\vec{v}$로 주어지기 때문입니다.

이런 그림이 아주 성공적이긴 하지만, 아주 조금 이상한 것이 존재합니다. 이상한 것이 너무 사소해서 그 당시 우리는 그것에 대해 전혀 언급하지 않았습니다. 다시 말해, 라플라스의 패러다임의 요점은 단일 순간에서의 계의 상태를 안다면, 거기로부터 나머지 궤적을 결정할 수 있다는 것입니다. 그러나 '속도'라는 것이 실제로 단일 순간에서 정의된 것일까요? 속도는 위치의 도함수입니다. 즉 위치의 시간 변화율입니다. 이 도함수를 계산하기 위해서는 계가 다음 순간에 무슨 일을 했는지 묻기 위해 주어진 단일 순간 그 이상을 볼 필요가 있습니다. 이 순간이 원래 순간보다 무한히 작은 시간 후일지라도 다른 순간을 살짝 엿보는 것처럼 보이는데, 이것은 라플라스의 철학과는 잘 어울리지 않고 어색합니다.

해밀턴역학

해밀턴의 접근법은 이런 어색함을 우아한 방식으로 해결해줍니다. 또다시 계가 가질 수 있는 모든 가능한 위치와 운동량의 집합인 위상공간에서 시작해봅시다. 그러나 이제 우리가 진짜로 말하려 하는 것은 속도가 아닌 운동량 벡터입니다. 사실 해밀턴역학에서는 운동량을 질량에 속도를 곱한 것으로 정의하지 않습니다. 운동량을 위치와 같은 지위를 가진 완전히 독립적인 개념으로 취급하는데, 위상공간상에서 한 점을 특정하려면 이 두 가지가 필요합니다. 한 입자(또는 조금 더 복잡한 계)는 공간에서 한 장소를 차지하고 있으며, 또한 속도의 성질, 즉 '운동량'도 가지고 있습니다. 이것은 모든 순간에서도 역시 진리입니다. 그리고 다른 순간들에 대해 생각할 필요가 없습니다. 왜냐면 지금은 운동량을 어떤 물리량의 시간 변화율과 관계된 것으로 생각하지 않기 때문입니다.

여기서는 해밀턴의 동역학이 어떻게 작동하는지 소개하고자 합니다. 시작은 모든 좌표 x와 운동량 p의 집합인 위상공간입니다(벡터를 나타내기 위한 문자 위 화살표나 우리가 이야기하고 있는 것이 계의 어느 부분인지를 가리키는 밑 첨자에 대해서 걱정하지 않아도 됩니다. 이것들이 기호 속에 함축되어 있다고 상상합시다). 그러고 나서 **해밀토니안**Hamiltonian이라고 부르는 함수 $H(x, p)$를 정의합니다. 해밀토니안은 기본적으로 위치와 운동량을 사용해 적은 계의 에너지입니다.

계의 퍼텐셜에너지가 위치에만 의존한다는 사실을 알고 있으므로, 퍼텐셜에너지를 $V(x)$로 적을 수 있습니다. 그러고 나면 뉴턴역학에서 $K = \frac{1}{2}mv^2$으로 적는 운동에너지가 남습니다. 그러나 우리는 운동에너지를 속도가 아닌 운동량을 사용해 적고 싶습니다. 뉴턴역학에서 운동량과 속도의 관계는 $p = mv$로 주어집니다. 그러므로 속도를 $v = p/m$로 대치하면, 운동량을 사용한 운동에너지의 표현은 $K = p^2/(2m)$이 됩니다. 이제 모두를 모으면 다음과 같이 적을 수 있습니다.

해밀토니안 = 운동에너지 + 퍼텐셜에너지

$$H(x, p) = \frac{p^2}{2m} + V(x) \tag{4.1}$$

지금까지 에너지를 위치와 (속도가 아닌) 운동량을 사용해 다시 적기 위해서 우리는 약간의 조작을 했습니다. 계의 운동 방정식을 단지 이 한 가지 표현으로부터 유도할 수 있다는 것이 새롭고도 멋진 점입니다. 어떻게 하는지는 잠시 후에 설명하겠지만, 지금은 건너뛰고 약간의 보상을 받을 수 있도록 답으로 넘어가도록 하겠습니다.

뉴턴역학에서는 단지 하나의 변수, 위치 $x(t)$의 진화를 시간의 함수로 추적합니다. 속도와 가속도 같은 것들은 이 변수를 사용해 (각각 1차 및 2차 도함수로) 정의됩니다. 어떤 일이 일어나는지를 아는 데 필요한 1개의 방정식은 $F = ma$입니다. 그러나 해밀턴역학에는 두 개의 변수 $x(t)$와 $p(t)$가 있습니다. 따라서 이제 우리는 2개의 방정식이 필요합니다. 그리고 실제로 우리는 이 방정식들을 갖고 있습니다. 운동량 및 위치의 도함수에 대한 방정식은 다음의 두 가지입니다.

$$\frac{dp}{dt} = -\frac{dV}{dx} \tag{4.2}$$

$$\frac{dx}{dt} = \frac{p}{m} \tag{4.3}$$

첫 번째 방정식은 친숙합니다. 이것은 뉴턴의 제2법칙 $F = ma$를 달리 표현한 것입니다. 식 (3.13)으로부터 ma를 dp/dt로 대치할 수 있다는 것을 상기하고, 또 식 (3.3)으로부터 힘이 위치에 대한 퍼텐셜의 도함수의 음수 값이라는 것을 알고 있습니다. 두 번째 방정식 (4.3) 역시 친숙합니다. 이것은 단지 $p = mv$, 즉 운동량은 질량에 속도를 곱한 것이라는 사실을 다시 적은 것에 지나지 않습니다. 그러나 이 방정식의 해석은 다르며, 다르다는 점이 결정적으로 중요합니다. 이 차이를 파악하는 것이 해밀턴역학을 제대로 이해하는 것입니다.

뉴턴역학의 관점에서, 기본 대상은 시간 함수로 위치를 정의하는 경로인 $x(t)$입니다. 이것으로부터 모든 것이 뒤따라 나옵니다. 속도를 얻기 위해서는 위치의 도함수를 구하고, 운동량은 속도에 질량을 곱한 것으로 정의합니다. 해밀턴역학에서는 운동량이 이런 식으로 정의되지 않습니다. 운동량은 자신이 하나의 변수입니다. 관계식 (4.3)은 두 접근법에서 같은 것처럼 보이지만, 해밀턴역학의 관점에서, 이 식은 **운동 방정식**입니다. 즉 정의에 의해 참인 식이 아니라 실제 물리적으로 현실적인 경로들에 대해 참인 식입니다.

정의와 운동 방정식 사이의 차이는 무엇일까요? 정의는 관계에 대한 필연성을 내포하고 있습니다. 뉴턴역학에서는 질량 곱하기 속도 말고는 운동량이 될 수 없습니다. 왜냐면 운동량을 그렇게 정의했기 때문입니다. 이와는 대조적으로 운동 방정식은 변수들 사이의 '올바른' 관계를 골라냅니다. 변수들이 다른 (잘못된) 값을 고르는 것을 상상할 수 있다고 하더라도 말입니다.

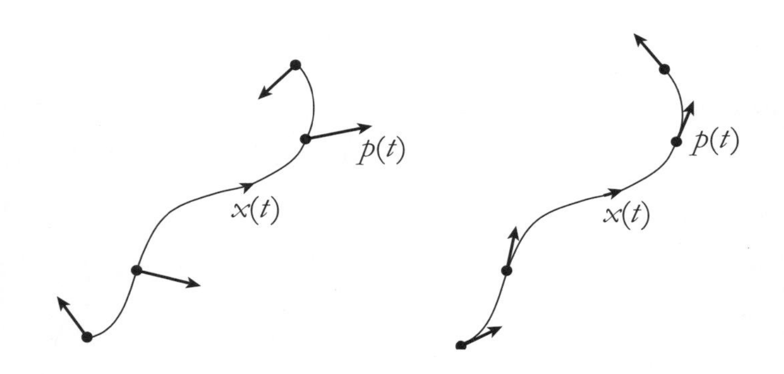

위상공간상 두 궤적은 각 시간 t에서 위치 $x(t)$와 운동량 $p(t)$를 가진 점들의 집합을 의미한다. 왼쪽 궤적에서는 운동량 벡터가 속도에 비례하지 않는다. 운동량들이 공간 속 경로의 방향을 향하고 있지 않기 때문에 이런 일은 일어날 수가 없다. 그러므로 이 궤적은 운동 방정식을 따르지 않는다. 반면 오른쪽 궤적은 운동 방정식을 따른다.

해밀턴역학에서 운동량과 속도는 서로 독립적입니다. p가 mv와 같지 않은, 위치와 운동량, $x(t)$와 $p(t)$에 대한 모든 궤적을 상상하는 것은 자유입니다. 생각할 수 있는 모든 행동 공간에서 위치와 운동량 사이에는 관계가 필요하지 않습니다. 그러나 운동 방정식을 따르는 어떤 특별한 궤적들이 존재합니다. 그리고 이들 궤적에서는 운동량이 질량에 속도를 곱한 것과 같습니다.

우리 두뇌가 운동량은 질량에 속도를 곱한 것이라는 생각을 고집한다면, 위 논의에서 '운동량'을 '보라색 빛'과 같은 다른 이름으로 대치하는 것을 상상해보세요. 그러면 해밀턴역학은 어떤 한순간 계의 상태가 계의 위치와 보라색 빛 벡터로 정의된다고 이야기합니다. 운동 방정식을 따르는 물리적 궤적에서 보라색 빛은 우연히도 질량에 속도를 곱한 것과 같지만, 그렇지 않은 궤적들도 상상할 수 있습니다. 해밀턴역학에서는 위상공간의 한 독립변수, 그리고 뉴턴역학에서는 질량 곱하기 속도 모두에 '운동량'이라는 같은 이름을 사용하는 것이 조금은 불편합니다. 궤적이 운동 방정식을 따를 때, 두 물리량이 수치적으로는 같지만, 개념적으로는 다릅니다.

해밀턴의 방정식들

위치와 운동량을 2개의 개념적으로 다른 변수로 보고 각 변수의 운동 방정식을 결정하는 것이 해밀턴역학의 철학입니다. '해밀토니안'은 단순히 계의 에너지를 위치와 운동량의 함수로 표현한 것입니다(그리고 해밀토니안은 속도나 다른 도함수들의 함수가 아닙니다). 운동량에 대한 운동 방정식 (4.2)와 위치에 대한 운동 방정식 (4.3)을 유도하기 위해 해밀토니안 (4.1)에 관한 구체적인 표현을 사용할 수 있어야 한다는 것이 해밀턴역학의 아이디어입니다. 이것은 정확히 어떤 방식으로 작동할까요?

운동량에 대한 운동 방정식 (4.2)를 생각해봅시다. 이에 따르면 운동량의 시간 변화율은 퍼텐셜에너지 함수의 기울기(의 음수 값)와 같습니다. 퍼텐셜의 기울기가 물체에 작용하는 힘(의 음수 값)이기 때문에 이 식은 도덕적으로 뉴턴의 제2법칙 $F = ma$와 동등합니다. 우리는 위치에 따라 퍼텐셜에너지가 변화하는 방식으로 운동량도 변화한다고 생각할 수 있습니다. 이것은 물리적으로 옳은 이야기입니다. 퍼텐셜이 완전히 평평하다면(평평한 탁자 위에서 구르는 공처럼 기울기가 0인 경우), 운동량은 보존될 것입니다.

그러나 알고 있듯이, 퍼텐셜에너지는 해밀토니안의 두 항 가운데 한 항입니다. 다른 한 항은 운동에너지 $p^2 / 2m$입니다. 운동량이 퍼텐셜에너지의 기울기에 따라 변화한다면, 아마도 위치가 운동에너지의 기울기에 따라 변화하는 멋진 대칭성이 존재하지 않을까요?

정확히 그런 일이 일어납니다. 앞서 식 (2.7)에서 x에 대한 x^2의 도함수가 $2x$라는 것을 기억하세요. 고려 중인 변수가 무엇이든지 상관이 없이 이것이 성립합니다. 예를 들어, p에 대한 p^2의 도함수는 $2p$입니다. 따라서 운동량에 대한 운동에너지의 도함수는 다음과 같습니다(함수의 도함수를 구할 때마다 $2m$과 같은 상수들을 그냥 미분 밖으로 빼낼 수 있습니다. 이 경우 인수 2가 2개 존재하게 되고, 이들은 서로 상쇄됩니다).

$$
\begin{aligned}
\frac{d}{dp}\left(\frac{p^2}{2m}\right) &= \frac{1}{2m}\frac{d}{dp}\left(p^2\right) \\
&= \frac{1}{2m}(2p) \\
&= \frac{p}{m}
\end{aligned} \tag{4.4}
$$

흥미롭습니다! 예상대로 운동량에 대해 운동에너지의 도함수를 구하면, 위치에 대한 운동 방정식인 식 (4.3)의 우변이 주어집니다. 방정식들 가운데 하나에는 귀찮은 음의 부호가 붙어 있지만, 간단히 말해서, 운동량은 퍼텐셜에너지의 변화에 따라 달라지고, 위치는 운동에너지의 변화에 따라 달라집니다. 요약하자면 다음과 같이 정리할 수 있습니다.

운동량의 시간 변화율 = 위치에 대한 퍼텐셜에너지의 기울기의 음수 값

위치의 시간 변화율 = 운동량에 대한 운동에너지의 기울기

이 두 관계식을 **해밀턴의 방정식**Hamilton's equations이라고 부릅니다.

이것은 아름다운 구조이긴 하지만, 조금 더 생각해보아야 할 기술적인 문제가 남아 있습니다. 논의를 구체화하기 위해 지금까지는 표준적이며 좋은 예시 모델인 1차원 퍼텐셜 속에서 움직이는 단일 입자에 초점을 맞춰왔습니다. 이 경우 해밀토니안은 식 (4.1)처럼 운동에너지와 퍼텐셜에너지의 합으로 주어집니다.

그러나 해밀턴역학 체계는 이보다 훨씬 더 일반적입니다. 계의 해

밀토니안은 항상 위치와 이에 대응되는 운동량의 어떤 집합의 함수가 됩니다. 그러나 실제 함수가 무엇인가에 대해서는 많은 자유가 주어져 있습니다. 우리는 임의의 개수의 위치와 운동량을 가질 수 있습니다. 장이론에서는 이 개수가 무한대입니다. 그 점에 관해서 우리는 아주 복잡한 해밀토니안들도 고려할 수 있습니다. 심지어 위치와 운동량이 서로 섞여 있어서 '퍼텐셜에너지'와 '운동에너지'를 구별할 수 없는 해밀토니안들도 존재합니다. 현대물리학의 대부분에서는 흥미의 대상인 계의 올바른 해밀토니안을 추측하는 일을 합니다. 해밀토니안을 구하고 나면, 이 계가 어떻게 행동할지 알 수 있습니다. 조금 더 일반적으로 생각할 필요가 있습니다.

편미분

우리가 원하는 것은 해밀토니안이 무엇이든지 상관없이 모든 해밀토니안에 작동하는 해밀턴 방정식들입니다. 그리고 이 방정식들을 얻기 위해 미적분의 마지막 조각인 **편미분**partial derivatives을 소개해야만 합니다.

이 운동 방정식들을 퍼텐셜에너지와 운동에너지가 아닌 하나의 표현인 전체 해밀토니안으로부터 유도하려면 편미분이라는 기술이 필요합니다. 그러나 x에만 의존하는 퍼텐셜에너지 또는 p에만 의존하는 운동에너지와는 달리 해밀토니안은 동시에 x와 p에 의존합니다. 따라서 하나 이상의 변수를 가진 함수의 도함수를 구할 필요가 생겼습니다.

함수의 도함수는 단지 각 점에서의 함수의 기울기를 의미합니다. 그러나 함수가 2개 또는 그 이상의 변수에 의존할 때는 단순히 각 점에서 특정한 기울기를 가진 곡선을 얻을 수 없습니다. 이것은 우리가 움직일 수 있는 방향이 하나 이상인 굽어지는 풍경에 가깝습니다. 어떤 방향으로 가면 위로 올라가게 되고, 어떤 방향으로 가면 아래로 내려가게 되며, 어떤 방향으로 가면 같은 고도에 머물게 됩니다. 그냥 '기울기'라고 정의하는 것과는 조금 다르다는 것을 알아야 합니다.

편미분은 이 질문에 대한 현명한 답을 제공합니다. 두 변수 x와 y를 가진 함수로 x에 y^2과 상수 a를 곱한 함수를 생각해봅시다.

$$f(x, y) = axy^2 \tag{4.5}$$

몇 개 변수를 가진 함수가 있을 때, 미분을 교대로 할 수 있다는 것이 편미분의 아이디어입니다. 다시 말해서, 각 변수에 대해 따로 미분하고, 이 미분을 할 때 다른 모든 변수는 흡사 상수인 것처럼 생각하는 것입니다. 그리고 우리가 무엇을 하고 있는지 알리기 위해서 미분 기호 d를 새로운 기호 ∂로 바꿉니다(때때로 새 기호를 '델'이라고 부르기도 하지만, 이 단어를 다른 기호에 사용하기도 하므로, 이 기호를 읽을 때 '라운드'라고 부르는 것이 가장 좋습니다).

그러므로 $f(x, y)$에 대해 할 수 있는 두 가지 다른 편미분이 존재합니다. x에 대한 편미분과 y에 대한 편미분이 그것입니다. x에 대해 편미분할 때는 a와 y를 상수로 생각하고 미분을 합니다. 따라서 다음과 같이 됩니다.

$$\frac{\partial}{\partial x}\left(axy^2\right) = ay^2 \frac{d}{dx}\left(x\right) = ay^2 \qquad (4.6)$$

반면 y에 대해 편미분할 때는 a와 x를 상수로 생각하고 미분하기 때문에 다음의 결과를 얻습니다.

$$\frac{\partial}{\partial y}\left(axy^2\right) = ax \frac{d}{dy}\left(y^2\right) = 2axy \qquad (4.7)$$

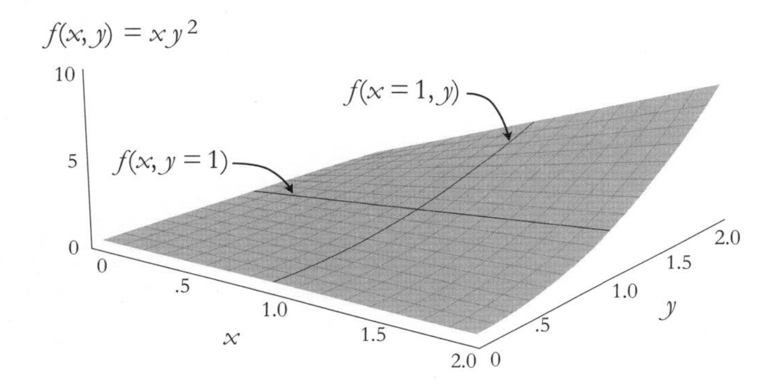

2개의 변수를 가진 함수 $f(x, y) = axy^2$. 여기서는 y를 상수로 생각하고 미분하여 x에 대한 편미분을 구할 수 있다. 마찬가지로 x를 상수로 생각하여 y에 대한 편미분을 구할 수 있다.

기본적으로 이런 것이 편미분입니다. 편미분을 구하려면 어느 변수에 대해 미분할지를 지정하고, 다른 모든 것은 상수로 취급해야 합니다(따라서 미분할 때 영향을 받지 않습니다). 실제로 편미분 방정식을 푸는 작업은 끔찍할 정도로 어려울 수 있습니다. 전문가들은 편미분 방정식을 푸는 더 나은 방법을 구하는 데 일생을 바칩니다. 우리가 알고자 하는 것은 그저 해밀턴 방정식들이 어디서 나오는지입니다.

이제 모든 것을 종합해봅시다. 우리는 퍼텐셜에너지와 운동에너지의 도함수를 각각 구하여 운동량과 위치에 대한 운동 방정식을 얻을 수 있다는 것을 알고 있습니다. 그리고 해밀토니안은 전체 에너지이기 때문에 (이런 간단한 예에서는) 퍼텐셜에너지와 운동에너지 두 가지의 합입니다. 편미분은 각 변수에 대한 도함수를 따로 구할 수 있게 해줍니다. 그러므로 우리는 해밀턴의 방정식의 가장 일반적인 형태를 다음과 같이 적을 수 있습니다.

$$\frac{dp}{dt} = -\frac{\partial H}{\partial x}, \quad \frac{dx}{dt} = \frac{\partial H}{\partial p} \tag{4.8}$$

이 식에 오타가 없음을 장담합니다. 실제로 첫 번째 식에는 음의 부호가 있지만, 두 번째 식에는 없습니다. 이런 데는 이유가 있지만, 수학적으로 깊이 숨겨져 있어서 여기서는 이야기하지 않으려 합니다(흥미를 느낀다면 '사교기하학symplectic geometry'을 찾아보기 바랍니다). 그리고 각 방정식의 왼편에는 실제로 d 표시의 정상적인 미분(상미분)이, 오른편에는 ∂ 표시의 편미분이 존재합니다. 이것은 위치와 운동량이 단지 한 변수—시간—의 함수인 반면, 해밀토니안은 위치와 운동량 모두의 함수이므로 어떤 변수에 대해 미분하는지를 특정하기 위해 편미분이 필요하기 때문입니다.

이것은 우아한 접근 방식입니다. 뉴턴역학에서는 계의 부분마다 그 부분에 어떤 힘이 작용하는지를 기술하는 운동 방정식이 있습니다. 이런 사실로 인해 '에너지'와 같은 특정한 물리량들이 보존된다는 것을 보일 수 있습니다. 이와 대조적으로 해밀턴역학에서는 단지 1개의 방정식—위치와 운동량의 함수인 전체 에너지 해밀토니안에 대한 표현—만을 적습니다. 해밀토니안으로부터 모든 필요한 운동 방정식들을 유도할 수 있습니다. 계의 여러 부분이 다양한 방법으로 상호작용하는 훨씬 더 복잡한 계를 다룰 때도 이것이 계속해서 성립합니다. 전체 계를 기술하는 하나의 해밀토니안이 여전히 존재하며, 이 계의 동역학에 관한 모든 것이 이 표현에 내재되어 있습니다. 뉴턴역학, 라그랑주역학과 해밀턴역학은 동등한 물리학 이론들이지만, 주어진 상황에서 어떤 접근법을 선택하느냐에 따라 우리 삶이 편해질 수도 있고 불편해질 수도 있습니다.

과제는 없다고 했지만, 과제를 풀어보고 싶다면, 퍼텐셜에너지가 $V(x)=\frac{1}{2}\omega^2x^2$인 단조화 진동자에 대한 해밀턴의 운동 방정식의 구체적인 형태를 구해보기 바랍니다. 또는 스스로 해밀토니안—2개의 진동자가 상호작용하는 경우—을 만들어보고 무슨 일이 일어나는지 알아보기 바랍니다.

국소성

누가 알아주지도 않는데 왜 우리는 일련의 방정식을 유도하기 위해 이런 모든 수학적 노력을 해야 할까요? 그런 노력 끝에 결국 뉴턴역학을 좀더 겁나는 형태로 되풀이해서 보여주는 것에 지나지 않는데 말입니다.

해밀턴역학에 익숙해져야 할 이유는 많습니다. 그중에서 특히 중요한 것은 우리가 양자역학으로 전환할 때, 해밀턴역학이 없어서는 안 될 것이 된다는 것입니다. 그러나 현재 목적만 본다면, 이런 방식으로 생각하는 것이 공간이 왜 특별한지 이해하는 데 도움이 된다는 것입니다.

뉴턴역학의 관점에서 '공간'—다시 말해 모든 가능한 위치의 집합인 '위치 공간'—은 분명히 출발부터 특별합니다. 모든 가능한 운동량의 집합인 '운동량 공간'에 대해서도 생각할 수 있지만, 위치 공간의 본질이 직설적으로 보이는 반면, 운동량 공간은 조금 추상적으로 보입니다. 우리는 무엇보다 운동량 공간이 아닌 위치 공간에 살고 있습니다.

그러나 해밀토니안의 관점에서 보면, 적어도 출발할 때 위치와 운동량은 같은 지점에 있었던 것 같습니다. 이들은 위상공간의 두 좌표입니다. 해밀토니안 자체는 x와 p모두의 함수입니다. 그리고 해밀턴의 방정식인 (4.8)을 살펴보면, 위치와 운동량은 (음의 부호를 제외하고) 거의 대칭적입니다. 해밀턴역학의 일반적인 구조에 관한 한, 해밀토니안은 어떤 함수 $H(x, p)$라도 가능합니다. '우리가 사는 공간'이 위치 공간인지, 아니면 운동량 공간인지를 가리키는 구분 체계가 전혀 없습니다.

그러므로 이런 상황에서 우리는 뉴턴이나 그의 직계 후계자들이 전혀 생각하지 못했던 질문을 할 수 있습니다. 즉 공간은 왜 그리도 특별할까요? 해밀턴의 물리학 법칙에서 위치와 운동량이 같은 것처럼 보인다면, 왜 우리에게 위치와 운동량은 실제로는 그리도 다른 것처럼 보일까요? 왜 우리는 운동량 공간이 아닌 위치 공간에서 살고 있을까요?

공간이 특별한 것은 상호작용들이 위치 **국소성**locality을 가지기 때문입니다. 대상들이 같은 위치에 있을 때 이 대상들은 직접 상호작용하지만, 같은 운동량(또는 다른 어떤 물리량)을 갖고 있을 때는 직접 상호작용하지 않습니다. 이 사실이 분명하지 않을지 모르겠습니다.—태양의 중력이 공간을 지나 행성까지 뻗어 있지 않나요?—그러므로 이에 대해 조금 더 생각해볼 필요가 있습니다.

물리학자들은 단일 계의 행동 자체에 관해서 이야기하는 것을 즐깁니다. 그러나 계를 관측하여 계가 무슨 일을 할지 알 수 없다면, 이런 이야기는 아무런 의미가 없습니다. 궁극적으로 우리는 상호작용하여 서로가 서로에게 영향을 미치는 다중 계를 기술할 필요가 있습니다. 그리고 계들이 공간에서 서로 가까이 있을 때는 일반적으로 상호작용을 한다는 것이 우리가 사는 우주가 가진 특징입니다. 이것이 물리학자들이 말하는 '국소성'입니다. 공간의 특정한 점에서 어떤 일이 일어나면, 그 점에 있거나 그 점 근처에 있는 다른 것들에만 영향을 미칩니다. 이 효과들은 결국 시간이 걸리더라도 다른 장소로도 물결처럼 퍼져나갑니다.

당구대 위에서 굴러다니는 당구공들을 생각해봅시다. (당구공에 큰 회전을 거는 샷을 치지 않는다면) 당구대 쿠션이나 다른 당구공과 충돌하기 전까지 당구공은 일반적으로 직선을 따라 움직입니다. 그리고 당구공들이 공간의 같은 장소에서 만날 때, 상호작용이 일어납니다. 당구공의 운동량이 무엇인지는 문제가 되지 않습니다. 같은 운동량을 가진(또는 운동량의 방향이 반대인, 또는 다른 특별한 관계의 운동량을 가진) 2

개의 당구공은 서로에게 별다른 영향을 미치지 않습니다.

실제 세계에서 일어나는 상호작용에 대한 이런 사실이 결국 실제 세계의 계들을 기술하는 해밀토니안에 반영이 되어 있습니다. 원칙적으로 물리계의 해밀토니안은 x와 p의 어떠한 함수라도 가능합니다. 그러나 실제로는 식 (4.1)과 유사한 해밀토니안— p^2에 비례하는 표준적인 운동에너지 항과 x에만 의존하는 퍼텐셜에너지 항을 가지고 있지만 복잡한 함수 형태를 가지는 해밀토니안—으로 기술되는 계들을 찾을 수 있습니다.

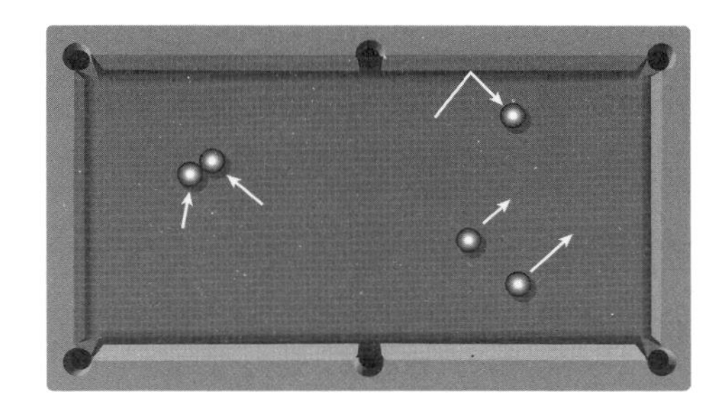

당구공이 공간의 같은 위치에서 다른 당구공이나 당구대 쿠션과 접촉할 때, 당구공 사이에는 상호작용이 일어난다. 두 당구공이 같은 운동량을 가지고 있다면, 특별한 일이 발생하지 않는다.

여러 움직이는 부품들로 구성된 계들에 대해서도 이런 패턴이 계속됩니다. 위치 x_1과 x_2, 운동량 p_1과 p_2로 기술되는 2개의 물체를 생각해봅시다. 해밀토니안은 거의 다음과 같아집니다.

$$H(x_1, p_1, x_2, p_2) = \frac{p_1^2}{2m_1} + \frac{p_2^2}{2m_2} + V(x_1, x_2) \qquad (4.9)$$

오른편에 있는 처음 두 항은 두 물체의 개별적인 운동에너지라는 것을 알 수 있습니다. 퍼텐셜에너지 $V(x_1, x_2)$는 어떤 방법으로든 두 물체의 위치에 의존합니다. 당구공의 경우 당구공들이 문자 그대로 서로 충돌하지 않는다면, 퍼텐셜은 0이 될 것입니다. 중력에 의해 상호작용하는 두 행성의 경우 행성 사이의 거리가 매우 크다면 이들의 퍼텐셜에너지는 0이 될 것이고, 거리가 가깝다면 퍼텐셜에너지는 큰 값을 가질 것입니다. 중요한 점은 공간적 거리가 행성들이 어떤 세기로 상호작용하는지를 결정한다는 것입니다.

예외가 있긴 하지만, 이것들이 전형적인 실제 세계의 계들에 적용되는 경험 법칙의 전부입니다. 중요한 점은 모든 종류의 이상해 보이는 해밀토니안을 상상하는 것은 자유지만, 실제 물리계들은 그렇게 임의적이지 않다는 것입니다. 물체들은 자신들의 운동에너지를 갖고 있으며, 물체가 얼마나 가까이 접근해 있는지에만 의존하는 퍼텐셜에너지를 통해 다른 물체와 상호작용을 합니다.

이것이 위치가 운동량과 다른 이유이고, 따라서 우리가 운동량 공간이 아닌 위치 공간에 살고 있다고 생각하는 이유입니다. 실제 세상의 해밀토니안들에서 위치는 상호작용이 국소성을 가진 변수입니다.

원격 작용

여기에 그냥 얼버무려서는 안 되는 한 가지 미묘한 문제가 있습니다. 당구공의 경우 상호작용은 정확히 공간에서 국소적입니다. 당구공들은 접촉하는 점에 도달하기 전까지는 서로에게 영향을 미치지 않습니다. 그러나 중력의 경우 거리가 멀어질수록 약해지기는 하지만, 상호작용이 어느 거리 이상 뻗어 있는 것으로 보입니다. 이것이 정말 우리가 앞서 정의했던 '국소성'인가요?

좋은 질문입니다. 뉴턴과 그의 동시대 사람들은 이것에 대해 알려고 조바심을 냈습니다. 많은 사람은 중력이 쉽사리 공간을 뻗어 나간다기보다 물체들 사이에 있는 일종의 물질에 의해 전달되어야 한다고 확신했습니다. 이들은 묵시적으로 국소성이란 아이디어를 받아들이긴 했지만, '원격 작용'이 체계가 잘 잡힌 이론의 한 부분이 되어서는 안 된다고 걱정하기도 했습니다. 뉴턴 자신은 "내 생각에 원격 작용이란 개념이 너무 부조리해서 철학적 문제에 대한 사고 능력을 가진 사람이라면 절대 원격 작용에 빠지지 않을 것이라고 믿습니다"라면서 이들의 주장에 동의했습니다. 그러나 원격 작용이 존재하는 것 같았으며 뉴턴의 생각은 무의미했습니다. 그러므로 궁극적으로 무슨 일이 일어날지 알아내는 일은 뉴턴이 '(그의) 독자들에게 생각해보도록 남긴 과제'*와 같은 것이었습니다.

다음 세대들은 원격 작용에 대해 고심했으며, 문제 대부분을 해결했다는 것을 우리는 알고 있습니다. 해결의 아이디어는 공간이 비어 있는 것이 아니라 **장**field들로 차 있다는 것을 깨닫는 데 있었습니다. 이 장들 가운데 하나가 중력과 관련이 있습니다.

---

* 1692년 2월 25일 아이작 뉴턴이 리처드 벤틀리에게 보낸 편지. The Newton Project, http://www.newtonproject.ox.ac.uk/view/texts/normalized/THEM00258/.

장은 기본적으로 공간 자체의 함수입니다. 즉 모든 점에서 장은 특정한 값을 가집니다. 우리가 이야기하는 장의 종류에 따라 이 값은 숫자일 수도 있고, 또는 벡터나 더 복잡한 어떤 것일 수 있습니다. 전기장, 자기장, 중력장을 비롯해 여러 다른 장이 존재합니다. (현재 우리가 알고 있는 한) 현대물리학에서 장은 세계의 기본 구성요소입니다.

장의 관점에서 볼 때, 태양은 각 행성에 마법을 사용해 중력을 작용하지 않습니다. 그보다 태양은 행성들이 위치한 곳의 중력장에 영향을 미치고, 이곳의 중력장의 값이 바로 옆에 있는 모든 장소의 중력장 값에 영향을 미치도록 합니다. 이 모든 영향을 함께 이어줌으로써—미적분!—중력 끌림의 세기를 결정할 수 있습니다.

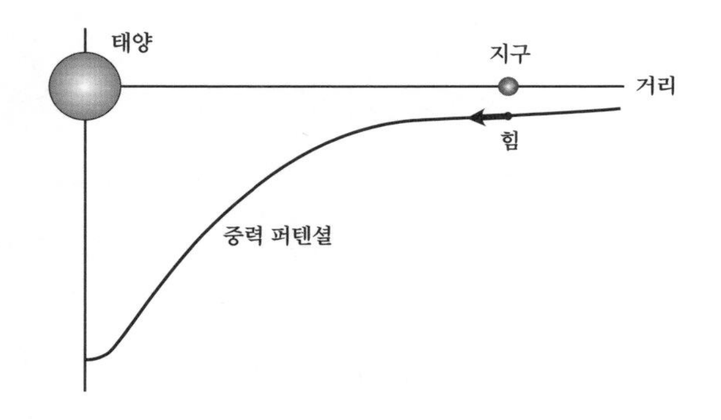

장과 입자는 상호 보완적인 개념입니다. 입자는 공간적 위치에 의해 특징지어집니다. 입자는 바로 그 위치에 있지, 다른 곳에 있을 수 없습니다. 반면 장은 모든 곳에 존재합니다. 모든 장은 각 공간적 위치에서 한 개의 값을 가집니다. 공간의 모든 점에서 각 장은 다른 장들에 의해 이리저리 밀리지만, 정확히 공간 속 같은 점에서의 다른 장

값(또는 도함수)에 의해서만 그렇게 됩니다. 점 A에서의 장의 값은 점 B에서 일어나는 일에 직접 영향을 미치지 않습니다. 두 점 사이를 통과하는 장의 변화를 매개로 하여 간접적으로만 영향을 미칩니다.

중력의 경우 어떻게 이런 일이 일어나는지를 처음으로 이해한 사람은 우리의 오랜 친구인 피에르 시몽 라플라스였습니다. 그는 공간을 채우고 있는 **중력 퍼텐셜 장**gravitational potential field이라는 아이디어를 내놓았습니다. 언덕이 있는 곳의 퍼텐셜에너지가 구르는 공에 작용하는 중력과 관련이 있듯이, 중력 퍼텐셜은 뉴턴의 중력과 관계가 있습니다. 중력은 중력 퍼텐셜의 도함수입니다.

라플라스는 2개의 방정식을 제안했습니다. 하나는 어떻게 장 값이 무거운 물체에 반응하는지를 결정하는 방정식이고, 다른 하나는 어떻게 장이 주위의 물체들을 밀치는지를 보여주는 방정식입니다. 라플라스는 태양이 중력 퍼텐셜의 함몰을 만들고, 태양으로부터 멀어질수록 이 함몰이 서서히 완화된다고 묘사했습니다. 이런 완화는 장의 기울기를 의미하며, 행성들은 이 기울기를 중력이라고 인식합니다. 라플라스 이론의 예측들은 뉴턴역학의 예측들과 정확히 같지만, 이것을 기술하기 위한 용어의 사용은 다릅니다.

라플라스의 방정식들은 정확히 국소적입니다. 공간의 한 점에서 일어나는 일은 바로 옆에서 일어난 일에 의해서만 영향을 받습니다. 그러나 현대식 감성에 혐오감을 주는 한 가지 특징은 중력장의 모든 변화는 우주 전체에 즉시 전파된다는 것입니다. 볼링공을 골라 한 장소에서 다른 장소로 이동시키면, 이 공이 만드는 중력장이 조금 변화합니다. 뉴턴과 라플라스가 옳다면, 은하의 반대편에 있는 충분히 민감한 센서로 이 변화를 즉시 탐지할 수 있어야 합니다.

오늘날 우리는 아인슈타인의 상대성이론에 대한 훈련을 받았기 때문에, 정보가 순간적으로 전달된다는 주장은 옳지 않은 것처럼 보입니다. 신호는 광속보다 빨리 이동할 수 없습니다. 그리고 실제로 아인슈타인은 뉴턴/라플라스의 중력 묘사를 자신의 이론인 일반상대성이론으로 대체할 수 있었습니다. 일반상대성이론은 다시 한번 중력을 설명하는 것이 시공간에서의 장이라는 입장이지만, 수학적으로는 조금 더 복잡합니다. 다행히도 중력장 역시 바라던 대로 국소적입니다. 장 자체는 각 점의 이웃에서 일어나는 일에 의해서만 영향을 받고, 장의 변화는 광속 또는 광속보다 느린 속도로만 퍼져 나갑니다.

진도를 더 나가기에 앞서 마지막으로 국소성에 대한 요점 하나만 짚고 넘어갑시다. 현대물리학에서 '원격 작용'은 흔히 형용사 '유령 같은spooky'으로 대신하곤 합니다. 이 단어는 알베르트 아인슈타인이 사용하여 유명해졌습니다. 20세기가 끝나갈 무렵, 국소성은 물리학자들이 세계에 대해 사고하는 방식에 깊게 각인되어 있었습니다. 따라서 모든 종류의 원격 작용이 유령 같은 것이라고 생각했습니다. 일반상대성이론은 중력을 이해하는 데 있어 이런 걱정들을 제거해주었습니다. 그러나 일반상대성이론은 여전히 양자역학과는 반대로 고전적인 이론입니다. 아인슈타인은 양자역학에 의해 새로운 종류의 원격 작용의 문이 열린 것을 깨달았습니다. 이것은 얽힌 양자 입자들에 대한 측정에서 나온 결과였습니다. 아인슈타인이 제안한 효과는 사실이었으며 실험적으로 검증되었습니다. 그러나 자연은 충분히 미묘해서 어떤 유용한 정보도 광속보다 빨리 이동할 수 없습니다. 그러므로 양자역학은 우리가 관찰하는 것을 설명하기 위해 비국소적 개념들을 사용해야 하지만, 이 개념들을 활용하여 공간을 가로질러 신호를 보낼 수는 없는 이상한 상황에 빠지게 됩니다.

CHAPTER 5

시간

중요한 것은 우리가 관측한 우주가 낮은 엔트로피 상태에서 출발했고, 이후 엔트로피가 계속해서 증가해왔다는 것입니다. 이것이 시간의 방향이 생긴 최종적인 원인입니다. 우리가 지구에 살고 있어 공간의 화살이 가까이에 존재하는 것처럼, (솔직히 말해) 우리가 빅뱅 가까이에서 살고 있기 때문에, 시간의 화살이 존재합니다.

✳ ✳ ✳

'공간'은 모든 일이 일어나는 경기장이라는 것에 주목함으로써 우리는 공간에 관심을 갖게 되었습니다. 그러나 '일어나는happen'이란 말은 **시간**time에 따른 변화를 의미합니다. 즉 어떤 일이 아직 일어나지 않았지만, 일어나는 중이며 나중에는 일어난 일이 될 것입니다. 만일 시간이 존재하지 않는다면, 운동, 진화, 변화가 있을 수 없습니다. 우주에 관한 모든 흥미로운 일들은 시간 경과라는 존재의 덕을 보고 있습니다.

때때로 우리는 시간이 형용할 수 없이 신비로운 존재인 것처럼 이야기합니다. 성 아우구스티누스는 "아무도 나에게 물어보지 않는다면, 나는 시간이 무엇인지 안다. 만일 누군가에게 시간이 무엇인지 설명하려 한다면, 나는 모른다"라는 명언을 남겼습니다. 그러나 일상생활에서 우리가 시간이라는 개념을 사용하는 방식에는 전혀 신비로운 점이 없습니다. 누군가 여러분에게 "8시에 만납시다" 또는 "이 팟캐스트 에피소드의 길이는 9분입니다"라고 말했을 때, 우리는 이 말의 의미가 무엇인지 정확히 알고 있습니다. 우주—공간과 공간 속 모든 것—는 순간의 연속으로 약간의 변화를 거치며 반복적으로 되풀이됩니다. 시간은 이런 순간들에 붙이는 표식이자 어떤 순간들의 집합이 얼마나 오랫동안 지속하는지를 측정하는 방법입니다.

그러나 우리가 때때로 생각했던 것보다 시간 자체가 덜 신비롭다면, 시간은 분명히 신비스러운 측면을 가지고 있을 것입니다. 시간과 공간은 어떻게 유사하며, 또 어떻게 다를까요? 왜 과거는 미래와 다를까요? 미래는 결정되어 있을까요, 아니면 아직 결정되어 있지 않을까요? 이런 질문들은 모두 훌륭한 질문들이며, 우리는 신뢰 수준이 다른 답을 이런 질문들에 제공할 수 있을 것입니다.

시간과 공간

시간은 어떤 면에서는 공간과 비슷하고 어떤 면에서는 공간과 다르기 때문에, 다루기가 어렵습니다. 우선 시간이 공간과 비슷하다는 면을 고려하여 시간에 대해 살펴보겠습니다.

시간은 우주에 우리 자신을 위치시키는 방법의 한 부분입니다. 커피를 마시기 위해 누군가를 만나려고 한다면, 장소와 시간을 지정해야 합니다. 우리는 4개의 숫자로 이 정보를 코딩할 수 있습니다. 3차원 공간에서 한 지점을 골라내기 위한 3개의 숫자와 단일 순간을 지정하기 위한 1개의 숫자가 그것입니다. 실제로 우리는 종종 이 정보의 일부를 드러내지 않고 남겨둡니다. 내 친구가 카페의 주소와 고도를 모두 알고 있다고 가정하고, '시내에 있는 그 카페'라고 이야기합니다. 원리적으로는 필요한 정보가 그 말에 다 들어 있습니다. 누군가에게 만날 장소는 이야기했지만 만날 시간을 이야기하지 않았다면, 또는 그 반대의 경우, 그 이야기는 거의 도움이 되지 않을 것입니다.

일단 시간을 공간과 함께 우주에서 우리 자신을 위치시키는 방법이라고 생각하기로 한다면, 공간과 시간을 '시공간spacetime'이라는 한 그룹으로 묶는 것이 자연스러울 것입니다. 시공간이라는 개념은 20세기 초 상대성이론의 한 부분으로 발명되었습니다. 이것은 역사적인 사실이고 맞는 말입니다. 그러나 상대성이론이 등장하기 이전 뉴턴의 물리학에서도 공간과 시간을 함께 '시공간'으로 묶을 수도 있었을 것입니다. 차이는 단지 뉴턴의 물리학에서는 시공간을 '공간'과 '시간'으로 나누는 방식이 완전히 정착되었다는 것입니다(이렇게 하는 독특하고도 정당한 이유가 있습니다). 반면 상대성이론에서는 일반적으로 관찰자마다 다른 방식으로 시공간을 공간과 시간으로 나눕니다. 뉴턴의 물리학에서는 시간과 공간이 각각 그 자체로 절대적이지만, 상대성이론에서는 알다시피 시간과 공간이 상대적입니다(특히 시공간에서 어떤 기준틀을 선택하는지에 따라 시간과 공간이 상대적이 됩니다).

뉴턴의 물리학이 공간과 시간을 한 덩어리로 묶도록 강요하지 않았음에도 불구하고 우리는 여전히 그렇게 하는 것을 환영합니다. 그렇게 하고 나면 지도—공간 차원들과 시간의 단일 차원을 모두 포함하는 우주의 단순화된 표현—를 그리는 일이 의미를 가집니다. 이런 **시공간 도표**spacetime diagram는 현대물리학자들에게 없어서는 안 될 개념적 도구라 할 수 있습니다. 일반적으로 시공간 도표의 수평축은 공간을, 수직축은 시간을 나타냅니다. 수직축의 아래쪽으로 가면 과거가 되고, 위쪽으로 올라갈수록 시간이 증가합니다.*

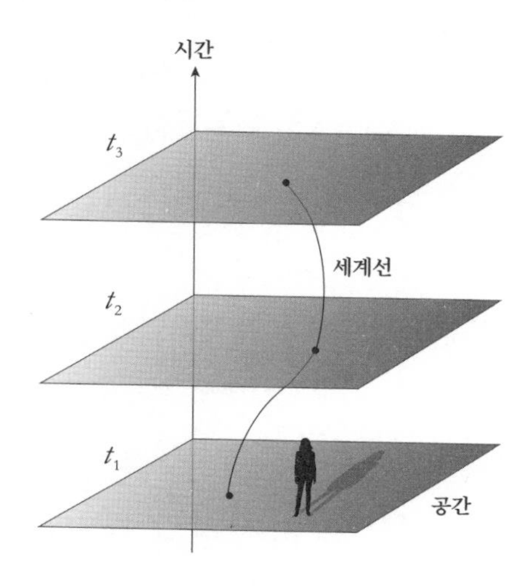

시공간 도표에서 물체는 위치를 나타내는 하나의 점이 아니라 과거로부터 미래로 이어지는, 여러 순간에서 이 물체의 여러 위치를 나타내는 **세계선**world line으로 표현됩니다. 어떤 순간 여러분의 몸은 공간에서 3차원의 부피를 차지하지만, 여러분의 일생은 시공간을 지나는 4차원의 한 마리 벌레로 기술됩니다. 모든 물리학자는 가끔 태어난 순간부터 현재까지 자신들의 세계선을 상상하곤 합니다.

* 적어도 상대성이론과 시공간을 전공한 사람들 사이에서는 그렇습니다. 컴퓨터과학자들은 보통 아래로 갈수록 시간이 증가하도록 그립니다. 반면 입자물리학자들은 왼쪽에서 오른쪽으로 갈 때 시간이 증가합니다. 만약 이들이 오른쪽에서 왼쪽으로 글을 쓰는 언어를 사용한다면, 오른쪽에서 왼쪽으로 갈 때 시간이 증가합니다.

길이와 시간 간격

시간과 공간 사이의 또 다른 분명한 유사성은 이들을 측정할 수 있다는 것입니다. 공간에서 경로의 길이를 측정할 수 있으며, 시간 간격도 측정할 수 있습니다.

실제로 우리가 이들을 비교할 신뢰할 만한 표준을 갖고 있다면, 우리는 이들을 측정할 수 있습니다. 길이의 경우 우리는 자를 갖고 있습니다. 같은 길이를 가진 2개의 고체 막대를 가져다 막대들이 손상되지 않도록 주의하면서 시간이 흐르게 합니다. 한 막대는 보관함에 넣고 다른 막대는 잠시 이동을 시킵니다. 두 번째 막대를 원위치시키고 다시 두 막대를 비교하여 여전히 길이가 같은지 확인합니다. 우리에게 유용한 길이 표준을 제공하는 것은 바로 이런 비교를 통한 신뢰성과 재현성입니다. 이제 한 막대를 선택하여 이 막대를 '표준 미터기'라고 부릅시다. 그리고 이 막대를 기준으로 다른 모든 막대의 길이를 측정합니다. 궁극적으로 이런 놀라운 인공적인 물체가 존재할 수 있다는 것은 기초 물리학 법칙과 관련이 있습니다. 막대는 원자로 이루어져 있고, 원자들은 기본적으로 전자와 원자핵의 질량과 전하량 같은 물리 상수들에 의해 결정되는 고정된 크기를 가지고 있습니다. 누군가 우발적으로 (또는 악의로) 표준 미터기에서 원자 하나라도 긁어내지 못하도록 하십시오. 이제 준비가 끝났습니다.

막대가 아닌 시계를 가지고 측정한다는 점을 제외하면, 시간 간격의 측정도 동일합니다. 특정한 시계를 다른 시계들과 비교할 신뢰할 만하고 재현 가능한 시간 변화를 측정하는 인공적인 물체로 생각할 수 있습니다. 이것은 순환논법처럼 보입니다. 왜냐면 시계 자체를 정의하기 위해 시계라는 개념을 사용하고 있기 때문입니다. 그러나 막대를 측정하는 것과 차이가 없습니다. 서로 같은 길이를 가지고 있는 한 둘 다 유용합니다.

중요한 점은 실제 우주가 시계들로 가득 차 있다는 것입니다. 우주에는 서로에 대해 예측이 가능하고 규칙적인 운동을 하는 계들이 많습니다. 시간 경과를 측정할 수 있게 해주는 것이 바로 물리학 법칙의 한 특징입니다(우주에 시계와 같은 물체가 존재하지 않는다면, 어떤 것들이 시계와 같은 구실을 할지 상상해보는 것도 재미가 있을 것입니다).

지구의 자전과 공전을 고전적인 예로 들 수 있습니다. 지구가 1년 동안 자전축을 중심으로 366회 이상 회전한다는 것을 잘 알고 있습니다.* 이런 신뢰성 때문에 지구를 좋은 시계라고 생각할 수 있습니다.

또 다른 예로는 단조화 진동자를 들 수 있습니다. 진동자가 정말 조화 운동을 한다면—복원력이 정확히 평형점으로부터의 변위에 비례하는 경우—진폭이 얼마든 상관없이 진동자가 한 번 진동하는 데 정확히 같은 시간이 걸립니다. 진폭이 작으면 진동자의 운동이 빨라지고 진폭이 작으면 운동이 느려져서 어느 경우나 주기가 같아집니다. 이 때문에 단조화 진동자는 시계를 제작하는 아주 훌륭한 출발점이 됩니다.

---

* 왜 365회가 아닐까요? 왜냐면 지구가 전혀 자전하지 않는다고 하더라도 지구가 태양 주위로 회전하므로 태양이 여전히 1년에 한 번 떴다가 지기 때문입니다. 그리고 이 회전 때문에 우리가 보는 것과는 반대로 지구가 운동합니다. 결국 우리는 1년 동안 지구가 자전한 횟수보다 하나 적은 횟수를 보게 됩니다.

정확한 단조화 진동자를 자연에서 찾기란 쉽지 않습니다. 실제로 존재하는 계가 정확히 단조화 운동을 하는 것을 방해하는 작은 효과들이 존재합니다. 그러나 다행스럽게도 우리는 진동의 진폭이 충분히 작을 때는 근사적으로 단조화 진동을 하는 것처럼 보이는 진동계를 만났습니다. 갈릴레오의 첫 전기 작가가 전해준 유명한 이야기가 있습니다. 이 이야기에 의하면, 갈릴레오는 피사의 성당에 매달린 등잔불이 일정한 주기로 흔들리는 것에 주목했습니다. 갈릴레오는 이로부터 진자를 정확한 시계를 제작하는 근거로 삼을 수 있다는 아이디어를 얻었습니다. 갈릴레오는 나중에 (사실은 장님이 된 후) 이 아이디어를 떠올렸으며, 아들의 도움을 받아 이 시계의 작동 방법을 제안했습니다. 갈릴레오와 아들은 이 프로젝트를 완수하지 못했지만, 얼마 지나지 않아 크리스티안 하위헌스가 최초의 실용적인 시계를 설계했습니다.

하지만 진자는 완벽한 단조화 진동자가 아닙니다. 진동이 너무 크면 진자는 진동이 작을 때와는 아주 다른 주기를 보입니다. 정확도를 보장하기 위해서는 진동이 아주 작은 진자에 기초한 시계를 제작해야 합니다. 그래야 모든 진동자가 작은 진폭에서는 단조화 진동을 한다는 사실을 활용할 수 있습니다. 로버트 훅이 마침내 닻 탈진기 anchor escapement라고 부르는 장치를 발명했습니다. 이 장치로 인해 한 번에 아주 조금 진동하는 실용적인 진자시계를 제작할 수 있게 되었습니다.

시간에 따른 진화

시간이 공간과 유사하다는 이 부분은 쉽습니다. 그러나 시간은 정확히 공간과 같지 않습니다. 본능 수준에서 볼 때, 시간은 공간에 전혀 적용할 수 없는 방식으로 행동하는 것처럼 보입니다. 우리는 시간이 흐르거나, 시간이 우리 곁을 지나가는 것처럼 느낍니다. 우리는 공간이 우리 곁을 흘러 지나간다고 기술하지 않습니다. 우리의 무지한 직관에 의하면, 공간은 사물들(각 위치에 1개씩 있는 점들)의 집단처럼 보입니다. 반면 시간은 일종의 과정처럼 보입니다.

많은 직관적인 믿음들처럼 시간과 공간이 아주 다른 것들이라는 느낌이 드는 데는 이유가 있습니다. 예를 들어, 시간의 경우 한순간의 조건들은 연속적으로 다른 순간의 조건들로 진화합니다. 힘을 질량과 (위치의 2차 도함수인) 가속도를 곱한 것과 같게 만드는 뉴턴의 제2법칙에 대해 생각해봅시다.

$$\vec{F} = m\vec{a} = m\frac{d^2\vec{x}}{dt^2} \tag{5.1}$$

또는 위치와 운동량의 시간 도함수에 관한 해밀턴의 방정식들을 고려할 수도 있습니다.

$$\frac{dp}{dt} = -\frac{\partial H}{\partial x}, \quad \frac{dx}{dt} = \frac{\partial H}{\partial p} \tag{5.2}$$

어느 경우든 이런 관계식들은 매 순간 성립된다는 것을 의미합니다. 이 방정식들은 다른 시간에 무슨 일이 일어날지를 결정합니다.

이런 것이 공간에 대해서는 작동하지 않습니다. 무거운 바위—너무 무거워서 우리가 사용 가능한 수단으로는 움직이기 어려운 바위—를 발견한다면, 이 바위가 나중에도 그 자리에 여전히 정지해 있을 가능성이 아주 클 것입니다. 그러나 특정한 위치에 있는 무거운 바위를 발견한다고 해서, 또 다른 바위(또는 더 많은 같은 바위들)가 근처에 있어야 한다는 규칙은 존재하지 않습니다. 우리가 다른 위치들을 고려하면, 조건들이 한 점에서 다른 점으로 아주 극적으로 변할 수 있습니다. 그러나 우리가 시간의 순간들을 고려한다면, 한 가지 조건이 직접 다른 조건으로 바뀌게 됩니다.

시간의 화살

시간의 '흐름'—또다시 직관적인 수준에서—은 얼핏 뚜렷한 방향성을 가지고 있는 것처럼 보입니다. 시간은 과거로부터 미래로 흐르지, 그 반대로는 흐르지 않는 것처럼 보입니다. 이런 특성은 1927년 영국의 천문학자인 아서 에딩턴이 붙인 **시간의 화살**arrow of time이라는 이름으로 잘 알려져 있습니다.

시간의 화살은 기본적으로 비대칭성을 가지고 있습니다. '현재'의 관점에서 볼 때 과거와 미래는 아주 다른 성질들을 가지고 있습니다. 과거는 이미 정해져 있으며 책에 적혀 있습니다. 반면 미래는 열려 있으며 아직 정해져 있지 않습니다. 우리는 과거에 대한 기억과 기록을 갖고 있습니다. 현재 가지고 있는 사진, 화석, 역사책, 공예품 등은 이전 시간에 일어난 일에 관한 분명한 지식을 우리에게 제공합니다. 미래에 대해서는 이와 같은 것들이 존재하지 않습니다. 우리는 미래를 예측하고자 하지만 미래가 어떤 모습일지 알지 못합니다. 우리는 여기서 지금 우리가 하는 선택이 미래에 영향을 미친다고 생각하고 싶어 합니다. 그러나 사람들 대부분은 오늘 우리가 한 선택이 어제에 영향을 미치지 않는다는 것을 인정합니다.

시간의 화살은 우리가 생각하는 시간의 작동 방식에서 부정할 수 없는 부분이기 때문에 초기 사상가들은 여기에 설명이 필요할 것이라는 생각조차 하지 않았습니다. 물론 과거와 미래는 다릅니다. 어떻게 과거와 미래가 다르지 않을 수 있을까요? 과거와 미래는 근본적으로 다릅니다.

고전역학이 등장하면서 시간의 화살이 조금 신비로운 것으로 바뀌었습니다. 고전역학을 통해 우리는 정보가 보존된다고 배웠습니다. 고립된 계의 현재 상태로부터 계의 미래를 예측할 수 있으며, 동일하게 계의 과거를 재현할 수도 있습니다. 이런 특징은 **가역성**reversibility으로 알려져 있습니다. 만약 물리학 법칙들이 시간 1에서 상태 A에 있던 계가 시간 2에서 상태 B로 진화한다는 것을 암시한다면, 이 계가 시간 2에서 상태 B에 있다면 계가 시간 1에서 상태 A에 있어야 한다는 것도 같은 물리학 법칙이 암시해주고 있습니다. 우리는 시계를 앞이나 뒤로 똑같이 잘 돌릴 수 있습니다.

우리의 일상 경험에서 가역성은 뚜렷하게 드러나 있지 않습니다. 얼음이 담긴 따뜻한 물 한 잔은, 시간이 조금 지나면, 실온의 물 한 잔으로 진화합니다. 그러나 처음에 실온에 있던 물 한 잔 역시 실온의 물 한 잔으로 진화합니다(다시 말해 실제로는 전혀 변화하지 않았습니다). 그러므로 실온의 물 한 잔을 보고서는 원래 얼음이 담긴 따뜻한 물이었는지, 아니면 계속 실온에 있던 물 한 잔이었는지 알 수 없습니다.

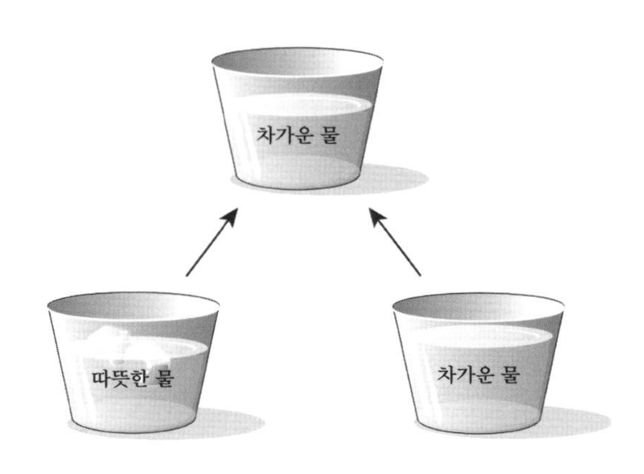

그러므로 고전역학은 가역성을 은밀하게 내포하고 있습니다. 우리 주위의 세계에 대한 경험은 분명히 가역적이 아님에도 불구하고 기초 물리학 법칙들은 가역적입니다. 때때로 우리는 '미시적' 또는 '기초' 동역학이 가역적이라고 말하지만, '거시적' 또는 '창발적emergent' 동역학은 비가역적입니다. 여기서 '미시적'은 보통 '크기가 작은 것'이 아니라 '작은 수의 움직이는 부분들로 이루어져 있는 것'을 의미합니다. 태양계의 행성들은 크기가 매우 큼에도 불구하고 가역적인 뉴턴역학으로 아주 잘 기술할 수 있습니다. 우리의 질문은 "왜 거시적인 세계가 비가역적인 것처럼 보이는가?"라는 질문이 됩니다.

시간 반전

비가역성irreversibility의 기원에 대해 파고 들어가기 전에 우리는 영어 발음은 유사하지만 근본적으로 다른 개념인 **시간 반전**time reversal 대칭성에 대해 살펴보아야 합니다. 시간 반전은 혼동을 일으킬 가능성이 있지만, 확실하게 설명을 해둘 필요가 있습니다. 왜냐면 사람들이 이 개념이 시간의 화살과 어떤 관계가 있는 것처럼 (실제로는 그렇지 않습니다) 이야기하는 것을 여러분이 듣게 될 것이기 때문입니다.

대칭성symmetry은 계의 변수 일부를 서로 바꾸지만 핵심적인 것이 달라지지 않는 변환을 말합니다. 시간 반전 변환 T는 시간 변수 t에 -1을 곱하여 시간의 방향을 반전시키는 변환입니다.

$$t \to -t \tag{5.3}$$

이 변환을 거쳐도 고전물리학의 법칙들은 **불변**invariant합니다(법칙이 변하지 않습니다). 이런 시간 반전 불변성의 특징은 가역성과 밀접하게 연관되어 있지만, 이 둘은 같은 것이 아닙니다.

(5.1)에 있는 뉴턴의 제2법칙에 대해 생각해봅시다. 물체의 질량은 시간을 반전시켜도 변하지 않습니다. 적어도 중력이나 언덕의 경사에 의한 힘과 같이 잘 알려진 예의 경우, 힘 역시 시간 반전을 해도 변하지 않습니다. 가속도 $\vec{a}$는 어떨까요? 위치 $\vec{x}$는 변하지 않습니다. 미소 시간 간격 dt는 변합니다. $t \to -t$이기 때문에 또한 $dt \to -dt$가 됩니다(시간의 방향을 반전시키면 시간이 증가하는 방향 역시 반전

됩니다). 그러나 가속도는 시간 간격의 제곱을 포함하고 있으므로 $\vec{a} = d\vec{v} / dt = d^2\vec{x} / dt^2$이고, 또 $(dt)^2 \to (-dt)^2 = (dt)^2$입니다. 그러므로 가속도 역시 (5.3) 변환을 해도 변하지 않습니다. 그러므로 뉴턴의 제2법칙 전체는 시간 반전에 대해서 불변합니다.

고전역학의 해밀턴 버전에도 같은 불변성이 성립하지만, 그 방식이 조금 더 재미있습니다. 명심해야 할 두 가지 요령이 있습니다. 첫 번째는 시간을 반전시킬 때 운동량에 음수 부호를 붙여야 한다는 것입니다. 즉 $\vec{p} \to -\vec{p}$입니다. 두말할 나위 없이 당연하다고 생각할 수도 있습니다. 왜냐면 운동량은 질량 곱하기 속도이고, 시간을 거꾸로 하면 속도가 반대로 되기 때문입니다. 그러나 해밀턴역학에서 운동량은 질량 곱하기 속도로 정의되지 않습니다. 운동량은 1개의 독립 변수이고, 질량에 운동 방정식의 풀이인 궤적에서의 속도를 곱한 것과 운동량이 같은 것은 우연입니다. 그럼에도 불구하고, 시간 반전 대칭성이 성립하기 위해서는 운동량의 부호를 반대로 해야 합니다(이것이 이 작업에서 무언가 미묘한 일이 일어나고 있음을 일아내는 단서가 됩니다).

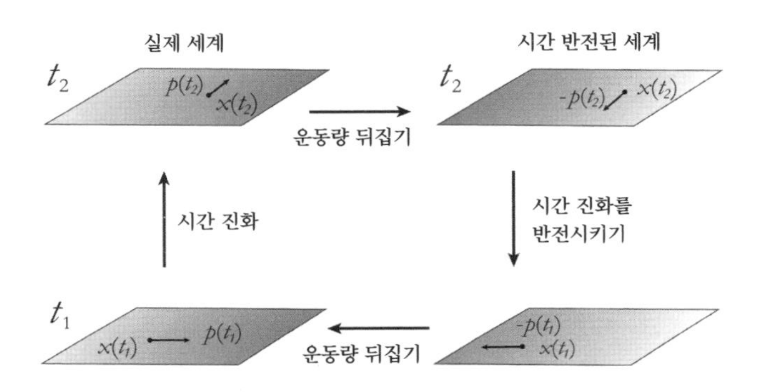

명심해야 할 두 번째 요령은 해밀토니안이 운동에너지에 퍼텐셜에너지를 더한 것이고, 운동에너지는 보통 $\vec{p}^2/2m$이라는 것입니다. 운동량을 제곱했기 때문에 운동량의 부호를 반대로 했을 때 운동에너지 자체는 변하지 않습니다.

고전역학의 기본 방정식들은, 달리 말해, 과거로 움직이는 것과 미래로 움직이는 것의 차이를 알지 못합니다.

가역성과 CPT

'가역성'과 '시간 반전 불변성'은 유사해 보이는 2개의 아이디어지만, 미묘한 차이가 있습니다. 가역성은 시간이 지나도 정보가 보존되므로 계들이 어떤 상태에서 시작했는지를 기억하고 있다고 이야기합니다. 시간 반전 불변성은 시간이 미래로 흐르든지, 아니면 과거로 흐르든지 상관없이 물리학 법칙들이 동일하다고 이야기합니다. 밝혀진 사실이지만, 가역성이 조금 더 근본적입니다. 동역학이 가역적인 한, 시간 반전 대칭성의 개념을 만들어낼 수 있습니다.

우리는 이 문제에 우회해서 접근할 수 있습니다. 만약 여러분이 잘못된 사람들—이 경우 입자물리학자들—과 어울린다면, 소립자 세계에서 시간 반전이 기초 물리학의 대칭성이 전혀 아니라는 이야기를 듣게 될지도 모릅니다. 시간 반전 불변성을 위배하는 사례를 보여주는 실험들이 이미 수행되었습니다. 올바른 상황에서 우리가 특정 상태 A에 있는 입자 집단을 선택할 수 있다고 하고, 이들을 다른 상태 B

로 진화시킨 다음 '과거로' 보내도록 모든 운동량을 반전시킨다 해도, 우리가 예상했던 것과 달리 정확히 상태 *A*로 돌아가지 않습니다.

시간 반전이 자연에서 발견될 것으로 기대할 수 있는 유일한 대칭성은 아니며, 실제로 이 대칭성은 깨집니다. 시간 반전 외에 **패리티** parity라고 부르고 *P*로 표시하는 공간 반전 또한 존재합니다. 패리티는 공간의 3개 차원을 한 번에 반전시키는 변환입니다. 패리티는 거울에 비친 계를 보는 것과 같습니다. 따라서 글씨가 반대로 나타나고 오른손 나사가 왼손 나사처럼 보입니다. 소립자들은 흔히 스핀을 가지고 있는데, 패리티 변환은 소립자들의 스핀 방향을 반대로 바꿔줍니다. 패리티는 원래 자연이 가진 좋은 대칭성이라고 믿고 있었지만, 1950년대 우젠슝吳健雄을 비롯한 다른 사람들이 한 실험들은 패리티 대칭성이 깨진다는 것을 보여주었습니다.

또 **전하 켤레짓기**charge conjugation 또는 C라고 부르는 대칭성이 있습니다. 많은 소립자 종들은 연관된 **반입자**antiparticle를 갖고 있습니다. 전자의 반입자는 양전자라는 고유의 이름을 갖고 있지만, 대개 입자 이름 앞에 '반-'이라는 접두사를 붙입니다. 따라서 뉴트리노의 반입자는 반뉴트리노입니다. 전하 켤레짓기는 입자들을 이들의 반입자로 교환하는 것입니다. *T*와 *P*처럼 전하 켤레짓기가 특정한 입자 상호작용들에서는 위배가 되는 것으로 밝혀졌습니다. 전하 켤레짓기가 시간 반전이나 공간 반전과는 다른 야수처럼 보일 수 있습니다. 그러나 시간의 방향은 물질과 반물질을 구분하는 것과 밀접한 관계가 있습니다. 수학적으로 반입자는 시간을 거슬러 움직이는 입자와 동등합니다.

여기 한 가지 중요한 사실이 있습니다. 소립자 물리학에서는 *C*, *P*와

T 모두 개별적으로는 성립하지 않습니다. 그러나 이 변환들을 조합한 *CPT*는 보존됩니다. 이것이 사실인 타당한 이론적 이유가 존재하며, 지금까지 이 사실이 실험적으로 확인되었습니다. 상태 *A*에 있는 입자들의 배열을 선택하여 시간 흐름대로 상태 *B*로 진화시킵니다. 입자들을 반입자들로 바꾸고 모든 운동량을 반전시킨 뒤 시간을 거슬러 진화시키면 *B*의 거울상을 얻을 수 있고, 다시 이것의 거울상을 만듭니다. 그러면 그 결과는 원래 상태인 *A*가 됩니다. 이것이 바로 *CPT* 대칭성입니다.

이것은 다음과 같은 대담한 전략을 떠오르게 합니다. 혹시 '시간 반전'을 조금 전 *CPT*라고 불렀던 것으로 정의해도 되지 않을까요? 달리 말해, 처음에 시간 반전(*T*)을 시키고 다음에 패리티 변환(*P*)을 한 후 전하 켤레짓기(*C*)를 하는 *T'*이라고 부르는 새로운 연산을 정의할 수 있지 않을까요? 이런 새로운 연산 $T' = CPT$를 진짜 시간 반전이라고 생각할 수 있지 않을까요? 그러면 이 새로운 과장된 시간 반전이 결국에는 자연의 대칭성이 될지도 모릅니다.

분명히 그렇게 할 수 있습니다. 실제로 시간의 방향을 바꾸는 것과 다른 변수들의 적절한 변경을 추가한 시간 반전 연산자를 항상 정의할 수 있습니다. 그 결과 좋은 대칭성을 얻게 됩니다(근본 이론이 가역적이라면). 우리가 처음에 추측했던 순수한 것과 정확히 닮지 않더라도 가역성은 시간 반전 대칭성의 개념을 암시하고 있습니다.

해밀턴역학에서조차 시간 반전을 하기 위해 운동량의 방향을 반전시켜야 하지만, 실제로는 이 단계를 거쳐야 하는 원칙적인 정당성을 설명하지 않았다는 것을 기억하십시오. 이제 우리는 그 이유를 압니다. 동역학의 좋은 대칭성이 되는 시간 반전을 정의함으로써 단순히

$t \to -t$로 보내는 것 외에 일반적으로 추가적인 조작이 가능해집니다. 때때로 이런 추가적인 단계들은, $\vec{p} \to -\vec{p}$로 보내는 것처럼, 자연스럽고 심지어는 피할 수 없어 보입니다. 그러므로 이들을 '시간 반전'과 함께 묶은 후 다시는 이것에 대해 생각하지 않으려 합니다. 어떤 때는 패리티와 전하 켤레짓기를 하는 것처럼 임시변통으로 보일 수도 있습니다. 그러므로 "시간 반전을 위배하지만 시간 반전과 밀접하게 연관된 대칭성은 여전히 보존된다"와 같은 말을 중얼거릴 수도 있습니다. 어느 정의를 선택하느냐와 무관하게 동역학이 가역적이면 언제나 이런 대칭성들이 존재한다는 것이 물리학적으로 중요합니다.

그러므로 순수한 시간 반전 불변성 T의 붕괴는 시간의 화살과는 아무런 관계가 없습니다. 입자물리학의 이런 특징은, 그 자체로도 중요하지만, 가역성에 변화를 주지 않습니다. 시간의 화살은 미시적인 세계가 가역적인 것 같아 보임에도 불구하고 거시적인 세계가 가역적이 아닌 것 같아 보인다는 사실로부터 생겨 나왔습니다.

엔트로피

그러면 비가역성, 즉 시간의 화살은 무엇 때문에 생길까요? 최종적인 답은 우주 전체를 포함한 닫힌계의 **엔트로피**entropy가 시간에 따라 증가한다는 사실에 있습니다. 엔트로피는 흔히 계의 무질서도 또는 혼란도라고 간략히 정의합니다. 완벽하게 순서대로 정리한 카드 한 벌은 낮은 엔트로피를 갖고 있지만, 무작위적으로 섞은 카드 한 벌은 높은 엔트로피를 가집니다. 대개 이 정도 정의로도 충분하지만, 우리는 좀더 정확히 엔트로피를 정의할 수 있습니다.

계속해서 세상의 미시적인 상태를 정확하게 추적하는 라플라스의 악마에게는 모든 것이 가역적입니다. 또다시 이 악마는 과거와 미래를 완벽하게 알고 있습니다. 라플라스의 악마에게 '과거를 기억하는 일'과 '미래를 예측하는 일'은 별 차이가 없습니다. 이 악마에게는 시간의 화살이라는 것이 존재하지 않습니다.

그러나 우리 가운데 누구도 라플라스의 악마가 될 수 없습니다. 우리는 라플라스의 악마 근처에도 갈 수 없습니다. 우리는 극적이라 할 정도로 제한된 관찰 능력과 계산 능력을 지닌 인간으로 창조된 유한한 존재입니다. 우리는 6×10^{23}개 또는 그 이상의 입자의 위치와 운동량은 말할 것도 없고, 1개의 전화번호조차 기억하기 힘들어합니다.* 세상의 정확한 상태에 관한 모든 것을 알지 못하며, 심지어는 세상을 관찰하면서도 세상의 정확한 상태를 보지 못합니다. 방을 둘러볼 때 우리는 탁자와 의자와 사람들을 봅니다. 우리는 이들을 구성하고 있는 각각의 소립자들의 위치와 운동량을 정확하게 측정하지 못합니다.

대신 우리는 **대충 갈기**coarse-graining라고 부르는 것을 합니다. 계의 많은 특정한 상태들을 그룹화하여 하나로 기술한 후, 무슨 일이 일어날지 이해하고 우리가 할 수 있는 최선의 예측을 하는 데 이와 같

---

* 내가 지금 사용하고 있는 신식 노트북 컴퓨터는 64GB의 RAM을 가지고 있습니다. 이 메모리 용량은 대략 10^9개 입자들의 근사적인 위치와 운동량을 저장할 수 있는 용량입니다. 비교적 작은 거시적인 계의 정보를 저장하기 위해서는 이런 컴퓨터가 대략 10^{15}대 정도 필요합니다. 이 컴퓨터들의 모든 메모리를 정보를 저장하는 데만 사용한다고 하더라도 말입니다. 머지않은 미래에도 이런 일이 일어나지는 않을 것입니다.

은 기술을 사용합니다. 기체가 든 상자나 한 잔의 커피를 기술할 때, 우리는 용기 안의 각 점에서의 유체의 온도와 압력과 속도—이 계의 **거시상태**macrostate—를 명시할 수 있습니다. 그러나 여전히 이 거시상태를 만족하는 원자들과 분자들의 많은 특정한 배열—**미시상태**microstate—이 존재합니다. 그러나 기체가 팽창하여 상자를 채우는 것이나 뜨거운 커피가 시간이 지나서 실온으로 식는 것을 알기 위해 정확한 미시상태를 알 필요는 없습니다. 우리는 단지 거시상태가 무엇인지 아는 것에 근거하여 예측하는 일을 아주 잘하고 있습니다.

거시상태를 정확히 정의하는 것은 미묘한 작업이지만, 기본 아이디어는 거시상태가 '거시적인 관찰자에게 같은 것으로 보이는 모든 미시상태의 집합'이라는 것입니다. 기체 분자들의 집단이 상자 안에 균일하게 분포되어 있을 때와 같이, 어떤 거시상태들은 많은 개수의 가능한 미시상태들의 집합에 해당합니다. 한편 기체 분자들이 우연히도 모두 상자의 한쪽 구석에 몰려 있을 때와 같이, 어떤 거시상태들은 비교적 적은 개수의 가능한 미시상태들의 집합에 해당합니다.

1870년대에 엔트로피를 이해하는 방법으로 이런 놀라운 아이디어를 사용한 사람은 오스트리아의 물리학자 루트비히 볼츠만이었습니다. 엔트로피의 아이디어는 이미 19세기 초에 소개되었습니다. 볼츠만은 이처럼 태생적으로 거시적인 성질을 미시적인 토대와 연결하는 데 기여했습니다. 다시 말해 볼츠만은 엔트로피가 각각의 거시상태에 속한 미시상태들의 개수와 관계가 있다고 제안했습니다.* 이런 관점

---

* 명확하게 이야기하자면, 거시상태의 엔트로피가 이 거시상태에 속한 미시상태의 개수의 로그

에서 보면, 엔트로피가 시간이 지날수록 증가한다는 것이 이해가 됩니다. 낮은 엔트로피의 거시상태는 작은 개수의 가능한 미시상태들을 가진 것에 해당합니다. 반면 높은 엔트로피의 거시상태는 많은 개수의 가능한 미시상태들을 가진 것에 해당합니다. 낮은 엔트로피의 상태에서 시작하여 계가 위상공간에서 어떤 일반적인 방향으로 움직인다면, 엔트로피가 증가할 것을 예상해야 합니다. 왜냐면 낮은 엔트로피 상태에 있기보다 높은 엔트로피 상태에 있을 수 있는 방법이 많기(보통 아주아주 많기) 때문입니다.

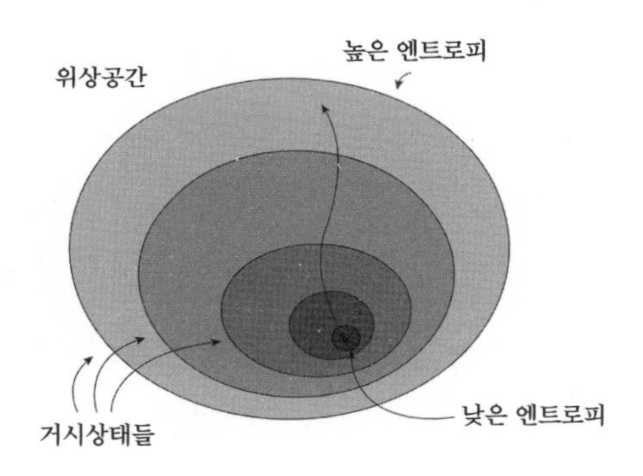

이것이 **열역학 제2법칙**second law of thermodynamics입니다. 닫힌계에서 엔트로피는 증가하거나 일정하게 유지되며, 결코 자발적으로 감소하지 않습니다(열역학 제1법칙은 에너지 보존 법칙에 지나지 않습니다). 많은 계가 닫힌계는 아니며, 닫힌계가 아닌 계는 외부 세계와 상호작용을 합니다. 이런 경우 엔트로피가 분명히 감소할 수 있습니다. 냉장고

값에 비례한다는 것입니다. 로그 함수에 대해 알려면 부록 A를 보기 바랍니다.

에 샴페인 병을 넣으면, 병이 식으면서 엔트로피가 감소합니다. 그러나 냉장고가 열을 뒤로 배출한다는 것에 주목해야 합니다. 따라서 전체 엔트로피는 여전히 증가합니다. 이것이 냉장고를 켜고 냉장고 문을 열어두어도 방이 차가워지지 않는 이유입니다. 열역학 법칙들이 이런 일을 허용하지 않습니다.

볼츠만의 통찰력은 입자들의 미시세계와 라플라스의 악마와 대충 갈기의 거시세계, 근사와 불완전한 정보 사이의 관계를 제공했습니다. 물리계들의 미시상태에 대한 수많은 세부사항을 무시하면서도 이 물리계에 관한 유용한 어떤 것을 말할 수 있다는 사실이 **창발**emergence의 특징입니다. 세계가 왜 더 높은 수준의 창발적인 서술을 허용하는지 같은 중요한 질문은 일단 접어두겠지만, 이 질문은 우리 마음 한구석에 간직해야 할 질문입니다.

과거 가설

낮은 엔트로피 상태로 가기보다 높은 엔트로피 상태로 가는 방법(미시상태들)이 더 많기 때문에, 엔트로피는 증가하는 경향을 가집니다. 이 설명에는 숨겨진 가정이 있습니다. 처음에 낮은 엔트로피 상태에서 출발했다는 것이 그것입니다. 간단히 **과거 가설**past hypothesis로 알려진 이 아이디어를 볼츠만의 미시/거시 연결과 함께 작동시키면, 열역학 제2법칙을 얻을 수 있습니다.

또다시 시간을 공간과 비교함으로써 그 의미를 명확히 할 수 있습니다. 시간의 화살은 분명히 존재하지만, 반면 '공간의 화살'과 같은 것은 존재하지 않습니다. '위'와 '아래'는 그 차이를 이야기할 수 있는데, 그 이유는 우리가 영향력이 큰 물체—지구—에 붙어 살고 있어 중력이 당기는 것을 느끼기 때문입니다. 여러분이 우주복을 입고 우주에서 유영하는 우주인이라면 위와 아래, 왼쪽과 오른쪽, 앞과 뒤의 차이를 느끼지 못할 것입니다.

그러나 잠깐만 기다려보세요. 우리는 여기 지구 위에 있습니다. 그리고 위와 아래를 구별하는 화살이 존재합니다. 물리학 법칙에는 이것이 없습니다. 이것은 우리의 국소적 환경에 의해 우연히 생긴 일입니다. 이것은 우리 주위에 있는 물질들이 특정하게 배치—거대한, 영향력이 큰 행성—되어 있기 때문에 생겼습니다. 시간에 대해서도 같은 주장을 할 수 있을까요?

가능하며 실제로 사실입니다. 기본적인 물리학 법칙들은 가역적이기 때문에 우주의 현재 엔트로피가 낮다는 것이 우리가 알고 있는 전부라고 가정하면, 미래에 엔트로피가 더 커질 것을 예측할 수 있습니다. 그러나 또한 우리는 과거에 엔트로피가 더 높았을 수 있다고 예측할 수도 있습니다. 우리는 우연히도 엔트로피가 비정상적으로 낮은 어떤 특정한 역사적 순간에 살고 있는지 모릅니다.

누구도 그것이 옳다고 믿지 않습니다. 우리 우주 또는 적어도 우리 우주의 관측 가능한 부분의 역사에 대한 경계 조건에 의해 과거와 미래 사이에 존재하는 근본적인 대칭성이 깨집니다. 이 경계 조건에서 초기 엔트로피는 아주 낮은 값으로 설정되어 있습니다.

우리 우주는 지금도 팽창 중이며, 대략 140억 년 전에는 현재 우리가 보고 있는 모든 것이 아주 뜨겁고 아주 밀도가 높으며 급격히 팽창하는 상태로 압축되어 있었습니다. 태초의 우주로 시간을 거슬러 올라가면, 현재 우리가 가진 최상의 이론(아인슈타인의 일반상대성이론)은 빅뱅이라고 이름 붙인 무한대의 밀도를 가진 '특이점singularity'을 예측합니다. 이런 특이점을 생각하는 올바른 방법은 실제로 이런 특이점이 존재했다는 것이 아니라 이론 자체가 특이점에서는 성립하지 않는다는 것입니다. 언젠가 우리가 중력과 팽창 우주를 더 잘 이해하게 되어 빅뱅이라고 부르는 순간에 무슨 일이 일어났는지 밝혀내길 바랄 뿐입니다.

지금 현재로서는 이론과 관측 모두 우리에게 많은 것을 이야기해주는, 빅뱅 직후에 일어난 일을 기술하는 것으로 만족하는 수밖에 없습니다. 이때 우주는 공간 전체에 균일하게 분포한 뜨겁고 밀도가 높은 플라스마로 구성되어 있었습니다.

이것은 높은 엔트로피 상태일 때의 배열과 같아 보입니다. 여기 지구에 있는 실험실 속 기체 상자 안에서 최고의 엔트로피를 가진 배열은 기체가 균일하게 분포된 상태입니다. 그러나 우주 전체를 이야기할 때는 결정적인 차이가 있습니다. 우주가 너무 크고 거대한 질량을 갖고 있어 중력이 결정적으로 중요하다는 것입니다. 중력은 물질을 끌어당겨 밀도가 높은 지역을, 또 물질을 비워 밀도가 낮은 지역을 만들면서 균일한 분포를 방해하는 역할을 합니다. 이것이 정확히 다음 수십억 년 동안 일어날 일입니다. 초기 균일한 분포로부터 별들과 은하들과 은하 집단들이 생겨났습니다. 그리고 이 전체 과정 동안 엔트로피가 증가했습니다. 중력이 중요할 때는 입자들이 균일하게 분포할 방법보다 무리를 지어 있을 방법이 더 많습니다. 그러므로, 만약 우주가 (어쨌든) 모든 가능한 배열들 가운데서 초기 상태를 무작위적으로 선택한 것이라면, 우주의 초기 상태는 우리가 예상한 것보다 엄청나게 작은 엔트로피를 가지게 되었습니다.

왜 우주가 낮은 엔트로피의 배열에서 출발했는지 우리는 알지 못합니다. 아무튼 낮은 엔트로피의 배열들은 특별한 것입니다. 이 배열들은 높은 엔트로피의 배열들보다 훨씬 작은 개수의 미시상태의 집합에 해당합니다. 이것은 우주론에 관한 질문이므로 지금은 다루지 않기로 하겠습니다.

중요한 것은 우리가 관측한 우주가 낮은 엔트로피 상태에서 출발했고, 이후 엔트로피가 계속해서 증가해왔다는 것입니다. 이것이 시간의 방향이 생긴 최종적인 원인입니다. 우리가 지구에 살고 있어 공간의 화살이 가까이에 존재하는 것처럼, (솔직히 말해) 우리가 빅뱅 가까이에서 살고 있기 때문에, 시간의 화살이 존재합니다.

공평하게 말해서, 설명해야 할 것이 아직 많이 남아 있습니다. 시간의 화살은 기억, 인과율, 노화 등등 여러 방식으로 자신을 드러냅니다. 우리는 시간의 화살이 궁극적으로 이런 모든 방향적 측면의 기초가 된다는 아이디어를 가지고 지금까지 '열역학적' 시간의 화살에 관해 이야기했습니다. 그러나 이것을 증명하기 위해 조심하지는 않았습니다. 이런 주제들은 연구 수준에서도 여전히 풀리지 않은 질문들입니다.

현재주의, 영속주의, 가능주의

우리는 시간의 화살이 기초 물리학 법칙에 내장되어 있지는 않으나 부수적인 현상—우주가 낮은 엔트로피의 조건을 가지고 출발했으며 낮은 엔트로피 상태가 점점 더 높은 엔트로피 상태로 진화했다는 사실에 근거한 부산물—이라는 그림을 그렸습니다. 방향성 또는 시간의 흐름은 실재를 구성하는 기초적인 건축물의 한 부분이 아니므로 과거 혹은 미래로의 진화뿐 아니라 시간의 다른 순간들도 구별하지 않습니다.

여기서 이런 주장에 모두가 동의하지 않는다는 것에 주목할 필요가 있습니다. 우리가 지금까지 한 이야기는 아마 이런 문제를 생각해온 과학자들과 철학자들이 가진 '표준적인' 견해에 가장 가까운 것이지만, 이 견해가 보편적으로 받아들여지고 있지는 않습니다. 여기 있는 물리학은 잘 정립된 것이지만, 고려해야 할 대안적인 철학적 입장도 존재합니다(이것이 옳다는 것이 밝혀진다면, 언젠가 물리학을 더 잘 이해하는 데 이것이 피드백을 줄 수도 있을 것입니다).

문제는, 또다시, 우리가 무엇을 '실재'라고 생각하느냐 하는 것입니다. 공간에 대해 논의하면서, 공간은 그 자체로 별개의 물질이라는 아이디어와 단순히 물체 사이의 관계를 조직화하는 방법일지 모른다는 아이디어를 구별했습니다. 그러나 공간의 어떤 위치는 실제로 존재하는 것이지만, 반면 다른 위치들은 실제로 존재하는 것이 아니라고 생각하지는 않았습니다. 시간에 관해서는 한순간만이 실제로 존재한다고 생각하는 것이 매우 중요합니다. 사실 관습적으로는 현재 순간, '지금'만을 실재라고 생각하는 것이 가장 흔합니다. 이런 견해에 의하면 과거는 지나갔습니다. 반면 미래는 아직 오지 않았습니다. 그러므로 현재가 실재인 것과 달리 과거와 미래는 실재가 아닙니다.

현재 순간만이 실재라는 견해를 **현재주의**presentism라고 부르는 것은 충분히 이해가 됩니다. 현재주의는 모든 순간이 동일하게 실재라는, 앞서 논의에서 암묵적으로 가정했던 견해인 **영속주의**eternalism와는 대조를 이룹니다. 영속주의는 또한 **블록 우주**block universe 견해라고도 부릅니다. 왜냐면 이 견해에서는 실제 세계를 4차원 시공간 블록 전체로 보기 때문입니다.

현재주의와 영속주의만이 유일한 선택지는 아닙니다. 또 현재주의에 끌리는 사람들은 우리가 과거와 미래를 생각하는 방식의 차이에 감명을 받을 수도 있습니다. 과거는 바꿀 수 없지만, 반면 지금 여기서 우리가 하는 행위들이 아직 결정되지 않은 미래에 영향을 미칠 수 있다고 생각할 수는 있습니다. 그러므로 흥미를 끄는 세 번째 가능성은 **가능주의**possibilism 또는 '성장하는 현재'라는 견해입니다. 가능주의에 따르면 우리는 과거와 현재 모두를 실재라고 생각하지만, 미래가 실재라는 것은 부정합니다.

우리는 이 관점들 사이의 논쟁에서 어떠한 최종 판결도 내리지 않을 것입니다. 그러나 우리는 각각의 관점 배후에 합리적인 동기가 있다는 것을 인정할 수 있습니다. 현재주의는 세상에 대한 우리의 직관적이고 과학 이전 시대의 견해에 가장 가깝습니다. 영속주의자들은 물리학 법칙들을 들여다보고 이들이 가역적이며 정보를 보존하고 또 어떤 특별한 순간을 '현재'로 구분하지 않는다는 것에 주목합니다. 그러므로 이들은 과거와 현재와 미래에 같은 지위를 부여해야 한다고 말

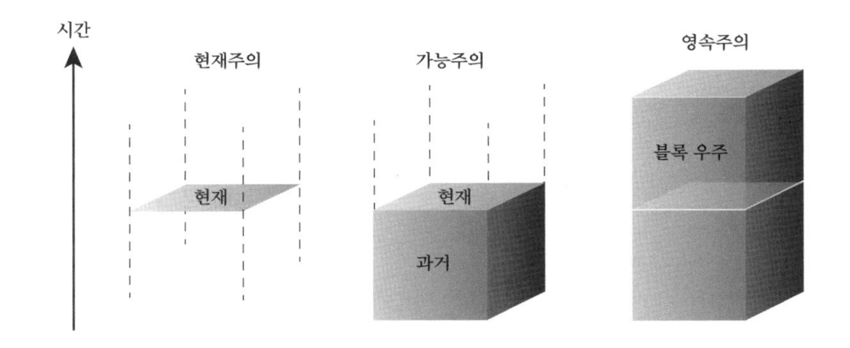

합니다. 시간이 흐름에 따라 엔트로피가 증가한 결과가 시간의 화살인데, 이 시간의 화살이라는 결과 때문에 우리는 다른 순간보다 현재가 실재에 더 가까운 것이라는 인상을 받는다고 설명할 수 있습니다.

이런 주장에 대해 현재주의자는 영속주의자 친구들이 매우 분명한 사실을 설명하기 위해 애쓰고 있다고 애통해하면서 거부 의사를 보일 것입니다. 이들은 실제로 시간이 흐른다는 주장을 함으로써 시간의 흐름을 설명하기가 더 쉬워졌느냐고 묻습니다. 현재만이 실재하고 시간은 변화 과정을 이야기하는 방법일 뿐, 전혀 만질 수 없지만 실제로 존재하는 4차원의 한 좌표는 아니지 않을까? 실제로, 가능주의자들은, 우리의 직관을 심각하게 받아들이는 한, 과거와 미래를 대등한 위치에 놓는 것에 눈감아 주지 말아야 한다고 이야기합니다.

존재와 됨

이것들은 오래된 논쟁의 현대판입니다. 현재주의의 기원은 흔히 변화의 우월성을 강조한 그리스 철학자 헤라클레이토스Heraclitus로 거슬러 올라갑니다. 인간은 절대로 같은 강에 두 번 발을 담글 수 없습니다. 왜냐면 시간이 다르면 다른 강이기 때문입니다. 조금 더 영속주의적 견해를 한 세대 뒤의 인물인 파르메니데스Parmenides에서 발견할 수 있습니다. 그는 종말이 없는 영원한 우주를 구상했습니다. 달리 말하자면, 파르메니데스는 **존재**being를 우선시했고, 반면 헤라클레이토스는 **됨**becoming의 개념을 형이상학적 조직의 맨 위에 놓았습니다.

존재/됨의 구분은 영속주의/현재주의에 반영되어 있을 뿐 아니라 자연의 법칙 그 자체를 생각하는 방식에도 반영되어 있습니다. 한 학파에 따르면, 법칙은 세계에서 무슨 일이 일어났는지를 요약하는 편리한 방법입니다. 우리는 모든 순간에 우주에서 무슨 일이 일어났는지 열거함으로써 우주를 특정할 수 있다고 상상할 수 있습니다. 그러나 (여전히 계산할 수 없을 정도로 어렵지만) 단지 한순간에 어떤 일이 일어났는지를 특정한 후, "그리고 다른 순간들은 자연의 법칙에 의해 이 순간과 연관되어 있다"고 말하기는 어렵지 않습니다. 이런 견해를 스코틀랜드의 철학자 데이비드 흄David Hume의 이름을 따서 **흄주의**Humeanism라고 부르지만, 그런 의미에서 흄 자신이 흄주의자라고 불릴 자격이 있는지는 분명하지 않습니다.

다른 대안은 **반흄주의**anti-Humeanism입니다. 반흄주의라는 이름을 붙일 정도로 이 견해를 큰 소리로 주장한 유명한 철학자는 없었지만, 이 견해를 신봉하는 사람들이 많았습니다.* 반흄주의자들은 자연의 법

---

* 최근 조사에 의하면, 철학자의 31퍼센트가 자연의 법칙에 대한 흄주의를, 54퍼센트가 반

칙이 그저 세상을 기술하고 있는 것만은 아니라고 생각합니다. 자연의 법칙은 매 순간 세상을 드러나게 하는 역할을 합니다. 다시 말해서 자연의 법칙들이 그저 한가롭게 지내는 것은 아닙니다. 자연의 법칙들은 독립적인 존재이며, 이 법칙들 때문에 우주가 지금 모습을 가지고 있습니다.

흄주의는 영속주의자들의 감성과도 잘 어울리지만, 반면 반흄주의자들은 현재주의자들에 더 가깝습니다. 이런 관점들이 어떻게 연관되어 있는지 알아보기 위해서 **반사실적**counterfactual 주장들—일이 조금 달라졌다면 세계가 어떤 모습을 하고 있을지에 관한 주장들—에 대해 생각해봅시다('디저트를 선택하는 것이 이토록 거부하기 힘들 줄 알았으면 에피타이저를 건너뛰었을 텐데'). 반사실적 주장들은 다른 **가능한 세계들**possible worlds—우리가 우리 자신을 발견하는, 실재가 아닌 실재의 또 다른 합리적인 버전들—에 대한 주장이라고 생각할 수 있습니다. 우리는 이런 가능한 세계들을 항상 이용할 수 있습니다. 다른 가능한 세계들을 생각하지 않고서는 일반적으로 우리가 애착을 느끼는 선택, 책임, 도덕이나 다른 아이디어들을 이야기할 수 없습니다.

그러나 잠시 기다려주세요. 흄주의자들에게는 실제 우주가 존재하는 전부입니다. 우리가 '자연의 법칙들'이라고 부르는 것은 단지 우리가 이 우주에서 보게 되는 패턴들을 도움이 되도록 요약한 것에 지나지 않습니다. 그러므로 흄주의자가 어떻게 반사실적 주장을 이야기할

흄주의를, 그리고 15퍼센트는 '다른' 주의를 따른다고 합니다. D. Bourget and D. Chalmers (2021), 'Philosophers on Philosophy: The 2020 PhilPapers Survey,' https://philarchive.org/archive/BOUPOP-3/.

수 있었을까요? 아니면 적어도 흄주의자들은 어떻게 같은 물리학 법칙들을 가지고도 시종일관 다른 우주를 상상할 수 있었을까요? 흄주의자들은 법칙들이 단지 세상을 기술할 뿐 세상을 통제하지는 않는다고 생각합니다. 반흄주의자들은 이런 걱정을 하지 않습니다. 이들에게 법칙은 일어난 일을 요약하는 것이 아니라 무슨 일이 일어날지를 통제합니다. 정신적으로는 법칙들은 같지만 다른 초기 조건들을 가진 가능한 세계들로 이런 능력을 확장하는 것이 쉽습니다.

하지만 반흄주의자들은 물리학 법칙들이 한순간으로부터 다음 순간에 무슨 일이 일어날지 '통제'한다는 것이 무엇을 의미하는지 설명해야 하는 도전에 직면합니다. 우리가 지금까지 우주에서 일어난 일들을 모두 알고 있다면, 어떤 추가적인 것을 빠뜨렸는지 정확히 지적하기가 어렵지는 않을 것입니다. 흄주의자들은 흔히 반흄주의자들이 여전히 아리스토텔레스의 낡은 암호화 관점—세계의 몇몇 부분에만 진수와 본질이 담겨 있다—을 받아들이고 있다는 의심을 합니다. 아마 일들이 그냥 일어난다고 생각하고 이 일들이 무엇인지 기술하는 것을 우리의 작업으로 여겨도 무방할 것입니다.

CHAPTER 6

시공간

공간과 시간은 독립적인 정체성을 가지고 있으며, 누구도 공간과 시간을 하나로 묶은 적이 없었습니다. 이들을 묶은 것은 20세기 초 등장한 상대성이론이며, 상대성이론은 시공간에 관해 이야기하는 것을 피할 수 없었습니다. 상대성이론에서는 공간과 시간이 분리된 객관적인 의미를 가진 존재라는 주장이 더 이상 옳지 않습니다. 실제로 존재하는 것은 시공간이며, 우리가 시공간을 공간과 시간으로 분리하는 것은 단지 유용한 인간적 관습에 지나지 않습니다.

✳ ✳ ✳

뉴턴의 물리학에서 여러분은 공간과 시간을 함께 묶어 사건들이 위치하는 하나의 4차원 **시공간**spacetime으로 고려하는 것을 기꺼이 받아들였을 것입니다. 그러나 그 어떤 것도 여러분을 그렇게 하도록 강요하지는 않았습니다. 공간과 시간은 독립적인 정체성을 가지고 있으며, 누구도 공간과 시간을 하나로 묶은 적이 없었습니다. 이들을 묶은 것은 20세기 초 등장한 상대성이론이며, 상대성이론은 시공간에 관해 이야기하는 것을 피할 수 없었습니다. 상대성이론에서는 공간과 시간이 분리된 객관적인 의미를 가진 존재라는 주장이 더 이상 옳지 않습니다. 실제로 존재하는 것은 시공간이며, 우리가 시공간을 공간과 시간으로 분리하는 것은 단지 유용한 인간적 관습에 지나지 않습니다.

상대성이론이 이해하기 어렵다는 평판을 얻은 주요한 이유 가운데 하나는 우리의 직관 전부가 공간과 시간을 별개의 것으로 생각하도록 우리를 훈련해왔다는 것입니다. 우리는 경험상 물체들이 '공간'의 한 부분을 차지한다고 생각하며, 이 생각은 아주 객관적인 사실처럼 보입니다. 우리는 일반적으로 광속보다 매우 느린 속도로 공간을 여행하기 때문에 궁극적으로 그 정도면 우리에게 충분합니다. 따라서 상대성이론 이전의 물리학으로도 아주 잘 설명됩니다.

그러나 직관과 이론 사이의 이런 부조화는 시공간 관점으로의 도약을 조금 위협적인 것으로 느끼게 합니다. 설상가상으로 상대성이론의 표현은 종종 상향식 접근법을 취합니다. 즉 공간과 시간에 대한 우리의 일상적인 개념들에서 출발하여 새로운 상대성이론의 맥락에서 그것들이 어떻게 변하는지를 보여줍니다. 막대를 늘리고 시간을 뒤트는 이야기들을 들려주는데, 이 이야기들은 기술적으로는 정확하지만, 기초 개념들이 가진 아름다움과 단순함을 모호하게 만들 수 있습니다.

우리는 조금 다르게 하려고 합니다. 특수상대성이론으로 가는 우리의 경로를 하향식이라고 생각할 수도 있습니다. 즉 좀더 친숙하게 보이는 개념들에서 출발하여 이런 새로운 맥락에서 이 개념들이 어떻게 수정되는지를 알아보는 대신, 처음부터 통합된 시공간의 아이디어를 진지하게 받아들인 후 그것이 무엇을 의미하는지 알아보려고 합니다. 머리를 좀더 써야 하겠지만, 그 결과 상대성이론의 관점에서 우리 우주를 훨씬 깊게 이해하게 될 것입니다.

시공간의 탄생

알베르트 아인슈타인 덕분에 상대성이론이 발전했지만, 그는 제임스 클러크 맥스웰이 1860년대에 전기와 자기를 하나의 이론인 **전자기**

학electromagnetism으로 통일한 이후 구축되고 있던 이론 체계의 주춧돌을 제공했습니다. 맥스웰의 이론은 빛이 무엇—빛은 진동하는 전자기장 파동—인지 설명해주었고, 그럼으로써 빛이 진행하는 속도에 특별한 지위를 부여하는 것 같았습니다. 스스로 존재하는 장이라는 아이디어는 당시 과학자들에게 전혀 직관적이지 않았으며, 그는 자연스럽게 빛의 파동에서 실제로 '진동'하는 것이 무엇인지에 대한 질문의 답을 찾으려 했습니다.

여러 물리학자가 빛은 '발광하는 에테르'라고 명명한 매질을 통해 전파된다는 가능성을 탐구했습니다. 그러나 아무도 이러한 에테르에 대한 증거를 발견할 수 없었기 때문에 이들은 에테르를 탐지할 수 없는 이유에 대한 점점 더 복잡한 설명을 만들어냈습니다. 1905년 아인슈타인이 기여한 것은 에테르가 전혀 불필요하다는 것과 에테르 없이도 물리학 법칙들을 더 잘 이해할 수 있음을 지적한 것입니다. 우리가 해야 할 일은 완전히 새로운 공간과 시간의 개념을 받아들이는 것이었습니다. (그렇습니다. 이것은 어려운 일입니다. 그러나 그 일이 매우 가치 있는 것임이 밝혀졌습니다.)

아인슈타인의 이론은 상대성에 관한 특수 이론, 또는 간단히 **특수 상대성이론**special relativity theory이라고 알려져 있습니다. 이 이론의 기초가 된 아인슈타인의 논문 제목은 〈움직이는 물체의 전기역학에 관하여〉였습니다. 이 논문에서 아인슈타인은 길이와 시간 경과를 생각하는 새로운 방법을 주장했습니다. 그는 우주에 절대적인 제한 속력—우연히도 빛이 비어 있는 공간을 지날 때의 속력—이 존재하며, 모든 사람은 자신들이 어떻게 움직이든 상관없이 동일한 광속을 측정한다는 입장을 취함으로써 광속이 가진 특별한 역할을 설명했습니다. 그것을 해결하기 위해, 아인슈타인은 시간과 공간에 대한 우리의 전통적인 개념을 바꿔야 했습니다.

그러나 아인슈타인은 공간과 시간을 통합된 하나의 시공간으로 결합하는 것을 옹호하지 않았습니다. 이 단계는 1907년 아인슈타인의 대학 스승인 헤르만 민코프스키Herman Minkowski에게 맡겨졌습니다. 오늘날 특수상대성이론의 경기장은 **민코프스키 시공간**Minkowski spacetime으로 알려져 있습니다.

시공간을 통합된 4차원 연속체라고 생각하는 아이디어를 한번 가지게 되면, 시공간의 모양에 관한 질문을 하기 시작할 수 있습니다. 시공간은 평평할까 아니면 휘어졌을까, 정적일까 아니면 역동적일까, 유한할까 아니면 무한할까? 민코프스키 시공간은 평평하고 정적이며 무한합니다. 아인슈타인은 10년 동안 어떻게 중력을 자신의 이론에 접목을 시킬지 이해하기 위해 노력했습니다. 그의 궁극적인 돌파구는 시공간이 역동적이고 휘어질 수 있으며, 여러분과 나는 이런 곡률 효과들을 '중력'으로 경험하는 것이라는 사실을 깨닫는 것이었습니다. 이런 영감의 열매들을 지금 우리는 **일반상대성이론**general relativity theory이라고 부릅니다.

그러므로 특수상대성이론은 중력이 없는 고정되고 평평한 시공간에 관한 이론입니다. 일반상대성이론은 곡률이 중력을 생성하는 역동적인 시공간에 관한 이론입니다. 두 상대성이론 모두 뉴턴역학의 원리 일부를 대체했는데도 '고전' 이론으로 간주합니다. 물리학자들에게 '고전적'은 '비상대론적'을 의미하지 않습니다. 그것은 '비양자적'을 의미합니다. 해밀턴의 동역학이나 최소 작용의 원리를 가지고 사물을 생각하는 능력을 포함한 모든 고전물리학의 원리는, 비록 우리가 공간과 시간에 대한 조금 더 정교한 개념을 가지고 있다 하더라도, 상대성이론의 맥락에서도 전혀 달라지지 않습니다.

시간에 대한 두 가지 개념

흔히 '길이 수축'과 '시간 지연'으로 특수상대성이론을 소개합니다. 이들은 완벽하고 존경할 만한 개념들입니다. 그러나 공간과 시간을, 우리가 알고 있는 것보다 더 확장하긴 했으나 여전히 서로 분리된 근본적인 것들로 취급하는 낡은 경향을 반영하고 있습니다.

진리는 더 심오합니다. 상대성이론 이전에 가졌던 공간과 시간을 분리하는 것에 대한 선호를 기꺼이 버려야 하며, 이들을 시공간이라는 통합 경기장 속에 녹아들게 해야 합니다. 그렇게 하는 최고의 방법은 '시간'이 무엇을 의미하는지 조금 더 세심하게 생각해보는 것입니다. 그리고 우리가 해야 할 최고의 방법은 또다시 공간을 어떻게 생각해야 할지 귀 기울이는 것입니다.

여러분의 집과 여러분이 가장 좋아하는 레스토랑처럼 공간에 있는 두 장소를 생각해봅시다. 이들 사이의 거리는 얼마인가요?

'글쎄, 경우에 따라'라는 생각이 즉시 들 것입니다. 두 점 사이의 완전한 직선 경로를 취할 수 있다면, '최단' 거리가 존재합니다. 그러나 실제로 여행을 한다면 여러분이 지나는 거리가 존재합니다. 이때는 가는 도중 아마도 건물과 다른 방해물을 피해 공용 도로와 보도를 이용해야 하는 제약이 존재합니다. 여러분이 지나는 거리는 항상 최단 거리보다 길 것입니다. 왜냐면 두 점을 잇는 직선이 최단 거리이기 때문입니다.

이제 시공간상의 두 **사건**event에 대해 생각해봅시다. 상대성이론의 기술적 용어로 '사건'은 단지 공간과 시간 모두의 값에 의해 특정되는 우주의 한 점에 해당합니다. *A*라는 사건은 "오후 6시에 집에 있습니다"가 될 수 있습니다. 그리고 *B* 사건은 "오후 7시에 레스토랑에 있습니다"가 될 수 있습니다. 이런 두 사건을 마음에 담아두고, *A*와 *B* 사이의 여행을 생각해봅시다. 여러분이 서두른다고 해서 B에 더 빨리 도착할 수는 없습니다. 만약 여러분이 레스토랑에 오후 6시 45분에 도착한다면, *B*로 표기한 시공간상의 사건에 도달하기 위해 오후 7시까지 앉아서 기다려야 합니다. 이제 집과 레스토랑 사이의 공간적 거리를 물었던 것처럼, 우리 자신에게 이 두 사건 사이에 얼마의 시간이 지났는지 물을 수 있습니다.

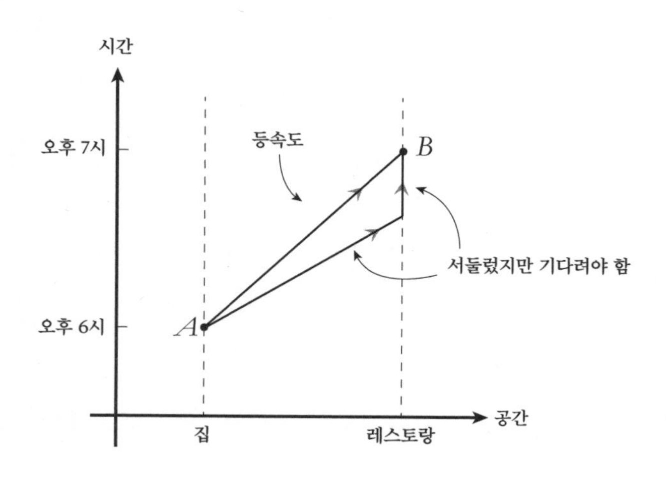

여러분은 이것이 속임수 질문이라고 생각할 수 있습니다. 한 사건이 오후 6시에 일어나고 다른 사건이 오후 7시에 일어난다면, 두 사건 사이에는 한 시간이 존재합니다, 맞지요?

너무 빨리 대답하지 말라고 아인슈타인이 말합니다. 시대에 뒤떨어진 뉴턴의 세계관으로는 한 시간이 맞습니다. 시간은 절대적이고 보편적이며, 두 사건 사이의 시간은 한 시간입니다. 답할 수 있는 것은 그것이 전부입니다.

상대성이론은 다른 이야기를 들려줍니다. 이제 '시간'이 무엇을 의미하는지에 대한 두 가지 다른 개념이 존재합니다. 시간에 대한 한 가지 개념은 **시공간의 한 좌표**a coordinate on spacetime라는 것입니다. 시공간은 4차원 연속체이고, 시공간에서 위치들을 지정하고자 한다면, 시공간의 모든 점에 '시간'이라고 부르는 1개의 값을 부여하는 것이 편리합니다. 이것이 일반적으로 '오후 6시'와 '오후 7시'를 생각할 때 우리가 염두에 두고 있는 것입니다. 그것은 시공간의 값, 즉 사건의 위치를 아는 데 도움을 주는 표식을 의미합니다. 누구나 '레스토랑에서 오후 7시에 만납시다'라고 이야기할 때, 우리는 이것이 무엇을 의미하는지 이해합니다.

그러나 상대성이론은 일반적으로 공간상 두 점 사이의 최단 거리가 우리가 실제로 지나는 거리와 다른 것처럼 여러분의 세계선을 따라 여러분이 경험하는 시간 경과가 일반적으로 보편적인 좌표인 시간과 같지 않다고 이야기합니다. 여러분은 여러분이 가지고 다니는 시계가 측정한 시간 경과를 경험합니다. 이것이 이 경로를 따르는 **고유 시간**proper time입니다. 그리고 하나의 시계가 측정한 시간 경과는 여러분 자동차의 거리계가 측정한 이동 거리처럼 여러분이 선택한 경로에

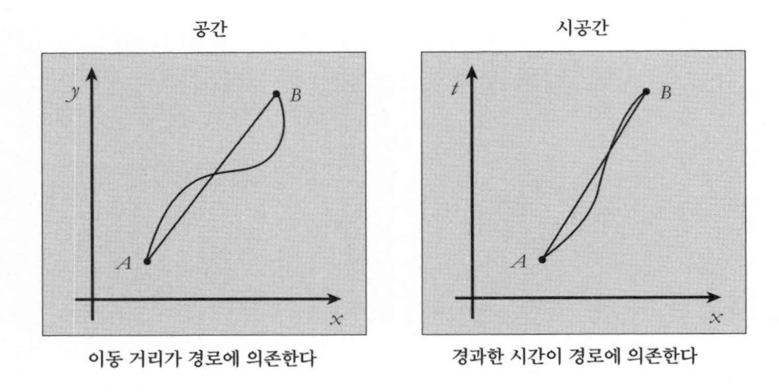

이동 거리가 경로에 의존한다 / 경과한 시간이 경로에 의존한다

의존할 것입니다.

이것이 '시간이 상대론적'이라는 표현이 의미하는 한 가지 모습입니다. 우리는 시공간의 한 좌표를 사용한 공통의 시간과 우리가 경로를 따라가면서 개인적으로 경험할 수 있는 사적인 시간 모두를 생각할 수 있습니다. 그리고 시간은 공간과 유사합니다. 이런 두 가지 개념이 일치할 필요는 없습니다. (역사학자 피터 갤리슨이 지적한 것처럼, 빠른 철도 여행으로 유럽인들은 유럽 대륙 전역의 도시들의 시간을 생각하게 되었고, 따라서 더 나은 시계를 제작하는 것이 중요한 선구적인 기술이었습니다. 이런 시기에 아인슈타인이 스위스 특허국에서 일했다는 것은 우연이 아닙니다.)

관성 궤적은 최장 시간이 걸린다

분명히 시간이 공간과 유사하지 않은 어떤 방식이 존재할 것입니다. 그렇지 않다면 꼬리표를 붙여 시간을 따로 빼내기보다 4차원 공간에 관한 이야기를 했을 것이기 때문입니다. 그리고 여기서는 시간의 화살에 대해 생각하지 않으려 합니다. 당분간 엔트로피와 가역성을 걱정할 필요가 없는 소수의 움직이는 부분들로 이루어진 단순한 세계로 되돌아갑시다.

차이는 이것입니다. 공간에서 직선은 두 점 사이의 최단 거리입니다. 이와 대조적으로 시공간에서는 직선 경로가 두 사건 사이에서 **시간이 가장 오래 걸리는** 경로가 됩니다. 공간에서 시간을 구별하는 방법은 최단 거리에서 최장 시간으로 전환하는 것입니다.

시공간에서 '직선 경로'는 공간에서 직선 여행과 등속 여행을 하는 것 모두를 의미합니다. 달리 이야기하자면, 가속이 없는 관성 궤적을 의미합니다. 시공간에서 두 사건, 즉 공간과 이에 대응되는 순간에서의 두 위치를 고정해봅시다. 한 여행자가 두 사건 사이로 직선을 따라 등속으로 여행을 떠납니다(정확한 시간에 도달할 수 있다면, 이 속도가 무엇이든 상관이 없습니다). 또는 가는 도중에 비관성 경로를 따라 빠르게 왔다 갔다 할 수도 있습니다. 왔다 갔다 하는 경로는 직선 경로보다는 항상 더 긴 공간적 거리를 이동하게 되지만, 고유 시간은 더 짧아집니다.

왜 그럴까요? 물리학이 그렇다고 하기 때문입니다. 또는 여러분이 원한다면, 우주의 방식이 그렇기 때문이라고 할 수도 있습니다. 아마 결국에는 왜 우주가 이런 식이 되어야 하는지에 관한 심오한 이유를 발견할 수 있을 것입니다. 그러나 현재 우리의 지식 상태로 이것은 우리가 쌓은 물리학의 기반이 되는 가정 가운데 하나이지 더 심오한 원리들로부터 유도된 결론은 아닙니다. 공간에서 직선은 가능한 최단 거리 경로입니다. 시공간에서 직선 경로는 가장 시간이 오래 걸리는 경로입니다.

더 긴 거리를 가진 경로들이 더 짧은 고유 시간을 가진다는 것은 우리의 직관에 반하는 것처럼 보입니다. 그래도 무방합니다. 이것이 직관적이라면, 아인슈타인이 이 아이디어를 생각해낼 필요가 없었을 것입니다.

쌍둥이 사고실험

보통 **쌍둥이 역설**twin paradox로 알려진 원리가 심지어는 역설이 아니라는 것에 논쟁의 여지가 전혀 없음에도 불구하고, 이 원리에 대해 다채로운 예시들이 존재합니다. 우리가 주로 광속보다 훨씬 느린 속도로 이동하기 때문에, 쌍둥이 역설은 일상생활에서는 접하기 힘든 물리학의 반직관적 속성에 지나지 않습니다. 이치에는 완벽하게 맞지만 우리가 처음 접했기 때문에 이상하다고 생각하는 현상들에 '역설'과 같은 단어들을 붙이는 것은 나쁜 행태입니다.

쌍둥이인 앨리스와 밥을 생각해봅시다. 심지어 이들이 쌍둥이일 필요도 없습니다. 시공간에서 다른 경로를 따라 이동하는 사람들은 이들이 관계를 맺고 있든 아니든 상관없이 다른 시간 크기를 경험하게 될 것입니다. 그러나 이들의 나이가 같을 때, 이 시나리오가 더 빛을 발합니다. 앨리스는 여기 지구에 남아 있고, 밥은 최신식 우주선에 올라 광속에 가까운 빠른 속도로 지구를 떠났다가 방향을 바꿔 앨리스와 재회하기 위해 돌아옵니다. 밥의 우주선은 거의 순간적으로 가속할 수 있지만, 밥이 그에 따른 엄청난 g-포스에 아무런 해를 입지 않는다고 상상합시다. 또 지구가 공간에서 (느리게) 움직인다는 사실과 앨리스가 지구 중력장 속에 있다는 사실 같은 세부사항들을 무시합시다. 사고실험은 이런 종류의 구형 소 근사법을 사용하는 것을 허용합니다.

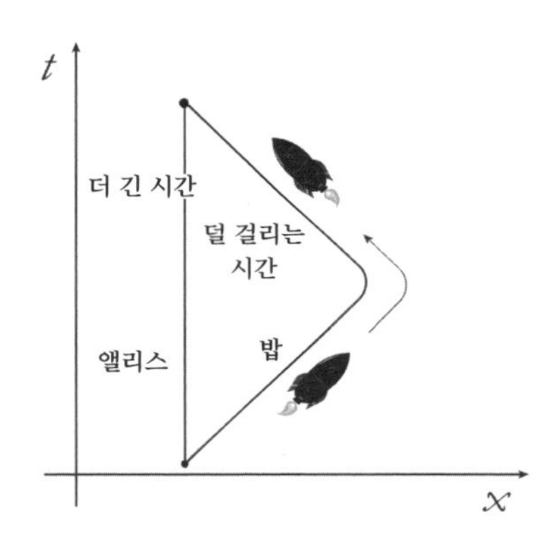

이 시나리오에 의하면, 앨리스는 시공간에서 직선을 따라 움직이지만, 공간에서는 전혀 움직이지 않습니다. 밥의 세계선은 초기 사건에서 동일한 최종 사건으로 밥을 인도하지만, 중간 지점에서 돌아가야 하기 때문에 매우 비직선적인 경로를 따르게 됩니다(밥이 돌아가지 않는다면, 출발 후 밥의 경로는 직선이 될 것입니다. 그러나 이 경우 나중 시공간 사건에서 밥은 앨리스와 재회할 수 없습니다. 따라서 앨리스와 밥의 나이를 비교할 방법이 전혀 존재하지 않습니다).

쌍둥이가 재회할 때, 밥이 앨리스보다 더 짧은 고유 시간을 경험한 것을 발견하게 됩니다. 밥은 앨리스만큼 늙지 않았으며, 그가 가져간 어떤 시계도 더 짧은 시간을 가리키고 있습니다. 숫자를 대입해봅시다. 만약 밥이 광속의 99퍼센트의 일정한 속력으로 빠르게 날아갔다가 되돌아왔다고 가정하면, 밥이 경험하는 1년이라는 시간은 앨리스에게 대략 7년의 시간이 됩니다(나중에 여러분은 이 계산을 해낼 수 있게 됩니다). 만약 밥이 수년간 여행을 했다면, 그가 귀환했을 때 그는 쌍둥이 여자 형제가 훨씬 더 나이가 든 것을 발견하게 될 것입니다.

우리는 (아직) 이 예측을 검증하기 위해 광속에 가까운 속도로 왕복 여행을 할 우주인을 보낸 적이 없습니다. 그러나 우리는 소립자를 가지고 동등한 실험을 했으며, 그 효과는 의심할 여지없이 사실이었습니다. 여행자들이 경험하는 시간의 양은, 정확히 공간에서 이동한 거리가 여러분이 걸은 경로에 의존하는 것처럼, 시공간에서 그들이 취한 경로에 의존합니다.

우리가 언급했듯이 그 어느 것도 전혀 역설적이지 않습니다. 그러나 이것은 시간의 본질에 대한 우리의 생각을 과격하게 바꾸도록 합니다. 뉴턴의 우주에서 시간은 보편적이며, 누군가 우주를 빠르게 여행한다고 해서 시계가 다르게 가지 않습니다. 아인슈타인의 우주에서 시간은 개인적이며, 여러분의 시계는 여러분의 여행이 특별하다는 것을 반영해줍니다.

시간의 속도

쌍둥이 사고실험은 '시간이 경과하는 속도'에 관한 별로 도움이 되지 않는 수많은 논쟁을 불러일으켰습니다. 밥이 앨리스만큼 나이를 먹지 않는다면, 밥의 시계가 더 느리게 간다고 말하고 싶은 유혹을 느끼게 될 것이 분명합니다. 이 유혹에 굴복하면서 모든 혼란이 야기되었습니다.

특정한 상황에서—흥분하거나, 지루하거나, 기대감으로 몸이 떨리거나, 또는 엄청난 공포감을 느낄 때—우리는 시간이 흐르는 속도가 변하는 것처럼 느낍니다. 우리가 처한 상황에 따라 시간이 가속되거나 느려지는 것처럼 느낄 수도 있습니다. 확실한 것은 이런 느낌이 전적으로 생물학과 심리학의 문제이지 물리학의 문제는 아니라는 것입니다. 신뢰할 수 없는 생물학적 장치인 여러분의 내부 시계는 상태가 좋지 않습니다. 시간 자체는 빨라지거나 느려질 수 없습니다.

결국 시간이 '빨라진다'는 것의 의미는 무엇일까요? 속도는 시간에 대해 얼마나 빨리 무슨 일이 일어나는가를 의미합니다(도함수!). 여러분이 여행하고 있을 때의 속도는 시간이 지남에 따라 얼마의 거리를 이동하는가를 의미합니다. 그러므로 시간의 속도는, 만약 이 개념이 합리적이라면, 시간에 대해 시간이 얼마나 빨리 지나가는가를 의미합니다. 말하자면, 초당 1초와 같다고 할 수 있습니다. 이것은 문자 그대로 다른 것이 될 수 없습니다. 이것은 미터당 이동한 미터 수를 걱정하는 것과 같습니다.

상대성이론에 의하면, 때때로 시간이 빨리 가거나 느리게 갈 수 있다는 말을 들을 것입니다. 그것은 허튼소리입니다. 또는 조금 더 공손하게 이야기해서, 이런 말은 실제 현상을 오해하도록 만듭니다.

상대성이론의 새로운 특징은 다른 방식으로 움직이는 두 관찰자가 시공간에서 같은 사건에서 출발하여 같은 사건에서 끝난다 하더라도 이들이 경험하는 전체 시간 경과는 일반적으로 같지 않다는 것입니다. 이것은 시간의 속도가 변하기 때문에 생기는 것이 아닙니다. 이것은 단지 사람마다 각기 다른 경로를 따라 움직이므로 다른 양의 시공간을 경험하기 때문입니다. 만약 한 사람은 두 점 사이의 직선 경로를 따라 걷고 다른 사람은 같은 점들 사이의 곡선 경로를 따라 걷는다면, 두 번째 사람은 다른 거리를 이동하게 됩니다. 그러나 우리는 이들이 미터당 다른 미터 수를 경험했다고 말하지 않습니다.

사람들이 상대성이론에서 시간이 느리게 간다고 이야기하는 것은 일반적으로 이들이 진정 뼛속 깊이 뉴턴의 절대 시간을 놓지 않고 있기 때문입니다. 이들은 암암리에 밥의 시계에서 째깍거리는 시간을 우주 어딘가에 있는 객관적인 시간과 연관시키고 있습니다. 그러나 이런 객관적이거나 절대적인 시간은 존재하지 않습니다. 단지 시계가 측정하는 시간만이 존재합니다. 우리는 시공간에 시간 좌표를 설정하는 것을 환영하지만, 시간 좌표는 객관적인 것과는 거리가 멉니다. 나는 여러분이 사용하는 것과는 다른 좌표계를 사용할 수도 있으며, 이런 선택은 어떤 물리적인 것과도 관련이 없습니다.

밥이 우주선을 타고 빠르게 우주여행을 다녀오는 동안 자신의 시계를 본다면, 시계가 정확히 정상적인 속도, 초당 1초의 속도로 째깍거리는 것처럼 보일 것입니다. 결국 밥과 시계 모두 시공간에서 같은 궤적을 따라 움직이고 있기 때문에 모두 같은 양의 고유 시간을 경험합니다. 만약 밥이 맥박수를 측정한다면, 평소의 심박수와 같은 값을 측정할 것입니다(충분히 이해할 수 있듯이, 우주선이 빠르게 움직이고 있어 밥이 흥분하지만 않는다면 그렇다는 말입니다).

그러나 여러분은—이것이 중요한 점인데—분명 밥의 시간이 앨리스의 시간보다 느리게 간다고 생각할 수도 있습니다, 그렇지 않나요? 이들이 재회했을 때, 밥의 나이가 적은 것으로 밝혀지니까요.

문제는 밥의 시계가 앨리스의 시계와는 다른 속도로 째깍거린다는 주장을 이해하려면 어쨌든 두 시계를 비교해야 한다는 것입니다. 두 시계가 같은 장소에 있다면, 그냥 시계를 보기만 하면 되기 때문에 문제가 될 것이 없습니다. 그러나 두 시계가 서로 떨어져 있다면, '동시에' 두 시계의 시간이 무엇인지 확인할 방법이 없습니다. 만약 우리가 한 시계에 가까이 있고 다른 시계에는 멀리 떨어져 있다면, 멀리 있는 시계에서 보낸 신호가 우리에게 도달하는 데 시간이 걸릴 것입니다. 거기서 여기로 오는 어떠한 신호도 광속보다 빨리 움직일 수 없기 때문입니다. 멀리 있는 시계가 읽은 시간을 우리가 알게 되는 데 걸리는 시간만큼 가까이 있는 시계의 시간이 더 가게 됩니다.

이것은 단지 기술적으로 귀찮은 일입니다. 우리는 시계 사이로 신호를 왔다 갔다 하게 하거나, 이와 유사한 일을 하여 이 문제를 해결할 수 있다고 생각할 수도 있습니다. 그러나 이런 비교가 절대적이거나 순간적으로 일어나게 할 방법이 없습니다. 이것은 즉흥적으로 생각해낸 것이지, 멀리 떨어진 시계들을 서로 비교하는 자연스러운 방법은 아닙니다.

올바른 전략은 서로 멀리 떨어져 있는 시계들을 비교한다는 아이디어를 포기하는 것입니다. 이것은 완벽히 합당하며, 상대성이론의 정신과도 아주 잘 일치합니다. 국소적으로 생각하고, 여러분의 국소적 사고를 공간과 시간 전체에 걸친 절대 구조로 확장하려는 편협한 충동을 버려야 합니다.

민코프스키 시공간

지금까지 여러분은 이 단어들을 자제해왔습니다. 이제 방정식들을 접할 시간이 되었습니다.

우리는 시공간에서 움직이고 있는 시계가 측정한 시간이 공간에서 경로를 따라 이동한 거리와 유사하다는 것을 강조해왔습니다. 거리를 어떻게 측정하는지 생각해봄으로써 시간이 운동에 따라 어떻게 달라지는지 알 수 있습니다.

답은 **피타고라스의 정리**Pythagoras's theorem에 있습니다. 한 내각이 직각인 직각 삼각형을 생각해봅시다. 긴 변, 즉 빗변은 직각과 마주 보고 있습니다. 피타고라스의 정리는 빗변 길이의 제곱이 다른 두 변 길이의 제곱을 더한 것과 같다고 이야기합니다. 즉 a와 b가 짧은 변의 길이이고 c가 빗변의 길이라면 $a^2+b^2=c^2$이 됩니다.

특히 직각 삼각형 팬들에게 사실 이것은 흥미로운 결과입니다. 공간을 데카르트(직교) 좌표계로 표현할 때, 피타고라스의 정리는 결정적으로 중요합니다. 간단히 하기 위해서, 2차원 공간을 가정하고 평소처럼 좌표를 x와 y로 표기합시다.

평면 위 두 점에 대해 잘 정의된 이들 사이의 거리 d가 존재합니다. 우리 좌표계에서 거리가 무엇인지 계산하는 좋은 방법이 있습니다. 한 점에서 출발하여 두 번째 점의 x값에 도달할 때까지 x 방향(수평 방향)으로 이동한 후, 두 번째 점에 도달할 때까지 y 방향(수직 방향)으로 이동하면, 직각 삼각형을 그릴 수 있습니다. 이렇게 정의된 직각 삼각형의 짧은 변의 길이는 Δx와 Δy이고, 빗변의 길이가 바로 우리 흥미를 끄는 거리가 됩니다(Δ는 '변화량'을 의미한다는 것을 기억하세요). 그러므로 피타고라스의 정리에 의해, 빗변의 거리는 두 점 사이 좌표들의 변화량들로 다음과 같이 표현할 수 있습니다.

$$d^2 = (\Delta x)^2 + (\Delta y)^2 \tag{6.1}$$

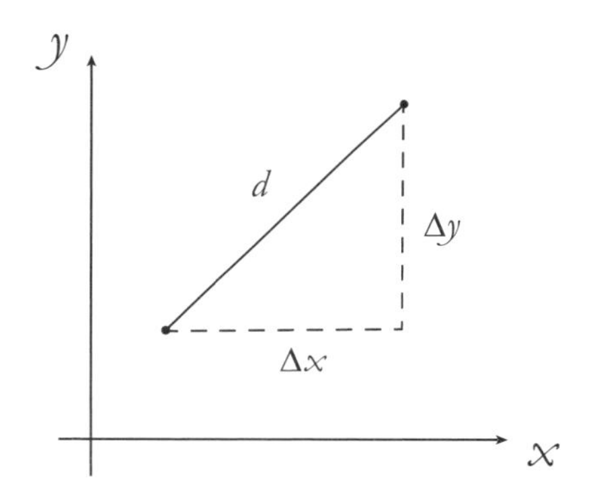

아마 여러분들도 모두 이 내용을 알고 있을 것입니다. 멋진 것은 시공간상의 경로를 따라 측정한 시간에 대해서도 거의 같은 작업을 적용할 수 있다는 것입니다. '거의'를 사용한 것은 한 가지 결정적인 수정이 필요하기 때문입니다(시공간의 경우 음의 부호가 몰래 피타고라스의 정리에 들어옵니다). 이 음의 부호는 직선 경로에 대해 '최단 거리'를 '최장 시간'으로 전환하는 것과 관계가 있습니다.

공간 좌표가 x, 시간 좌표는 t인 2차원의 간단한 시공간을 생각해봅시다. 그리고 우리는 두 사건 사이에서 (등속으로) 직선 경로를 따라 움직인다고 상상해봅시다. τ(그리스 문자 타우)를 이 경로를 따르는 시계가 측정한 고유 시간이라고 합시다. 또다시 두 사건 사이의 좌표 차이, 이번에는 공간에 대한 Δx와 시간에 대한 Δt를 정의할 수 있습니다.

특수상대성이론이라는 드라마가 연출되는 장소인 민코프스키 시공간이 가진 정의적 특징은 고유 시간이 피타고라스의 정리와 유사하나 공간 항에 음의 부호가 붙은 결정적인 차이를 가진 방정식을 만족한다는 것입니다.

$$\tau^2 = (\Delta t)^2 - (\Delta x)^2 \tag{6.2}$$

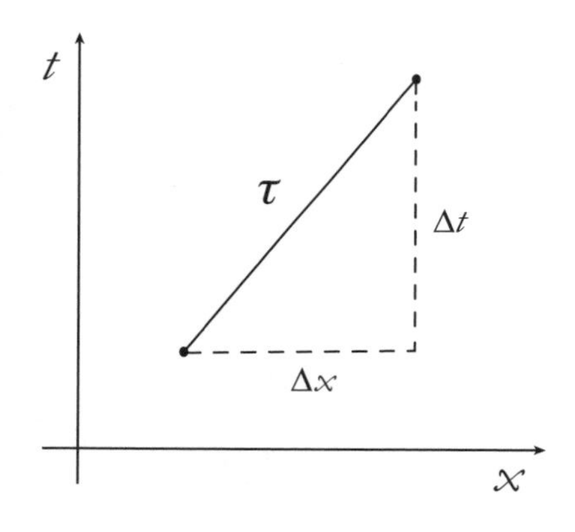

이런 간단한 방정식은 우리에게 시공간의 작동 방식에 대한 많은 것들(실제로 우리가 알아야 할 모든 것)을 말해줍니다. 우리가 설정한 좌표계에 대해 전혀 움직이지 않는 사람인 **정지 관찰자**stationary observer를 생각해봅시다. 물론 정지 관찰자들은 나이를 먹지만, 이들은 공간에서 전혀 움직이지 않습니다. 그러므로 정지 관찰자의 경우 $\tau^2 = (\Delta t)^2$ 또는 간단히 $\tau = \Delta t$가 성립합니다. 고유 시간과 좌표 시간이 같습니다. 어쨌든 이것은 우리에게 친숙한 사실입니다.

움직이는 관찰자들은 다른 이야기를 합니다. 이들에게는 Δx가 0이 아닙니다. 그러므로 고정된 양의 좌표 시간이 흘렀다고 가정할 때, 이들의 고유 시간은 항상 정지 관찰자의 고유 시간보다 짧습니다. 왜냐면 식 (6.2)에 우습지만 음의 부호가 있기 때문입니다. 상대성이론은 시간과 공간 사이에서 균형을 잡습니다. 어떠한 2개의 고정된 사건 사이로 여행을 할 때, 더 많은 공간 이동을 하면 할수록 여러분이 느끼는 시간 경과는 더욱더 짧아집니다.

지금까지는 직선 경로에 관해서만 이야기했지만, 이 이야기에 임의의 여행을 적용한다고 하더라도 아무 문제가 없습니다. 우리는 어떤 전략을 써야 할지 짐작을 할 수 있습니다. 식 (6.2)의 미소 버전을 경로의 모든 짧은 선분에 적용합니다. 그러고 나서 미적분을 사용합니다. 시공간상의 미소 거리에 대해서 수정된 피타고라스 공식은 다음이 됩니다.

$$d\tau^2 = dt^2 - dx^2 \tag{6.3}$$

경로를 따른 고유 시간의 전체 양을 계산하려면 적분을 하여 $\Delta\tau = \int d\tau$를 구하면 됩니다.

때때로 사람들은 특수상대성이론이 가속이 없는 궤적에 대해서만 성립하며, 가속도를 다루기 위해서는 일반상대성이론이 필요하다고 이야기합니다. 쓸데없는 이야기입니다. 시공간이 휘어져 있어 중력이 나타날 때는 일반상대성이론이 중요해집니다. 시공간이 평평한

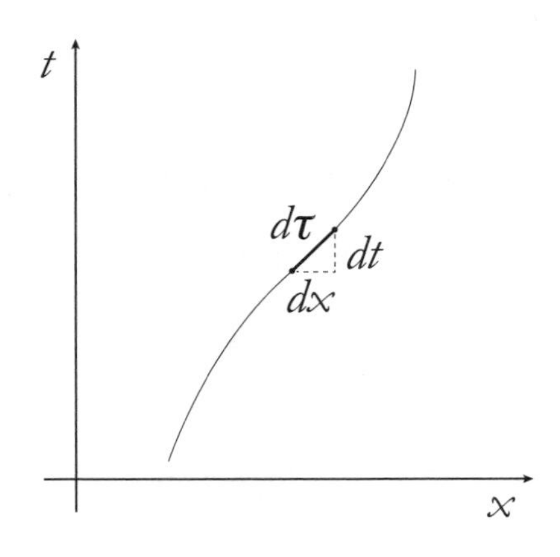

한에는—민코프스키 시공간일 때 그러하고, 이것이 우리가 이 장에서 다루는 시공간입니다—특수상대성이론이 적용되고, 우리가 원하는 어떤 경로라도 선택할 수 있습니다.

광속

고백할 시간입니다. 우리는 수정된 피타고라스의 관계식, 방정식 (6.2)와 (6.3)에서 조금 속임수를 썼습니다. 차원 분석을 기억해보세요. 물리량들에는 단위가 있습니다. 그리고 우리는 물리량들의 단위가 같을 때만 더할 수 있습니다. 그러나 τ^2과 $(\Delta t)^2$은 같은 (시간)^{2}의 단위를 가지지만, 반면 $(\Delta x)^2$은 (거리)^{2}의 단위를 가집니다. 우리가 누군데 그냥 이 둘을 이처럼 더할 것 같습니까?

비밀은 상대성이론이 공간과 시간 사이의 보편적인 변환 인자를 제공한다는 것입니다(공간과 시간 모두 결국 시공간에서의 방향을 의미합니다). 이 변환 인자를 c로 표기하고, 다음의 값을 가집니다.

$$c = 299{,}792{,}458\,\text{m/s} \tag{6.4}$$

이 양이 **광속**speed of light이라는 것을 여러분이 알고 있는지 모르겠습니다. 그러나 중요한 것은 빛이 광속으로 전파된다는 것이 아닙니다. 중요한 것은 시공간이라는 천에 새겨진 보편적인 속력이 존재하며, 우리가 공간과 시간 사이에서 변환할 때 광속을 이용할 수 있다는 것입니다. 우연히도 광파(이 점에 관해서는 중력파 역시)가 이런 특별한 속도로 전파됩니다.

이것은 중요한 특성이기 때문에 '미터'와 같은 구식 단위가 번거롭습니다. 빛이 1초 동안 이동하는 거리인 '광초'와 같은 단위들을 사용하는 것이 엄청 편합니다. 다시 말해 1광초는 299,792,458미터와 같습니다. 이 값은 정확합니다. 왜냐면 특정한 원자의 진동수로 1초를 정의한 후, 빛이 1/299,792,458초 동안 이동한 거리를 1미터로 정의하는 방법이 가장 쉬운 방법이기 때문입니다.

이 값이 정확할지 모르지만 어색한 값이긴 합니다. 만약 미터 대신 광초를 사용한다면, 간단히 다음과 같이 적을 수 있습니다.

$$c = 1\,\text{광초/초} \tag{6.5}$$

이것은 정확할 뿐만 아니라 기억하기가 훨씬 쉽습니다. 만약 광년과 년 혹은 다른 어떤 것을 사용하더라도 문제 될 것이 없습니다.

$c=1$인 단위계를 사용하는 것의 가장 좋은 점은 방정식에서 광속을 완전히 없앨 수 있다는 것입니다. 왜냐면 1을 곱하거나 나누어도 변화가 없기 때문입니다. 이것이 식 (6.2)를 적을 때 몰래 우리가 한 일입니다. Δx가 적힌 오른쪽 변에서 Δx가 실제로 의미하는 것은 $\Delta x/c$였습니다. 우리가 한 번 $c=1$인 단위계를 선택하면, 광속이 속에 숨어 있다고 생각할 수 있습니다. 이런 방식은 표기상으로 더 깨끗하고, 거리와 시간 모두 시공간상의 변위의 척도라는 심오한 진리를 강화하는 데 도움이 됩니다.

이제 쌍둥이 사고실험에 수치를 대입할 수 있습니다. 밥의 여행 일정 가운데 반환점인 중간 지점을 돌아 귀환을 시작하는 시간부터 고려해봅시다(두 번째 일정은 여행의 방향이 반대인 것만 제외하면 처음 일정의 반복입니다. 그러므로 이 계산을 두 번 할 필요가 없습니다). 밥이 다음의 일정한 속도로 움직인다고 가정합시다.

$$v=\frac{\Delta x}{\Delta t} \tag{6.6}$$

이 식이 $\Delta x=v\Delta t$와 같다는 것을 알고 있습니다. 이것을 (6.2)에 대입하면 다음의 둘 중 하나의 값을 얻게 됩니다.

$$\begin{aligned}\tau^2&=(\Delta t)^2-(\Delta x)^2\\&=(\Delta t)^2-v^2(\Delta t)^2\\&=\left(1-v^2\right)(\Delta t)^2\end{aligned} \tag{6.7}$$

$$\tau = \sqrt{1-v^2}\,\Delta t \tag{6.8}$$

앨리스와 밥은 같은 사건에서 시작하고 같은 사건에서 끝나므로 같은 양의 시간 좌표 Δt만큼 이동합니다. 앨리스는 정지해 있으므로 그녀의 고유 시간은 경과한 시간과 동일합니다. 그러나 밥은 인자 $\sqrt{1-v^2}$($c=1$인 단위계를 사용할 때임을 기억하세요)을 곱한 만큼 더 짧은 고유 시간을 경험합니다. 만약 $v=0.99$이면 $\sqrt{1-v^2}=0.14$가 되고 1/0.14은 대략 7이 됩니다. 이것이 밥의 1년에 대해 앨리스의 나이가 7년이 더 늘어나는 이유입니다.

또 이 계산은 왜 상대성이론을 발견하는 데 그렇게 오랜 시간이 걸렸는지를 설명해줍니다. 뉴턴은 영리했습니다. 뉴턴은 왜 모든 사람의 고유 시간을 특정한 절대 시간으로 그룹화할 수 있다고 생각했을까요? 답은 사람들 대부분이 광속보다 훨씬 느린 속도로 움직이며 일생을 마친다는 데 있습니다. 자동차를 시속 65마일(104킬로미터)로 운전한다면, $c=1$인 단위계에서 $v=10^{-7}$ 정도 됩니다. 이 경우 (6.8) 속의 인자 $\sqrt{1-v^2}$은 대략 0.999999999999995가 됩니다. 이 값은 거의 1에 가까워서 그 차이를 이야기할 수 없습니다. 우리의 일상생활에서 우리가 경험하는 고유 시간은 사실상 단일 배경 좌표인 시간과 구별이 되지 않습니다.

빛 원뿔

고유 시간에 관한 식 (6.2) 속 음의 부호가 흥미로운 가능성의 문을 엽니다. 공간과 시간을 같은 양만큼 이동하는, 즉 $(\Delta x)^2 = (\Delta t)^2$인 직선 경로의 경우 $\tau = 0$이 됩니다. 그러므로 이 물체가 움직이기는 하지만, 이 여행 동안 고유 시간의 경과는 0이 됩니다. 광속으로 움직이는 궤적들이 모두 그렇습니다.

$$v = \frac{\Delta x}{\Delta t} = \pm 1 \tag{6.9}$$

(음의 부호는 단순히 이 물체가 오른쪽이 아닌 왼쪽으로 움직일 수 있다는 것을 의미하며, 이것은 전혀 문제가 되지 않습니다.)

이것은 매우 흥미로운 결과입니다. 빛을 포함해 광속으로 움직이는 모든 것은 시간이 지나는 것을 경험하지 못합니다. 광속으로 여행하는 것이 어떤 것인지 여러분에게 묻고 싶은 유혹을 느낍니다(아인슈타인이 고등학생이었을 때, 그도 분명히 이것이 궁금했습니다). 짧게 답하자면, 광속으로 여행하는 것과 '유사한' 것은 존재하지 않습니다. 만약 어떻게 해서 여러분이 광속으로 여행할 수 있게 되었다면, 여러분은 시간이 지나는 것을 경험하지 못하며, 따라서 여러분은 어떤 인식이나 의식적인 생각을 할 수 없습니다.

광속으로 움직이는 시공간의 경로를 **널**null 궤적(왜냐면 고유 시간이 0이기 때문에), 또는 **빛꼴**lightlike 궤적(이유가 분명하지요)이라고 부릅니다. $c = 1$인 단위계를 선택하면, 널 궤적들은 시공간 도표에서 45도 기울어진 대각선으로 나타나며, 공간과 시간을 같은 양만큼 이동합니다. 광속보다 느리게 움직이는 것들은 모두 공간보다 시간에서 더 많이 이동합니다. 따라서 이런 경로는 **시간꼴**timelike 궤적이라고 알려

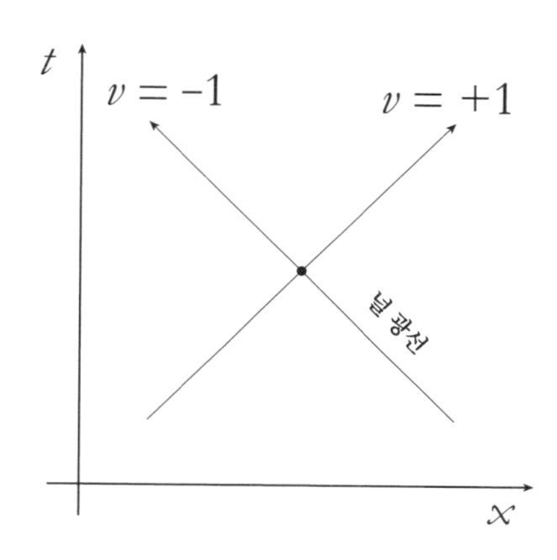

져 있는데, 시공간 도표에서 위쪽으로 움직입니다. 또 시공간 도표에서 옆쪽으로 움직여서 시간보다 공간으로 더 많이 이동하는 **공간꼴**spacelike 궤적도 생각할 수 있습니다. 공간꼴 경로를 따라 움직이는 물리적 물체는 존재할 수 없지만(빛보다 빨리 움직일 수 없기 때문에), 이런 경로를 그리거나 상상하는 것을 막을 수는 없습니다.

시공간에서 한 사건을 고른 뒤 이것을 A라고 부릅시다. 이 사건에서 출발하여 미래로 뻗어 나가는 모든 빛꼴 광선들을 그린다고 상상해봅시다. 이것은 전구에 불을 켰다 곧바로 끈 후, 불이 꺼지기 직전에 생성된 모든 광자의 경로를 추적하는 것과 유사합니다(이것은 시공간에서 일어난다는 것을 제외하고, 잔잔한 물을 손가락으로 찌른 후 파문이 광속으로 움직인다고 가정할 때, 파문이 밖으로 퍼져 나가는 것을 관찰하는 것과 유사합니다). 이와 함께 이들 경로는 사건 A의 **빛 원뿔**light cone을 형성합니다. 가상의 전구가 실제로 존재할 필요는 없습니다. 심지어 빛이 이들 널 광선null ray을 따라 이동하지 않는다고 하더라도, 모든 사건은 이 사건과 연결된 널 광선들로 이루어진 빛 원뿔을 정의합니다. 사실 미래 빛 원뿔은 물론이고, 과거로부터 직접 *A*를 향하는 모든 빛꼴 경로들로 이루어진 과거 빛 원뿔도 존재합니다.

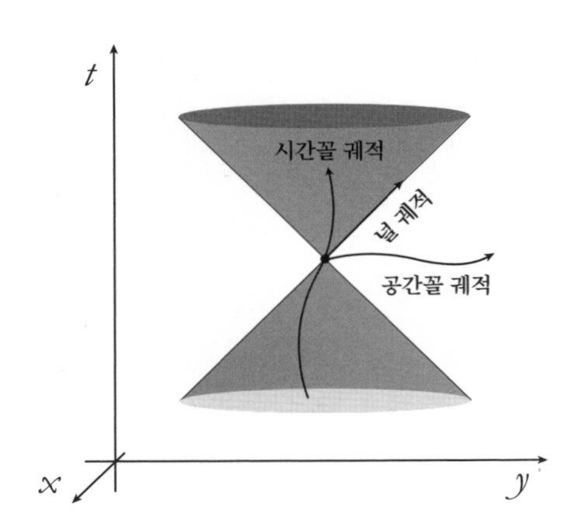

광속이라는 제약 조건은, 궤적이 과거로부터 미래로 이동할 때, 어떤 사건을 통과하는 물리적으로 허용된 궤적들이 이 사건의 빛 원뿔 내부에 머물러야 한다는 것을 의미합니다. 모든 사건에 대해 이것은 진리입니다. 시공간의 각 점은 과거 빛 원뿔과 미래 빛 원뿔을 정의하며, 이들을 지나는 모든 물리적 궤적도 빛 원뿔 내부에 머물러 있어야 합니다.

이런 빛 원뿔 구조는 절대 공간과 절대 시간이라는 진기한 뉴턴식 개념을 대체하고 있습니다. 뉴턴 시공간 도표를 그릴 때, 우리는 시공간을 수평의 '순간들'로 얇게 자릅니다. 우리는 공간적으로 분리되어 있지만 같은 시간에 일어난 두 사건을 '동시'에 일어났다고 이야기합니다.

우리가 상대성이론으로 전환한 후부터 이것은 올바른 생각이 아닙니다. 떨어져 있는 두 사건 사이에 동시라는 개념은 존재하지 않습니다.

두 사건이 상대방의 빛 원뿔 내부에 있느냐 없느냐만이 중요합니다. 만약 두 사건이 빛 원뿔 내부에 있다면, 두 사건이 "시간꼴로 분리되어 있다"라고 말합니다. 반면 만약 두 사건이 빛 원뿔 외부에 있다면, 두 사건이 "공간꼴로 분리되어 있다"고 말합니다. 이들은 우주의 모든 관찰자가 동의하는 잘 정의된 개념입니다. 반면 '동시'는 그렇지 못합니다.

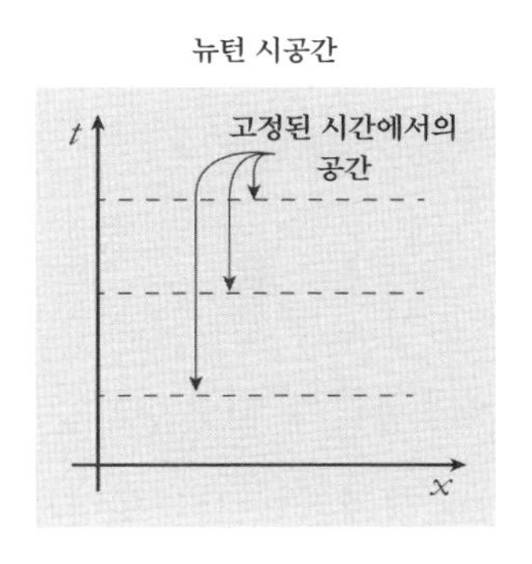

시공간을 수평 순간들로 얇게 자르는 것은 자연스러워 보입니다. 왜냐면 또다시 우리가 광속과 비교해 매우 느리게 움직이는 삶을 살고 있기 때문입니다. 일상적인 용도로는 '광초'보다는 '미터'와 같은 단위들을 사용하는 것이 훨씬 더 편리합니다(인류의 전체 역사를 통해 소수의 우주인들만이 고향인 지구로부터 1광초 이상 떨어진 곳까지 여행을 했습니다. 그리고 그 일을 하는 데 1초보다 훨씬 긴 시간이 걸렸습니다). 만약 미터와 초를 사용해 시공간 도표를 그린다면, 빛 원뿔들의 기울기는 45도가 아닙니다. 대신 빛 원뿔들은 1초 동안 미터 단위로 엄청난 거리를 재빠르게 이동하기 때문에, 빛 원뿔들이 거의 수평으로 보입니다. 따라서 모든 '공간꼴로 분리된 사건들'의 집합과 '한순간'의 차이를 이야

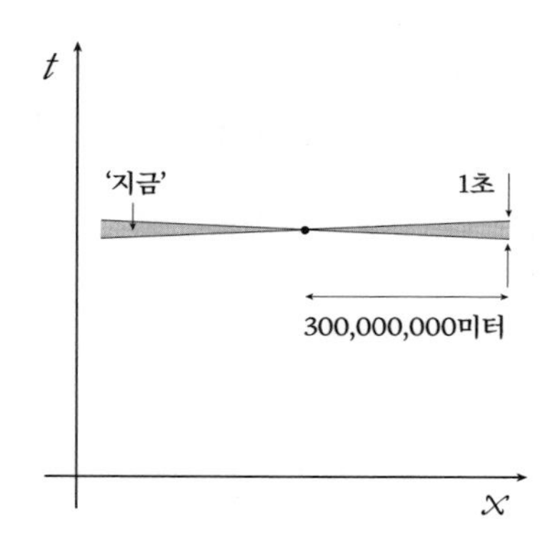

기하기가 어렵습니다. 그러나 차이는 분명히 존재합니다.

일단 상대성이론을 굳게 믿게 되면, 시공간 도표에 '고정된 시간에서 공간을 얇게 자른 조각들'을 절대 그리지 않을 것입니다. 여러분은 객관적이며 보편적인 빛 원뿔만을 그려야 합니다. 시공간을 순간들로 얇게 자르고 싶은 욕구를 피하기는 거의 불가능합니다. 여러분이 실재의 진짜 특징들을 반영하고 있다는 생각은 하지 말아야 합니다.

기준틀

모든 설명이 끝나 사람들이 더 잘 알게 되었다고 하더라도, 그들은 자신들의 시공간 도표에 계속해서 수평으로 얇게 자른 조각들을 그릴 것입니다. 이런 조각들을 '기준틀' 또는 이 기준틀을 공간 전체로 확장한다는 것을 강조하기 위해서 '전역 기준틀'이라고 부릅니다. 특수상대성이론의 평평한 시공간에서 일반상대성이론의 휘어진 시공간으로 전환할 때, 전역 기준틀은 '불필요한 것'에서 '불가능할지 모르는 것'

으로 바뀌게 됩니다. 그러나 전역 기준틀에 관한 생각은 왜 사람들이 '길이 수축'과 같은 아이디어에 관해 이야기하는지 이해할 수 있도록 도와줍니다. 그러므로 이런 기준틀들을 골라낼 만한 가치가 있으며, 만약 그렇게 한다면 특수상대성이론에 열광하는 동료들과 더 나은 소통을 할 수 있습니다.

평상시처럼 공간에서 사물들이 어떻게 작동하는지를 상기하면서 출발해봅시다. 2차원의 평평한 공간에서는 흔히 직교 좌표 x와 y를 사용하는 것이 편리하며, 이들은 서로 수직인 축들을 정의합니다. 그러나 중요한 것은 2차원 평면에 있는 점들의 위치를 아는 데 사용하는 특별한 좌표들이 아니라, 2차원 평면 자체입니다. 예를 들면, 원래 좌표들을 특정한 각도만큼 회전시킨 다른 좌표 x'와 y'를 선택할 수도 있습니다. 새로운 좌표들 역시 예전 좌표들만큼 유용하며, 두 점 사이의 거리처럼 물리적으로 측정할 수 있는 양들 역시 두 좌표에서 변하지 않습니다.

시공간에서도 비슷한 일을 할 수 있습니다. 어떤 식으로든 가속하지 않는 한 명의 관찰자를 생각해봅시다. 그리고 좌표계를 잡는 데 이

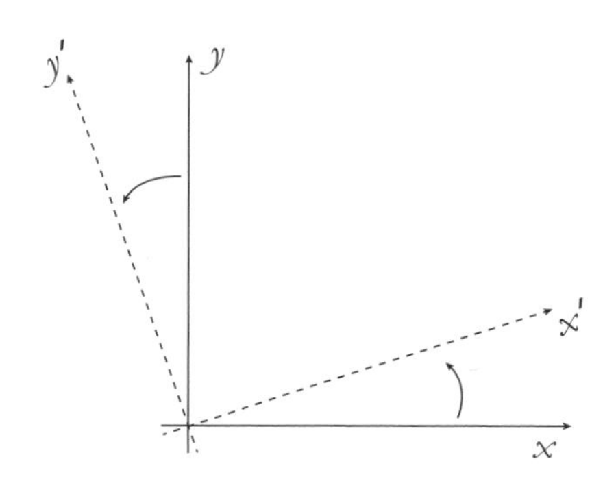

들을 이용합니다. 이들은 1개의 시계를 갖고 있으며, 따라서 이들의 궤적을 따른 고유 시간을 시간 좌표 t를 정의하는 데 사용할 수 있습니다. 또 조금 더 창의력을 발휘해서 매초 우리 관측자가 모든 방향으로 '무한히 빠른' 광선을 쏜다고 가정해봅시다. 우리 모두 어느 것도 무한히 빠르게 이동할 수 없다는 것을 알고 있습니다. 그러므로 이런 움직임은 순수하게 개념적인 것입니다. 실제로 이것은 우리 관찰자가 이들의 세계선에 '수직인' 공간꼴 직선들을 정의할 수 있다는 것을 의미합니다. 이들 광선이 따른 거리를 x로 표시합시다. 이런 방법으로 전체 시공간에 적용되는 좌표계—**관성 기준틀**inertial reference frame, 우리 관찰자가 가속하지 않기 때문에 '관성'을 붙임—를 정의할 수 있습니다.

여러분은 다음에 무엇이 나올지 아마 짐작할 수 있을 것입니다. 우리도 같은 일을 하지만, 이제부터는 처음 관찰자에 대해 등속으로 움직이는 다른 관찰자를 데리고 시작하려 합니다. 이들은 자신의 시계를 사용하여 시간 좌표 t'를 정의하고, 공간 좌표 x'를 정의하기 위해 가상의 무한한 속력을 가진 공간꼴 광선들을 방출합니다. 움직이는 관찰자에게 새로운 좌표계를 부여하는 것은 보통의 공간에서 직교 좌표계를 회전시키는 것과 유사합니다. 이러한 좌표 변화를 네덜란드의 물리학자 헨드릭 안톤 로런츠의 이름을 따서 **로런츠 변환**Lorentz transformation이라고 부릅니다.*

---

* 로런츠의 연구는 특수상대성이론에서 너무나 중심적인 역할을 담당하기 때문에, 초기에는 이 이론을 가끔 '로런츠-아인슈타인 이론'이라고 불렀습니다. 그러나 로런츠 자신은 계속해서 절대 정지계를 정의하는 발광 에테르라는 아이디어에 집착했습니다.

그러나 놀라운 반전이 있습니다. 우리의 원래 시공간 도표에 움직이는 관찰자가 방출하는 무한 속력의 광선들을 그릴 경우, 광선들이 관찰자의 운동에 수직인 것처럼 보이지 않습니다. 새로운 '시간축'과 '공간축' (t', x')가 직각을 유지하는 것이 아니라, 서로 가위질을 하는 것처럼 보입니다. 그러나 이 광선들은 실제로는 서로 수직입니다. 그 차이는 민코프스키 거리 공식 (6.2)에 있는 음의 부호까지 추적해 올라갈 수 있습니다.

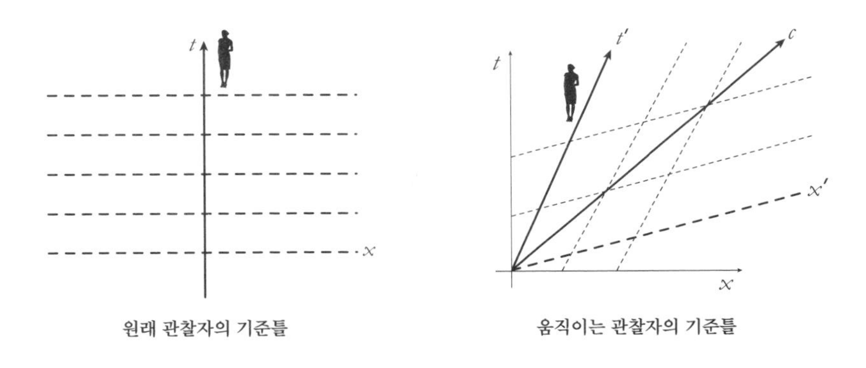

원래 관찰자의 기준틀 움직이는 관찰자의 기준틀

물리적 관점에 보면, 이런 가위질 효과는 광속의 일정함에 따른 결과라고 생각할 수 있습니다. 우리는 새로운 시간축과 공간축이 빛 원뿔에 대해 일정한 각도를 유지한다는 것을 알 수 있습니다. 이것은 관찰자가 사용하는 기준틀에 상관없이 모두 같은 광속 값을 측정한다는 것을 반영하고 있습니다.

'상대성에 관한 이론'이라는 문구가 잘못된 명칭이라는 것을 언급하기에 좋은 지점입니다. 이 맥락에서 '상대성'이 가진 기본적인 의미는 우주에 객관적이고 선호하는 기준틀이 존재하지 않는다는 것입니다.

우리는 단지 한 물체의 속도를 다른 물체들의 운동과 비교하여 측정할 수 있을 뿐, 절대적인 속도는 존재하지 않습니다. 그러나 이 역시 갈릴레오의 상대성이 특징인 뉴턴역학에서도 옳습니다. 현대적 의미의 '상대성이론'은 이런 상대성 원리와 광속이 모든 관찰자에게 일정하다는 것의 조합으로부터 생겨났습니다. 또는 같은 방식으로 (그리고 더 우아하게) 상대성이론은 우리가 (고유 시간을 (6.2)로 측정할 수 있는) 민코프스키 시공간에 살고 있다는 아이디어로부터 나왔습니다.

길이 수축

기준틀을 기울이면 유명한 현상인 **길이 수축**length contraction을 설명하는 데 도움이 됩니다. 이 현상에 의하면 고속으로 움직이는 물체들의 길이가 짧아집니다. 그렇다면 어떤 것의 '길이'란 무엇일까요? 예를 들어, 여러분은 자가 길이를 가지고 있다고 생각할지 모르겠습니다. 그러나 자가 문자 그대로 어느 한순간에만 존재하는 것이 아니라면, 자는 공간은 물론 시간적으로도 어느 범위 내에서 존재합니다. 물리적 자를 단지 1차원의 공간적 크기를 가진 물체라고 추상화하여 우리 삶을 단순화시킬 수 있다고 하더라도, 이 자는 여전히 시공간에서 2차원의 '세계 부피world volume'를 가집니다. 자의 길이를 이야기하려면 우리에게는 자의 세계 부피의 시간 부분으로부터 공간 부분을 구별해낼 수 있는 기준틀이 필요합니다. 실제로 '자의 길이'는 특별한 기준틀에서 이 세계 부피의 단면적이 가진 공간적 거리입니다. 그럴만한 이유가 있기 때문에, 우리는 보통 움직이지 않는 좌표계인 자의 정지 기준틀을 생각합니다. 움직이는 자의 길이에 관해 이야기하는 것은 다른 기준틀에서 공간적 거리를 측정하는 것과 같습니다.

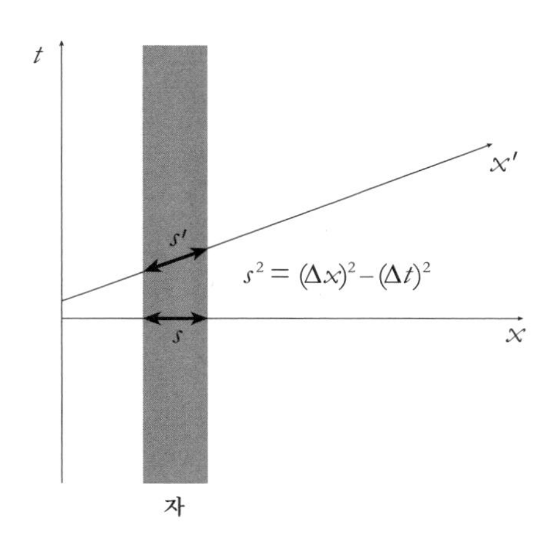

그림에서 실제로 자의 공간적 단면적이 움직이는 기준틀에서 달라지는 것처럼 보이는 것을 알 수 있습니다. 불행하게도 움직이는 기준틀에서 단면적이 짧아지지 않고 더 길어 보입니다. 이것은 수축이 아니라 확대되는 것처럼 보입니다. 어찌 된 일일까요?

우리가 공간의 지도를 그릴 때, 길이가 어떻게 달라지는지에 대해 가진 우리 직관의 저주가 그 이유입니다. 직관이 늘 시공간 도표에서 옳은 것은 아닙니다. 식 (6.2)는 궤적을 따라 측정한 고유 시간을 시간 좌표와 공간 좌표의 변위를 가지고 어떻게 계산하는지를 알려줍니다. 그러나 '고유 시간'은 시간꼴 궤적에 대해서만 통합니다. 공간꼴 궤적의 경우 Δx가 Δt보다 크고, 이것은 τ^2이 음의 값을 가진다는 것을 의미하므로 숫자의 제곱으로는 적당하지 않습니다(허수의 시공간 간격을 생각하는 것은 무의미합니다). 공간꼴 간격에 대해서는 고유 시간을 부여할 이유가 전혀 없습니다.

우리가 공간꼴 간격에 부여하고자 하는 것은 물론 공간적 거리입니다. 이런 맥락에서 이것을 보통 s로 표기합니다. 다행히도 이런 목적에 잘 들어맞는, 단지 (6.2)의 부호를 반대로 바꾼 버전이 존재합니다. 여기에 공간꼴 선분의 길이에 대한 공식이 있습니다.

$$s^2 = (\Delta x)^2 - (\Delta t)^2 \tag{6.10}$$

시간과 공간 사이의 음의 부호 차이는 움직이는 기준틀에서 측정한 자의 길이가 (그림에서는 더 길어지는 것처럼 보이지만) 실제로 정지 기준틀에서보다 더 짧아지는 이유를 설명해줍니다. 왜냐면 자는 공간뿐만 아니라 시간에서도 늘어나기 때문입니다. 2차원 평면에서 수평 선분의 한 끝점을 선택하고 이것을 수직으로 이동시키면, 피타고라스의 정리 때문에 항상 선분의 길이가 길어집니다. 그러나 시공간에서는 시간에서 선분의 한 끝점을 조금 움직이면, 길이가 더 짧아집니다. 길이 수축은 사실이지만, 물체가 물리적으로 줄어드는 것은 아닙니다. 우리는 단지 다른 기준틀에서는 다른 값을 측정할 뿐입니다.

동시성과 이에 대한 불만

이런 2개의 기준틀을 비교하면, 상대론적으로 멀리 떨어진 사건들에 대해 '동시'와 같은 것들이 존재하지 않는다는 가혹한 현실을 깨닫게 됩니다. '동시'를 정의하는 그림 속 직선들이 두 좌표계에서 같지 않기 때문에, 그림에서는 이것이 아주 명확합니다. 그러나 상황은 더 나빠집니다.

우리의 두 관찰자가 두 좌표계 모두의 원점에서 중첩되는 사건을 선택하고, 이것을 A라고 부릅니다. 그러고 나서 A로부터 공간적으로 멀리 떨어져 있고 우리의 원래 시간 좌표 t에서는 미래로 조금 떨어져 있는 또 다른 사건 B를 선택합니다.

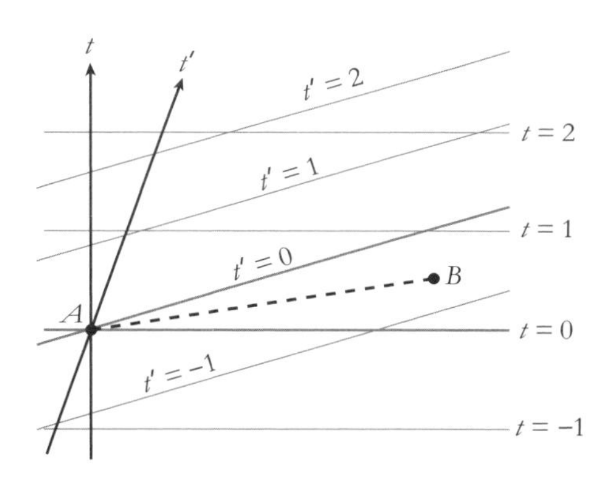

그림에서 (t, x) 좌표계에서는 B가 A의 미래에 있으나, (t', x') 좌표계에서는 B가 A의 과거에 있는 것을 즉시 알 수 있습니다.

이 그림은 공간꼴로 분리된 사건들에 대해 삶이 어떠할지를 보여줍니다. 어떤 사건이 '실제로' 과거 또는 미래에 일어났다는 것과 같은 주장은 존재하지 않습니다. 이것은 우리가 사용하는 기준틀이 무엇인지에 따라 달라지고, 우리는 어떤 기준틀이라도 선택할 수 있습니다. 우리가 양심적으로 말할 수 있는 전부는 두 사건이 공간꼴로 분리되어 있다는 것뿐입니다.

우리가 세계의 어딘가에서 '지금' 무슨 일이 일어나고 있다고 생각하는 것은 당연합니다. 우리가 천문학적으로 먼 거리를 생각하기 시작할 때, 이런 종류의 생각은 우리를 곤경에 빠뜨립니다. 우리 태양에 가장 가까운 별인 프록시마 센타우리는 대략 4광년 떨어져 있습니다. 지구에서 일어나는 모든 특별한 사건에 대해, 여러분의 기준틀에 따라 이 사건은 프록시마 센타우리에서 8년 이내에 일어난 사건들과 '동시'에 일어났다고 간주할 수 있습니다.

특수상대성이론의 이러한 특징은 〈스타 트랙〉을 비롯한 우주 영화들에서 문제를 일으킵니다. 이런 영화들에서는 보통 우리 영웅들을 빛보다 빨리 여행할 수 있게 해주는 워프 드라이브 등 몇몇 다른 선진 기술의 발명품을 등장시킵니다. 그러나 여러분이 공간꼴 궤적들을 따라 여행하게 된다면, 적어도 어떤 기준틀에서는 시간을 거슬러 여행할 수 있습니다. 사실 특수상대성이론에 의해 모든 공간꼴 궤적은 동일하게 창조됩니다. 그러므로 만일 여러분이 빛보다 빨리 여행할 수 있다면, 어떤 기준틀에서도 시간을 거스를 수 있습니다.

아마도 여러분이 공상과학 소설 우주에서 원하는 것은 이것일 것입니다(〈스타 트랙〉은 뻔뻔하게도 시간 여행이 재미있을 것 같을 때는 써먹고 다른 에피소드에서는 무시했습니다). 그러나 모든 것이 논리적으로 모순이 없도록 하기는 쉽지 않습니다. 물리학과 소설에서는 광속보다 빠른 여행을 완전히 배제하는 것이 안전합니다.

통합

제임스 클러크 맥스웰의 전자기학 이론은 전기와 자기 현상을 하나의 우산 아래로 가져온 물리학의 통합을 보여준 최초의 위대한 사례 가운데 하나입니다(사과가 낙하하는 것을 행성들의 운동과 통합한 뉴턴의 중력이론은 이보다 시기적으로 훨씬 일렀습니다). 이후 빛은 전자기파의 한 형태라는 것을 이해한 것과 같은 많은 유익한 통찰들이 뒤따라 나타났습니다. 맥스웰의 이론에서 영감을 얻은 특수상대성이론은 공간과 시간을 하나의 시공간으로 통합한 또 다른 위대한 사례입니다. 우리는 이런 관점이 그들 자신의 새로운 통찰력에 의해 나온다는 것에 놀라지 말아야 합니다.

3차원 공간에서 우리는 흔히 움직이는 물체의 속도 벡터와 같은 벡터에 관해 이야기합니다. 알다시피 속도 벡터는 물체의 위치의 시간에 대한 도함수 $\vec{v} = d\vec{x}/dt$입니다. 공간에 어떤 좌표계가 주어져 있다면, 이 벡터를 각 방향 성분으로 표현하는 것이 편리합니다.

$$v^i = \left(v^x, v^y, v^z\right) = \left(v^1, v^2, v^3\right) \tag{6.11}$$

여기서 위첨자 i는 **지표**index—이것은 우리가 이야기하는 성분 위에 붙인 표식이지 지수가 아닙니다!—로, 공간의 방향 (x, y, z)에 대응되는 숫자 (1, 2, 3)을 사용합니다.* 이 표기법의 유연함에 주목하십

* 위첨자들은 일단 지수처럼 보이지만, 이 경우 위첨자는 그냥 3개의 성분에 붙이는 표식입니

시오. i가 우리가 어떤 성분을 고려하고 있는지를 알려주는 숫자 지표 또는 좌표 변수를 나타내는 문자를 의미한다고 생각할 수 있습니다.

이제 공간에서 시공간으로 발전해왔기 때문에, 이들 3차원 벡터의 일반화를 정의하는 것이 당연하며, 우리는 상상력을 발휘해 이것을 **네-벡터**four-vector라고 부를 것입니다. 이유는 시공간이 4차원이기 때문입니다. 속도의 시공간 버전은 **네-속도**four-velocity이며, 우리는 이것을 이 물체가 시공간에서 움직일 때의 변화율이라고 생각할 수 있습니다.

먼저 처음에는 위협적인 것처럼 보이지만, 곧 자연스러워질 멋진 새로운 표기법을 도입하려고 합니다. 다시 말해 (1, 2, 3)까지 가능한 라틴어 지표 i를 (0, 1, 2, 3)까지 가능한 그리스 지표 μ(뮤)로 승격하여 시공간 좌표에 시간을 포함하려고 합니다. 이것은 시간을 '0번째 좌표' $t = x^0$으로 취급한다는 것을 의미합니다. 시간을 4번째 좌표로 잡는 것이 더 자연스럽다고 생각할지 모르겠지만. 만약 우리가 추가적인(또는 더 작은 수의) 공간 차원을 고려할 때 시간을 x^0으로 표시하는 것이 더 유리합니다. 그러므로 시공간 좌표들의 집합은 다음과 같이 표시합니다.

$$x^{\mu} = \left(t, x, y, z\right) = \left(x^0, x^1, x^2, x^3\right) \tag{6.12}$$

다. 왜 그냥 밑첨자를 사용하지 않는지 궁금해할 수도 있지만, 일반상대성이론을 만나게 되면 밑첨자와 위첨자 모두 사용할 필요가 생기며, 이들은 조금 다른 것을 의미하게 됩니다.

한 물체의 네-속도는 시공간 좌표들의 도함수가 될 것입니다.

그러나 잠깐만 기다려보세요. 우리가 공간에서 속력을 이야기한 것과 같은 방식으로 '시간의 속력'을 이야기하는 것이 무슨 의미가 있느냐고 화를 낼 수도 있습니다. 그러므로 우리는 어떻게 시공간에서의 속도를 이야기할 수 있을까요?

가장 중요한 요령은 네-속도를 시간 좌표 t에 대한 도함수가 아니라 궤적을 따른 고유 시간 τ에 대한 도함수로 정의하는 것입니다. 우리는 네-속도의 성분들을 다음과 같이 적을 수 있습니다.

$$V^{\mu} = \left(V^0, V^1, V^2, V^3\right) = \frac{dx^{\mu}}{d\tau} = \left(\frac{dt}{d\tau}, \frac{dx}{d\tau}, \frac{dy}{d\tau}, \frac{dz}{d\tau}\right) \tag{6.13}$$

물리적으로 네-속도가 의미하는 것은 무엇일까요? (6.8)로부터 우리는 다음의 값을 알고 있습니다(이 식은 직선 경로에 대해 유도한 것이지만, 이 식은 무한히 작은 구간에 대해서도 일반적으로 성립하며, 이때 v는 이 구간에서의 속도가 됩니다).

$$d\tau = \sqrt{1-v^2}\,dt \tag{6.14}$$

그러므로 네-속도의 성분은 아래와 같이 됩니다.

$$V^{\mu} = \frac{1}{\sqrt{1-v^2}}\left(1, \frac{dx}{dt}, \frac{dy}{dt}, \frac{dz}{dt}\right) \tag{6.15}$$

v가 매우 작으면, 인자 $\sqrt{1-v^2}$은 거의 1이 되기 때문에 무시할 수

있습니다. 그러면 네-속도의 0번째 성분 V^0는 단순히 1이 되고, 다른 성분들은 정상적인 세-속도 $\vec{v}$와 같게 됩니다. 때때로 우리는 네-속도를 $V^\mu \approx (1, \vec{v})$로 적을 것입니다(이것은 속도가 작을 때만 성립합니다).

이제 진짜 마법을 부릴 때가 되었습니다. 상대성이론 이전의 뉴턴역학에서 운동량은 질량에 속도를 곱한 $\vec{p} = m\vec{v}$로 주어지는 세-벡터로 표현했습니다. 상대성이론의 세계에서도 비슷한 방식으로 네-운동량을 질량 곱하기 네-속도로 정의합니다.

$$p^\mu = \left(p^0, p^x, p^y, p^z\right) = mV^\mu. \qquad (6.16)$$

(6.15)와 비교하면, 여기에 공간 성분들이 여분의 인자 $1/\sqrt{1-v^2}$를 가지고 있다는 것만 제외하고 뉴턴역학의 운동량 표현과 매우 유사한 것을 알 수 있습니다. 시간 성분은 어떤가요? 우리는 다음을 알 수 있습니다.

$$p^0 = \frac{m}{\sqrt{1-v^2}} \qquad (6.17)$$

그러므로 네-운동량의 시간 성분은 단지 물체의 질량을 속도에 의존하는 인자로 나눈 것이 됩니다.

평소처럼 작은 속도를 고려해봄으로써('비상대론적 극한') 어떤 깨달음을 얻을 수 있습니다. 이 시점에서 강력한 수학적 요령을 사용해봅시다. x가 작은 수이고 n은 고정된 지수라고 하면, $(1+x)^n$라는 표현을 볼 때마다 아래와 같은 좋은 근사식을 사용할 수 있습니다.

$$(1+x)^n \approx 1+nx+\cdots \tag{6.18}$$

점들은 더 많은 항(n이 양의 정수가 아닐 때는 무한개의 항들이 존재합니다)이 있다는 것을 가리키지만, 이 항들은 x^2, x^3, 및 x의 고차 지수항에 비례합니다. x가 매우 작다고 가정했기 때문에, 이들 고차 지수의 항들은 훨씬 더 작은 값을 가지므로 무시할 수 있습니다.

여기저기에 나타나는 인자 $1/\sqrt{1-v^2}$은 정확히 (6.18)의 형태를 가지며, 여기서 $x=-v^2$ 그리고 $n=-1/2$이 됩니다(어떤 것의 제곱근을 취한다는 것은 지수 1/2의 거듭제곱으로 적는 것과 같고, 어떤 것의 역수를 구하는 것은 지수 -1의 거듭제곱으로 적는 것과 같습니다). 그러므로 속도가 작은 경우 아래의 값을 얻습니다.

$$\frac{1}{\sqrt{1-v^2}} \approx 1+\frac{1}{2}v^2 \tag{6.19}$$

이것을 (6.17)에 대입하면 아래와 같이 됩니다.

$$p^0 \approx m+\frac{1}{2}mv^2 \tag{6.20}$$

이 두 번째 항은 익숙합니다. 운동에너지입니다. 분명히 네-운동량의 0번째 성분은 에너지와 유사한 것으로, 상수 항 m과 운동에너지를 포함하고 있습니다.

이제 한 가지 아이디어가 있습니다. 상대성이론에서 물체의 에너지를 그냥 네-운동량의 0번째 성분으로 정의하는 것입니다.

$$E = p^0 = \frac{m}{\sqrt{1-v^2}} \tag{6.21}$$

부수적으로 이 표현은 왜 로켓을 절대 광속보다 빠르게 가속할 수 없는지 이해할 수 있게 해줍니다. v가 1에 가까워지면 가까워질수록 $\sqrt{1-v^2}$이 0에 접근하고, $E = m/\sqrt{1-v^2}$은 무한대에 가까워집니다. 유한한 질량을 가진 물체를 광속에 가깝게 가속하기 위해서는 무한한 양의 에너지가 필요해집니다. 따라서 그런 일은 일어나지 않습니다.

속도가 광속보다 훨씬 작을 때에는 (6.20)을 이용해 아래와 같이 적을 수 있습니다.

$$E \approx m + \frac{1}{2}mv^2 \tag{6.22}$$

우리는 운동에너지를 '운동으로 인해 생기는 물체의 에너지'라고 생각할 수 있고, 단순히 질량 m인 또 다른 항은 '물체가 정지하고 있을 때도 가지는 에너지'라고 생각할 수 있습니다. 이것을 **정지에너지** rest energy 라고 부릅니다. 식으로는 $E_{정지} = m$ 으로 나타냅니다.

$c = 1$로 놓았기 때문에 단위들이 전혀 맞지 않습니다. 운동에너지에 대한 식으로부터 우리는 에너지가 질량 곱하기 속도 제곱의 단위를 가진다는 것을 알고 있습니다. 그러므로 c^2을 곱해줌으로써 단위를 바로잡을 수 있습니다. 그러면 유명한 결론에 이르게 됩니다.

$$E_{정지} = mc^2 \tag{6.23}$$

'정지'라는 밑첨자가 빠진 표현을 가장 흔하게 보았을 것이지만, (6.23)은 세심하게 신경을 쓴 표현이고, 정지가 빠진 표현을 쓰는 것은 이 사람들이 무신경하기 때문입니다. 이 유명한 공식을 생각하는 올바른 방법은, 심지어 물체들이 완전히 정지해 있을 때조차 에너지를 가지며, 이런 정지에너지가 질량에 광속의 제곱을 곱한 것과 같다고 보는 것입니다(또는 '질량'을 '정지 기준틀에서의 물체의 네-운동량의 값'이라고 생각하는 것입니다. 어떤 방법이든 다 성립합니다).

이것이 특수상대성이론이 제공하는 개념의 통합에 대한 가장 유명한 예라고 할 수 있습니다. 에너지와 운동량은 2개의 다른 개념이 아닙니다. 에너지는 운동량의 시간꼴 버전입니다. 물리학의 놀라운 특징들 가운데 하나는 좋은 이론의 위력에 의해 다른 개념들이 하나로 합쳐진다는 것입니다.

CHAPTER 7

기하학

우리는 쌍곡면이라고 부르기도 하는, 일정한 음의 곡률을 가진 2차원 공간의 기하학적 성질들을 암시하는 공리들의 집합을 기술할 수 있습니다. 우리는 이 기하학 체계 안에서 정리를 증명할 수도, 원의 둘레와 원이 둘러싼 면적에 관한 공식을 유도할 수도, 우리가 생각할 수 있는 다른 기하학적 질문에 대해서 답을 할 수도 있습니다. 우리가 사는 공간 속에 내장된 2차원 공간과 같은 공간을 그냥 만들 수는 없습니다. 정확한 쌍곡면은 우리 마음속에만 존재합니다.

✳ ✳ ✳

1907년 헤르만 민코프스키가 특수상대성이론을 생각하는 최상의 방법은 통합된 4차원 시공간을 활용하는 것이라는 제안을 했을 때, 아인슈타인은 이에 대해 회의적이었습니다. 아인슈타인은 민코프스키의 접근법이 "독자들에게 특수상대성이론의 수학적인 면을 너무 많이 요구한다"라는 불만을 책에 남겼습니다.

그러나 특별히 중력을 상대성이론에 통합하는 방법에 관심을 가지게 되면서, 아인슈타인은 곧 시공간 수학 형식을 인정하게 되었습니다. 마침내 아인슈타인은 중력이 시공간 자체의 곡률을 표현하는 것임을 이해할 수 있었습니다. 이것은 대단히 귀중한 깨달음이지만, 이것을 적절한 방정식들의 집합으로 나타내지 못한다면 실질적인 물리학 이론으로 볼 수 없습니다. 이런 방정식들은 기하학, 특히 **리만 기하학**Riemanian geometry에서 나올 것입니다. 리만 기하학에서는 공간이 임의로 휘어질 수 있고 내부로부터 이 공간을 연구합니다. 따라서 공간이 이보다 더 고차원인 공간에 내장되어 있을 필요가 없습니다.

문제는 아인슈타인이 리만 기하학을 전혀 알지 못한다는 것이었습니다. 당시 물리학자 대부분이 그랬습니다. 리만 기하학이라는 주제는 1850년대에 겨우 시작되었고, 1910년대에 들어와서도 물리학에서 어떤 특별한 사용 방법을 찾지 못했습니다. 다행히도 아인슈타인의 오랜 친구 가운데 한 명이자 리만 기하학 연구의 전문가인 마르셀 그로스만Marcel Grossmann이 수학과 교수가 되었습니다. 그로스만의 지도로 아인슈타인은 자신의 중력이론인 일반상대성이론을 체계화하기 위한 기하학을 충분히 배울 수 있었습니다.

이제 우리 차례가 되었습니다. 만약 아인슈타인이 리만 기하학을 연구하기 위해 다른 연구들을 제쳐놓아야 했다면, 우리는 누구에게 항의해야 했을까요? 리만 기하학은 충분히 난해하고 친숙하지 않기 때문에, 이 책의 한 장 전체를 이것에 할애할 예정입니다(리만 기하학이 큰 아이디어라는 데는 의문의 여지가 없습니다). 그러고 난 후 다음 장에서 리만 기하학을 사용할 것입니다.

유클리드 기하학

좋든 싫든, 우리는 모두 고등학교 시절 기하학을 배웠습니다. 거기서는 삼각형과 원과 다른 도형들을 다루었습니다. 그 당시 우리가 배웠던 종류의 기하학은 아리스토텔레스가 아테네에서 가르치던 때로부터 멀지 않은 시기에 알렉산드리아에서 연구했던 고대 수학자인 유클리드와 관련이 있습니다. 이 기하학은 '탁상' 기하학—2차원 평면에

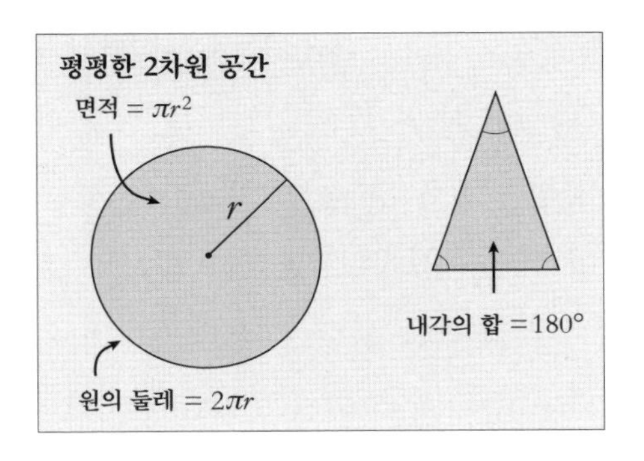

그릴 수 있는 직선과 곡선들의 성질을 연구—이라고 생각할 수 있습니다(이것을 3차원이나 그 이상의 차원으로 일반화하는 것은 어렵지 않습니다).

유클리드가 큰 영향력을 가지는 것은 그가 개척한 접근법이 특별한 결과들—기하학적 물체들의 성질에 관한 정리들—을 얻었기 때문이 아닙니다. 실제로 **유클리드 기하학**Euclidean geometry은 여러 고전적인 결과들을 포함하고 있으며, 이들 중 많은 것이 유클리드의 연구 이전에 나온 것들입니다.

- 피타고라스의 정리: 직각 삼각형 빗변 길이의 제곱은 다른 두 변 길이 제곱의 합과 같다.
- 삼각형의 내각을 모두 더하면 180도(π 라디안)가 된다.
- 원 둘레의 길이는 $2\pi r$이다. 여기서 r은 원의 반지름이다.
- 원 내부('원판')의 면적은 πr^2이다.

유클리드 기하학의 독특한 특징은 공리계를 정의한다는 것입니다.

가설 또는 공리를 언급하고, 그것들로부터 논리학의 규칙들을 사용해 정리를 유도합니다. 논리학의 기본 규칙들을 믿는 한—물론 철학자들이 신경을 써야 할 난해한 것들이 존재하기는 하지만, 이 규칙들을 마땅히 믿어야 합니다—이 정리들은 공리들처럼 옳은 것들입니다. 우리가 이 공리들을 사실이라고 생각하는지, 생각하지 않는지 선택할 필요는 없습니다. 정리는 단지 '이런 공리들이 옳다면, 이 결과 역시 옳습니다'라는 의미를 가진 하나의 진술에 불과합니다.

이것은 우리가 과학에서 보았던 것과는 매우 다른 작업 흐름을 가집니다. 과학은 경험적이며 **오류 가능성**fallibilistic이 있습니다. 어떠한 과학 이론도 지금까지 얼마나 많은 증거를 축적했는지에 상관없이 틀릴 수도 있습니다. 과학자들은 세상의 행동 방식에 대한 가설들을 제시하고, 이 가설들이 데이터와 맞는지, 또는 맞지 않는지를 검증하여 가설에 대한 우리의 신뢰도를 적절히 조정합니다. 결코 여러분의 가설이 절대적으로 옳다고 확신해서는 안 됩니다. 왜냐면 미래에 여러분의 마음을 바꾸게 할 데이터가 나올 수도 있기 때문입니다. 그러나 기하학에서는, 그리고 수학과 논리학에서는 더 일반적으로, 여러분의 공리들이 옳다면, 여러분의 정리들 역시 옳다는 것을 확신할 수 있습니다.*

대개 유클리드의 공리들은 합리적인 것처럼 보이는 진술들이라서

---

* 대중적인 논의를 살펴보면, 아이디어들을 확실성 순으로 나열한다고 할 때, '가설'(추측에 지나지 않습니다)로부터 위로는 '모델'과 '이론' 그리고 궁극적으로 '법칙'에 이르는 일종의 위계가 있다는 인상을 받을 수 있습니다. 하지만 진짜 과학자들이 사용하는 방식을 보면, 상당한 중복이 있어 이 용어들을 구분할 유용한 방법이 없다는 것을 알 수 있습니다. 반면 세계의 작동 방식에 관한 과학적 모델인 '이론'과 엄밀하게 증명된 수학적 결과인 '정리' 사이에는 결정적이며 잘 알려진 차이가 존재합니다.

기하학의 기초로서의 의미를 가집니다. "모든 두 점 사이에 직선을 그릴 수 있다" 그리고 "모든 직각은 동일하다"와 같은 것들이 그것들입니다. 그러나 항상 달리 보이는 한 가지 공리가 있습니다. 그것은 **평행선 공준**parallel postulate으로 알려진 유클리드의 제5가정입니다. 이 가정을 기술하는 한 가지 방법은, 예를 들어 한 선분에서 출발해 이 선분과 90도 각도를 이루는 2개의 직선을 그리는 것같이, 평면에 2개의 초기 평행선을 그리는 것에서 시작합니다. 그러고 나면 평행선 공준에 따라 이들 초기 평행 직선은 항상 서로 같은 거리를 떨어져 있게 됩니다(유클리드가 실제로 평행선 공준을 언급한 방법은 다음과 같습니다. "만약 이 각도들이 2개의 직각보다 작다면, 이 직선들은 결국 교차하게 될 것이다").

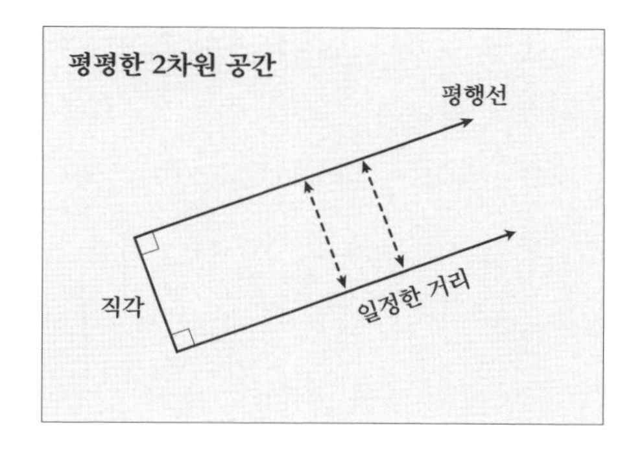

평면에서 사물들이 행동하는 방식에 대한 직관에 따른다면, 이 역시 매우 합리적인 것처럼 보입니다(수학자들은 모든 방향으로 영원히 뻗어 나갈 수 있는 평면을 상상하지만, 우리는 탁자 면이나 평평한 종이 면을 생각함으로써 무한 평면에 대한 직관력을 잘 얻을 수 있습니다). 하지만 우리는 평행선 공준이 다른 가정들보다 조금 더 투박해 보인다는 것을

인정해야 합니다. 여러 해 동안 기하학자들은 단지 유클리드의 다른 공리들만을 사용해서 평행선 공준을 증명할 수 있을 것 같아 평행선 공준을 '공리'에서 '정리'로 변경할 수 있을 것이라고 생각했습니다. 내가 고등학교에서 기하학을 배울 때, 선생님은 평행선 공준을 올바르게 증명할 수 있는 학생에게 추가 점수를 주겠다고 우리를 유혹했습니다. 하지만 우리 가운데 누구도 성공하지 못했습니다.

비유클리드 기하학

여러분에게 같은 방법을 쓰지는 않겠습니다. 여러분이 유클리드 기하학의 다른 공리들로부터 평행선 공준을 증명하지는 않을 것입니다. 왜냐면 불가능하기 때문입니다. 다른 공리들을 추가하여 평행선 공준을 다른 가정으로 교체함으로써 그 자체로 아무런 모순이 없는 또 다른 기하학을 얻는 것이 가능하다는 것을 우리는 알고 있습니다.

평행선 공준을 대체할 가정들이 어떤 것과 같아야 할지 아는 것은 그리 어렵지 않습니다. 만약 평행선 공준이 2개의 초기 평행선이 영원히 같은 거리를 유지한다는 것이라면, 이를 대체할 가정은 아마도 "평행선들이 같은 거리를 유지하지 않는다"가 될 것입니다. 그리고 두 가지 방식이 가능합니다. 평행선들이 만나거나, 아니면 멀어지는 것입니다.

실제 직선들이 이런 방식으로 행동하지 않는다는 걱정이 들더라도 절대로 두려워할 필요가 없습니다. 우리의 유클리드적 직관력은 우리가 평면 기하학이나 이와 유사한 기하학과 친근하기 때문에 생긴

비유클리드 대안들

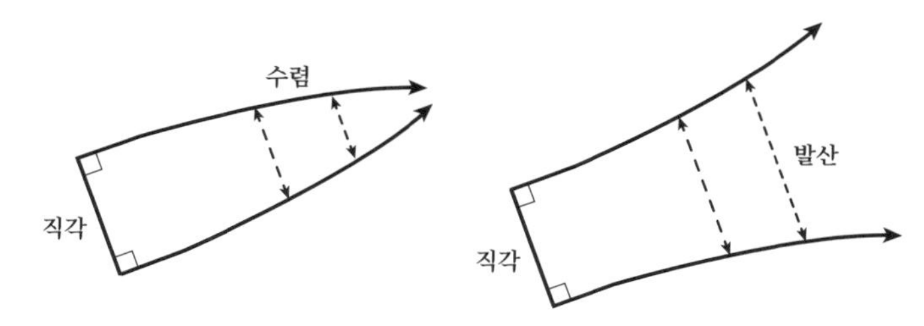

것입니다. 평면은 평평하고 휘어져 있지 않습니다. 이런 대체 가정들은 평평한 평면이 아닌 곡률을 가진 공간과 같은 특정한 종류의 2차원 공간에서만 유효합니다. 우리의 대체 가정들은 **비유클리드 기하학** non-Euclidean geometry이라는 현명한 이름이 붙은 다른 종류의 기하학들을 정의합니다.

이들 대체 가정에 기초한 기하학적 계들이 전적으로 추상적이며 가상적이라고 이야기할 수는 없습니다. 어쨌든 구와 같이 평면이 아닌 2차원의 모양들이 존재합니다(여기서 구라고 이야기할 때는 구의 내부가 아닌 구의 표면을 의미합니다). 우리는 구에 있는 2개의 초기 평행선에서 어떤 일이 일어나는지 물을 수 있습니다.

구의 표면에 그린 직선이 어느 하나 완벽한 직선처럼 보이지 않기 때문에, '직선'이 정확히 무엇을 의미하는지 염려할 수도 있습니다. 현재로서는 대원이나 대원의 일부를 떠올릴 수 있습니다. 대원은 구와 구의 중심을 지나는 평면이 교차할 때 생기는 곡선입니다. 적도가 대원의 예라 할 수 있고, (위도선이 아닌) 경도선도 같습니다. 그러나 대원은 어느 각도로든 기울어져 있을 수 있습니다.

그러므로 구의 적도에 있는 한 선분과 이 선분과 직각을 이루며 북극을 향하는 2개의 선을 생각해봅시다. 2개의 선을 가능한 한 직선—다시 말해 대원—에 가깝게 그립니다. 좋든 싫든 2개의 선은 만나게 됩니다. 이 경우 북극에서 만나게 됩니다.

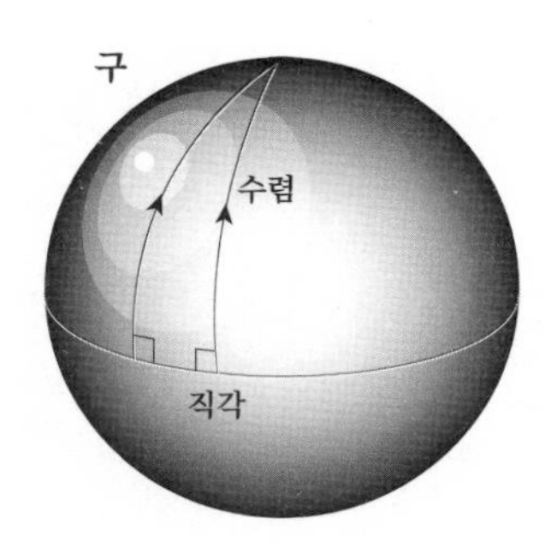

평면에서 구로 옮겨가면 유클리드 기하학의 다른 사랑스러운 특징들 역시 흔들리게 됩니다. 북극에 중심이 있는 반지름이 r인 원을 생각해봅시다. 그림에서 이 원의 둘레가 $2\pi r$보다 작아지는 것과 원으로 둘러싸인 원판의 면적이 πr^2보다 작아지는 것을 알 수 있습니다(만약 반지름이 저 멀리 남극에 이르게 되면, 원의 둘레가 0이 됩니다). 한편 삼각형의 내각을 모두 더하면, 일반적으로 180도보다 커집니다. 실제로 대원을 따라 1/4거리를 이동한 선분들을 연결하면, 3개의 90도 내각을

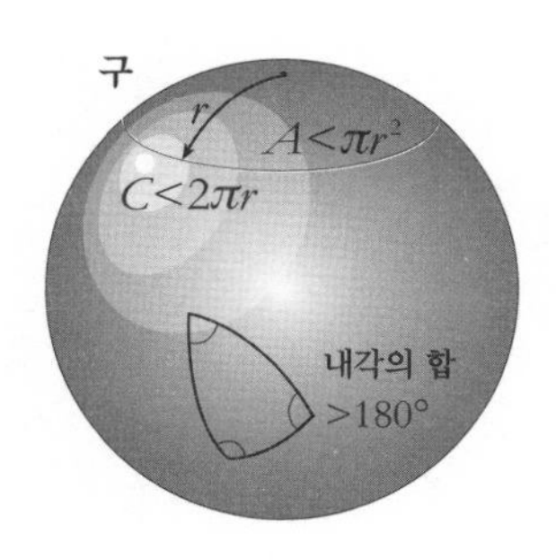

갖는 삼각형을 만들 수 있습니다. 유클리드가 이 사실을 알았다면, 엄청 화를 냈을 것입니다.

초기에 평행했던 직선들이 수렴하지 않고 최종적으로 발산하는 경우에는 어떤 일이 일어날까요? 이런 경우를 가시화하기는 더 어렵지만, 이것은 말 안장 또는 감자칩으로 표현되는 모양과 유사합니다.

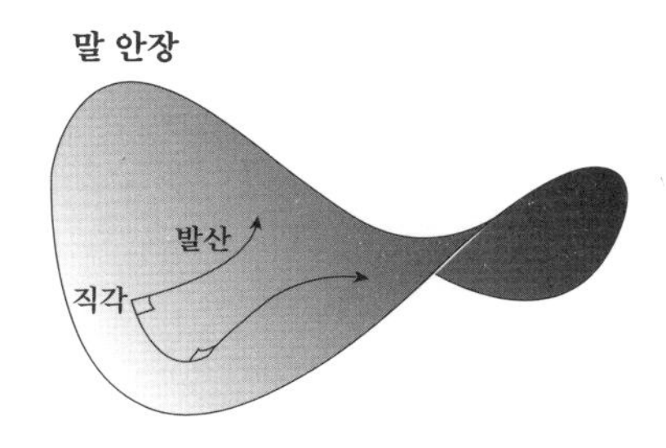

말 안장 모양의 기하학에서는 원과 삼각형의 성질들이 또다시 수정을 거쳐야 합니다. 그러나 이번에는 반대로 수정이 됩니다. 반지름이 r인 원의 경우, 원의 둘레는 $2\pi r$보다 커지고, 둘러싸인 원판의 면적은 πr^2보다 커지며, 삼각형 내각을 모두 더하면 일반적으로 180도보다 작아집니다.

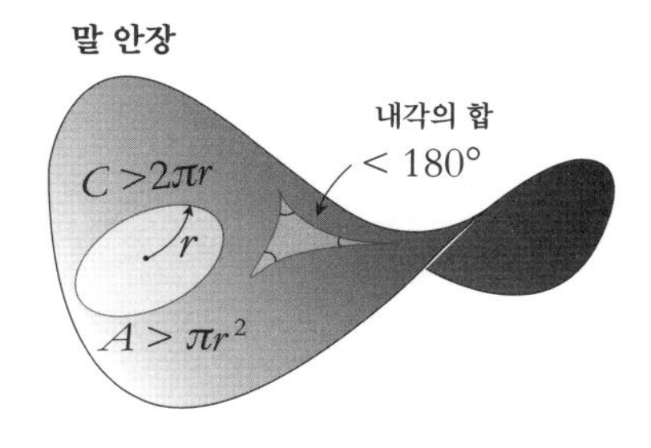

각각의 경우 배경에는 추가적인 단순화 가정이 숨겨져 있습니다. 우리의 2차원 공간의 기하학적 성질들이 무엇이든 그 성질들은 모든 곳에서, 또한 모든 방향에서 정확히 같아야 합니다. 정해진 길이를 가진 하나의 직선 선분에서 출발하여 이 선분과 수직인 초기 평행선을 그리면, 선분이 어디에 위치하든, 또 어느 방향을 향하든 상관없이 평행선은 같은 크기로 발산/수렴할 것입니다. 이것을 표현하는 기술적인 방법은 **일정한 곡률**constant curvature을 가진 기하학을 생각하고 있다고 이야기하는 것입니다. 일정한 곡률은 위치에 따라, 또는 방향에 따라 변하는 곡률과 다릅니다. 일정한 곡률은 다루기가 훨씬 쉬운데, 물론 이것은 곧 우리가 이 가정을 버릴 것임을 의미합니다. 일정한 곡률은 앞으로의 여정에 대한 자연스러운 출발점을 제공하지만, 이 여정은 곧바로 힘들어질 것입니다.

일단 일정한 곡률을 가정하면, 2차원 공간의 기하학에는 세 가지 선택만이 가능합니다. 초기에 평행했던 직선들이 계속 평행하든가, 수렴하든가, 아니면 발산하는 것입니다.

- 계속 평행한 경우: 유클리드 기하학. 평면(0의 곡률).
- 수렴하는 경우: 구면(또는 타원) 기하학. 양의 곡률.
- 발산하는 경우: 쌍곡면 기하학. 음의 곡률.

외재적 성질과 내재적 성질

비유클리드 기하학의 아이디어는 유클리드 기하학이 등장한 지 2000년이 더 지난 19세기 초까지도 등장하지 않았습니다. 러시아의 니콜라이 이바노비치 로바쳅스키Nikolai Ivanovich Lobachevsky와 헝가리의 야노시 보여이János Bolyai가 독립적으로 쌍곡면 기하학의 기본 아이디어를 개발했습니다. 쌍곡면 기하학이 구면 기하학보다 먼저 발명된 것과 이토록 오랜 시간이 걸린 것 모두 이해하기 어려울 수 있습니다. 구면에 기하학적인 모양들을 그리는 것을 상상하기가 그렇게 어려웠을까요?

두 가지 질문—왜 이렇게 오랜 시간이 걸렸는지, 그리고 왜 수학자들이 쌍곡면 기하학을 먼저 발견하게 되었는지—은 부분적으로 서로에게 답을 주고 있습니다. 물론 모든 사람이 구에 대해 알고 있었고, 구면에서 직선과 원과 각도가 어떻게 행동하는지에 관한 기본적인 아이디어를 가지고 있었습니다. 그러나 이들은 구면이 별개의 기하학을 정의할 것이라고는 상상하지 못했습니다. 2차원 구면은 3차원 유클리드 공간에 **내장된**embedded 것이라고 생각할 수도 있습니다. 사실 구면을 정의하는 한 가지 방법은 '공간의 한 고정점에서 일정한 거리 R만큼 떨어진 모든 점의 집합'입니다. 누구도 구면을 기술하기 위해 완전히 새로운 종류의 기하학을 발명할 생각을 하지 못했습니다. 훌륭한 옛 3차원 유클리드 기하학을 이런 특수한 내장된 모양에 적용함으로써 구면의 성질들을 유도할 수 있었습니다.

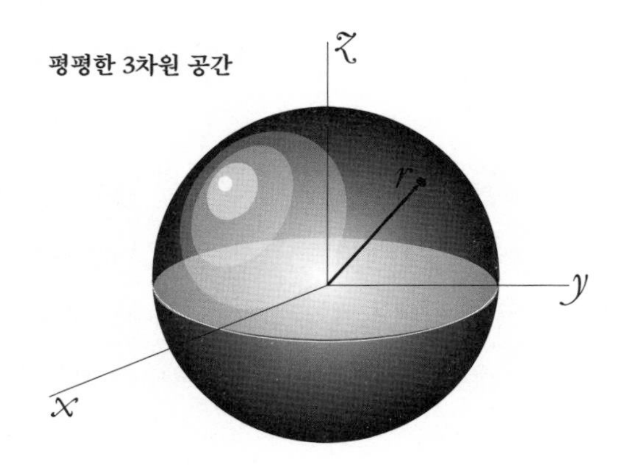

음으로 휘어진 면에 대해서는 경우가 다릅니다. 물론 말 안장이나 감자칩을 생각할 수 있지만, 자세히 살펴보면 실제 세상의 이런 예들이 음의 곡률을 가지지만, 그 곡률이 모든 곳에서 같지 않다는 것을 알게 됩니다. 명확히 중심점이 존재하며, 이 중심점으로부터 멀어져 갈수록 곡률이 서서히 감소합니다. 우리가 아무리 똑똑하다고 하더라도, 일정한 음의 곡률을 가진 2차원 공간을 3차원 유클리드 공간 내부에 충실히 내장시키는 것은 불가능합니다.

이것이 쌍곡면 기하학의 발명이 진짜로 인상적인 지적 업적이었던 이유입니다. 우리는 (유클리드의 '평평한' 면과 대비하기 위해) **쌍곡면** hyperbolic plane이라고 부르기도 하는, 일정한 음의 곡률을 가진 2차원 공간의 기하학적 성질들을 암시하는 공리들의 집합을 기술할 수 있습니다. 우리는 이 기하학 체계 안에서 정리를 증명할 수도, 원의 둘레와 원이 둘러싼 면적에 관한 공식을 유도할 수도, 우리가 생각할 수 있는 다른 기하학적 질문에 대해서 답을 할 수도 있습니다. 우리가 사는 공간 속에 내장된 2차원 공간과 같은 공간을 그냥 만들 수는 없습니다. 정확한 쌍곡면은 우리 마음속에만 존재합니다.

수학의 역사에 관한 한, 이것은 크나큰 개념적 도약입니다. 우리가 실제로 만들 수 있는 물체들만을 고려해야 한다는 우리 스스로 부여한 제약에서 벗어나 수학자들은 그들 자신의 흥미를 위해 모든 종류의 공리계의 의미를 연구할 수 있게 되었습니다.

더 큰 공간 속에 내정되어 있어 얻게 된 **외재적**extrinsic 성질들과는 달리, 우리가 공간의 **내재적인**intrinsic 기하학적 성질들을 연구할 수 있다는 아이디어를 가질 수 있게 된 것이 지금 우리에게는 가장 중요합니다. 내재적 성질과 외재적 성질을 구분한 것은 모든 시대에 걸쳐 가장 위대한 수학자들 가운데 한 명인 카를 프리드리히 가우스Carl Friedrich Gauss가 개발한 것입니다(결과를 발표하는 데 느린 것으로 유명했던 가우스 역시 로바쳅스키와 보여이 이전에 쌍곡면 기하학을 발명했다고 주장했습니다. 그러나 가우스는 이에 관한 내용을 전혀 출판하지 않았습니다. 좋은 아이디어라도 자기만 알고 있으면, 남들로부터 인정을 받을 수 없습니다).

탁자 위 또는 3차원 공간의 구면에 그린 모양들을 볼 때, 우리는 자연스럽게 외부에서 이 모양들을 보게 됩니다. 외부 시각에서 보는 '곡률'은 그 모양들을 내장한 더 큰 공간 속에서 모양들이 어떻게 휘어지고 뒤틀려 있는지를 알려줍니다. 이것이 외재적 곡률입니다.

그러나 우리는 또한 모양 내부에 거주하는 가상의 인물들을 상상하고, 이들이 사물들을 어떻게 인식할지도 상상할 수 있습니다. 예를 들어, 가상의 인물들이 원을 그리고 원의 둘레를 측정할 수 있습니다. 그 결과는 모양이 더 큰 공간 속에 어떻게 내장되어 있는지와는 무관합니다. 심지어 이와 같은 공간조차 필요하지 않습니다. 순수히 내부에서 측정할 수 있는 특징들은 공간의 내재적 기하학을 정의합니다.

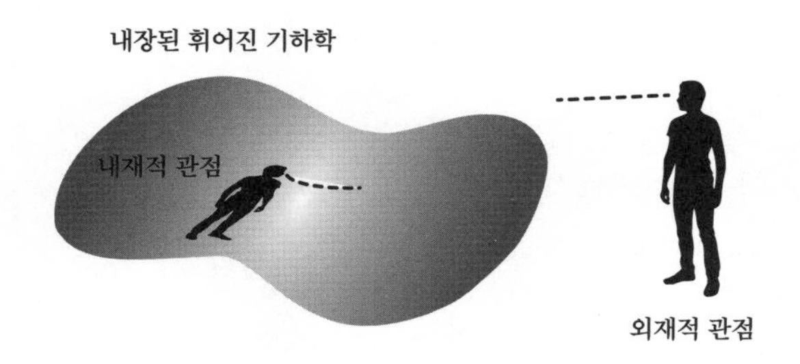

내재적 곡률과 외재적 곡률의 차이를 보여주는 극적인 예로, 3차원 공간에 내장된 2차원 원통을 생각해봅시다.

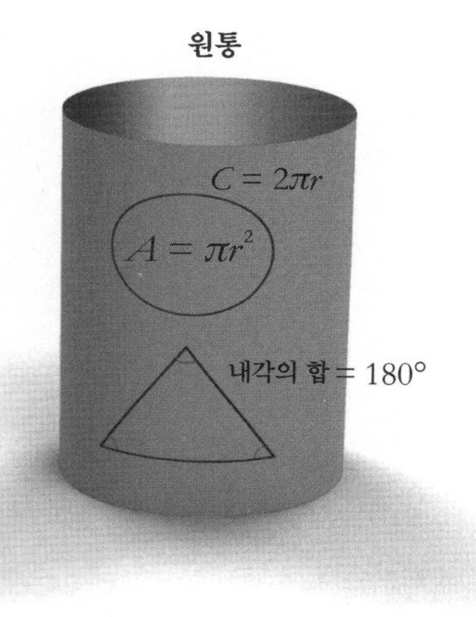

분명 원통이 휘어진 것처럼 보이지만, 그것은 우리가 밖에서 바라보기 때문에 생기는 현상입니다. 우리가 인식하고 있는 것은 외재적 곡률이지만, 원래 원통은 완벽히 평평합니다. 초기에 평행선들을 그린 뒤 이 선들이 수렴하는지 아니면 발산하는지를 보거나, 또는 삼각형을 그린 뒤 내각을 더하거나 또는 원의 반지름과 원의 둘레 및 원판의 면적 사이의 관계를 증명함으로써 이런 사실을 확인할 수 있습니다. 모든 경우 원통의 내재적 기하학은 평면의 기하학과 동일합니다.

궁극적으로 우리는 시공간 자체의 곡률에 관해 이야기하려 하기 때문에, 이것을 다루고 있습니다. 우리 우주는 어떤 더 큰 공간에 내장되어 있지 않습니다. 우리가 아는 한, 적어도 그럴 필요가 없습니다. 시공간에 관한 한 내재적 기하학이 우리가 가진 전부입니다.

다양체

내재적 곡률과 외재적 곡률의 차이를 이해한 것 외에 가우스는 곡률이 일정하지 않은 경우—곡률이 장소에 따라 크기와 모양이 달라지는 공간—에 대한 연구에서도 선구자 역할을 했습니다. 그러나 이런 임의의 기하학들에 관한 완전한 이론을 개발하는 단계에 이르게 되자, 가우스는 이 연구를 제자인 베른하르트 리만Bernhard Riemann에게 넘겨주었습니다.

1853년 리만의 연구는 그의 하빌리타치온Habilitation을 끝내기 위한 강연을 준비하는 단계에 와 있었습니다. 박사학위보다 한 단계 더 높은 독일의 자격증인 하빌리타치온은 보통 대학교에서 학생들을 가르치려 할 때 필요한 것입니다(리만은 박사학위 과정에서 2차원 표면을 연구하는 데 복소수를 사용하는 방법을 개척했으며, 그는 하빌리타치온 연구의 대부분을 적분학의 엄밀한 기초를 세우는 데 전념했습니다. 리만은 야심이 있고 생산적인 청년이었습니다).

리만은 가능한 강연 주제의 목록을 가우스에게 보냈고, 리만이 생각하기에 목록에서 가장 흥미가 덜한 주제인 '기하학의 기초'를 가우스가 뽑아서 그의 제자를 놀라게 했다는 이야기가 전해집니다. 이 주제는 리만으로 하여금 앉아서 공간의 '기하학'이 실제로 의미하는 것이 무엇인지, 또 특히 내재적 관찰자의 관점에서 우리가 이야기하는 '공간'은 어떤 종류인지에 관해 골똘히 생각하게 만들었습니다(그는 강연 초반에 "철학적 본질을 다루는 이런 힘든 일은 해본 적이 없다"고 불평했지만, 그래도 강연을 꽤 잘 끝낼 수 있었습니다). 리만은 마침내 수학사에서 가장 영향력이 있는 논문들 가운데 하나를 쓰게 되었습니다. 그 결과는 아직도 일반상대성이론과 시공간에 관한 현대적 견해의 중심에 자리를 잡고 있습니다. 불행하게도 리만은 결핵에 걸려 이른 나이에 사망했습니다. 그러지 않았다면, 리만은 수학의 기초에 관한 더 많은 결과를 유도했을지 모릅니다.

리만은 **다양체**manifold—매끄럽게 연결되어 어떤 특정한 차원을 가진 공간을 이루는 무한개의 점들의 집합—개념을 정의하고 논의를 시작했습니다. 크게 확대하면 모든 곡선이 직선처럼 보인다는 것을 기억하세요. 동일한 종류의 직관력을 동원하여 다양체들을 만들 수 있지만, 1차원 이상의 공간에서 만든다고 합시다. 휘어진 공간에서 사물을 충분히 크게 확대하면, 사물이 유클리드 기하학처럼 보입니다. 어떻게 평평한 공간의 미소 조각들이 전역적으로 함께 엮여 있는지를 가지고 더 큰 규모에서 드러나는 곡률을 표현할 수 있습니다.

0차원 다양체

1차원 다양체

2차원 다양체

다양체가 가진 결정적으로 중요한 점은, 우리가 가끔 암시적인 방식으로 다양체를 그릴 때조차, 다양체가 다른 공간에 내장되어 있을 필요가 없다는 것입니다. 구나 토러스(가운데에 구멍이 있는 도넛 모양의 물체—옮긴이)와 같은 2차원 다양체를 그릴 때, 우리의 관심 대상은 2차원 표면이지 이들을 내장하고 있는 3차원 공간이 아닙니다. 이것은 다만 우리 3차원 생물들이 사물을 표현하는 방식에서 생긴 결과입니다. 다양체는 스스로 잘 정의된 위상학과 기하학을 가지고 있습니다. 항상 외재적 성질이 아닌 내재적 성질만을 생각하세요.

피타고라스 정리의 일반화

다음으로 우리는 다양체의 기하학을 어떻게 특정해야 하는지 결정해야 합니다. 또다시 다양체 내부에 거주하는 사람이 측정할 수 있는 내재적 개념들만을 이야기합시다. 이 일을 할 수 있는 수많은 방법이 잠재적으로 존재합니다. 목표는 다양체의 기본적인 기하학적 양들을 규정하고, 이로부터 우리가 계산하고 싶은 어떤 다른 것들을 유도하는 것입니다.

리만이 결정한 양들은 곡선들의 길이였습니다. 특정한 1개의 곡선의 길이가 아니라 우리가 다양체 내에서 그릴 수 있는 모든 곡선의 길이였습니다. 우리가 그릴 수 있는 모든 가능한 곡선의 길이를 알 수 있다면, 이것으로부터 우리가 기하학에 대해 알고 싶은 것은 무엇이라도 알 수 있습니다.

모든 가능한 곡선의 길이를 알아내는 것은 아주 힘든 일처럼 보입니다. 심지어 구나 평면과 같은 단순한 다양체들에서조차 우리가 그릴 수 있는 곡선은 엄청나게 많습니다. 다행인 것은 이 다루기 힘든 야생동물을 다룰 도구를 우리가 가지고 있다는 것입니다. 그것은 바로 미적분학입니다. 우리는 문자 그대로 모든 곡선의 길이를 적을 필요가 없습니다. 우리는 단지 곡선의 무한히 작은 조각의 길이를 계산하는 공식을 알면 됩니다. 그러고 나면 이 무한히 작은 조각의 길이를 적분하여 전체 길이를 얻을 수 있습니다.

직관력을 키우기 위해 직교 좌표 (x, y)를 가진 2차원 평면을 생각해봅시다. 누군가 일종의 곡선을 이 평면에 그렸습니다. 이제 우리는 이 곡선의 무한히 작은 조각의 길이 ds를 무한히 작은 좌표 변위 dx와 dy를 가지고 계산하려고 합니다. 우리는 이미 이 일을 하기 위한 공식을 알고 있습니다. 그것은 바로 피타고라스의 정리입니다[여기서 사용하는 표기법은 민코프스키 시공간에서의 공간꼴 선분의 길이에 대한 식 (6.10)을 떠올리도록 의도한 것입니다].

$$ds^2 = dx^2 + dy^2 \tag{7.1}$$

이 식은 충분히 단순합니다. 그러나 직교 좌표는 아주 특별합니다.

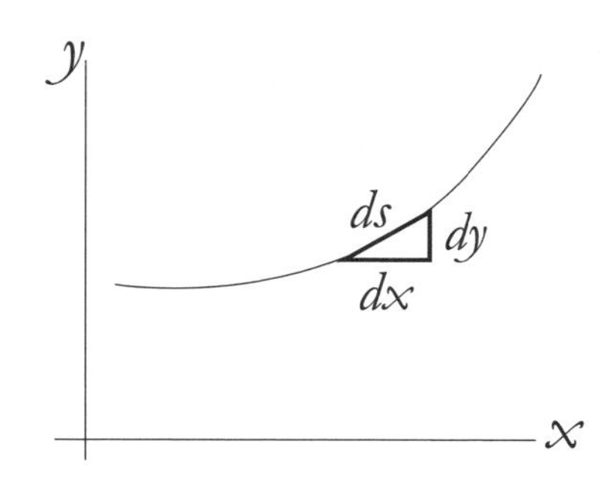

일정한 x값을 가진 선들은 모두 완벽한 직선으로 항상 서로 평행합니다. 일정한 y값을 가진 선들 역시 같은 성질을 가지고 있습니다. 만약 평행선 공준이 성립하지 않는다면—여러분의 다양체가 비유클리드 다양체라면—모든 곳에서 그처럼 좌표를 그릴 수 없습니다. 예를 들면, 구를 감싼 직교 좌표는 존재하지 않습니다.

심지어 다양체가 평평할 때조차 직교 좌표를 사용하지 않아도 됩니다. 평면 위 **극좌표**polar coordinates를 생각해보십시오. 극좌표에서는 한 점을 원점으로부터의 거리 r과 수평축과의 각도 θ로 명시합니다. 극좌표를 사용해 무한히 작은 선분의 길이를 생각해봅시다.

각 변위 $d\theta$에 대응되는 물리적 길이는 고정된 값이 아닙니다. 이

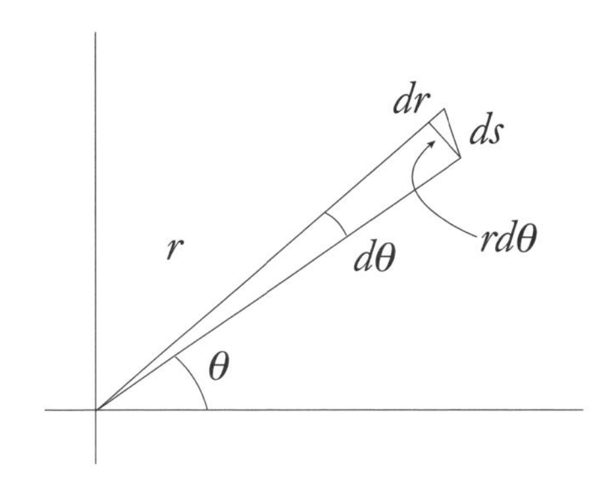

길이는 r이 클수록 증가합니다. 고정된 r에서 작은 선분의 길이는 $d\theta$가 아닌 $rd\theta$입니다. 기억할 수 있을 정도로 간단합니다. 임의의 무한히 작은 선분에 대한 올바른 공식은 아래와 같습니다.

$$ds^2 = dr^2 + r^2 d\theta^2 \tag{7.2}$$

이것은 흡사 피타고라스의 정리처럼 보이지만, 완전히 같지는 않습니다. $d\theta^2$항 앞에 부수적인 인자 r^2이 있습니다. 이 부수적인 인자는 r이 증가함에 따라 $d\theta$가 물리적 길이 증가에 더 많은 기여를 하는 것을 보여줍니다. 사실 우리는 피타고라스의 정신을 따르고 있지만, 물리적 거리를 좌표값의 증가와 연관시킨 조금 더 일반적인 공식을 허용하고 있습니다.

선 요소

앞의 예에서 영감을 받아 우리가 이해하고자 하는 것은 **선 요소**line element라는 아이디어—좌표들의 무한히 작은 변위가 특징인 무한히 작은 선분을 취하고, 이 변위들을 사용해 선분의 길이 ds를 계산하는 일반적인 공식—입니다. 간단히 하기 위해서 2차원 다양체로부터 시작해봅시다.

2개의 좌표 (x^1, x^2)가 있다고 상상해봅시다. 여기서 위첨자는 지수가 아닌 지표입니다(벡터 성분들에 대해 했던 것과 같습니다). 우리는 거리 ds를 좌표의 변위 dx^i와 연관시키려고 합니다. 피타고라스의 정리가 주는 영감을 따라, 거리 제곱인 ds^2을 $(dx^1)^2$ —이것은 dx^1의 제곱으로 우리는 같은 표현에서 위첨자를 지표와 지수로 모두 사용하고 있습니다—과 같은 좌표 변위의 제곱과 연관을 지어야 한다는 것을 예상할 수 있습니다. 그리고 완전한 일반화를 위해서 dx^1dx^2와 같이 개별 좌표들을 곱한 '교차 항들'을 허락해야 합니다. 마지막으로 우리가 극좌표에서 배운 것처럼, 이런 항들에 곱하는 계수들도 존재하는데, 이 계수들은 좌표들에 의존합니다.

2차원 선 요소에 대한 가장 일반적인 공식은 아래의 형태를 띱니다.

$$ds^2 = A\left(x^1, x^2\right)\left(dx^1\right)^2 + B\left(x^1, x^2\right)dx^1dx^2 + C\left(x^1, x^2\right)\left(dx^2\right)^2 \qquad (7.3)$$

많은 괄호와 위첨자들이 보입니다. 따라서 깊게 숨을 내쉬고 무슨 일이 일어났는지 살펴봅시다. 3개의 양 A, B와 C는 다양체의 각 점에서 특정한 값을 가지는 상수들입니다. 그러므로 이들을 좌표 (x^1, x^2)의 함수로 적었습니다. 각 계수를 좌표 변위인 dx^1과 dx^2 2개의 곱과 곱합니다. 우리는 $(dx^1)^2$에 비례하는 항뿐만 아니라 $(dx^2)^2$에 비례하는 항도 가지고 있지만, dx^1dx^2에 비례하는 새로운 항도 가지고 있습니다. 이것은 좌표들이 서로 수직이 아닌 것과 관련이 있습니다.

이 표현식이 그렇게 중요한 이유가 여기 있습니다. 여러분이 나에게 3개의 함수 $A(x^1, x^2)$, $B(x^1, x^2)$, $C(x^1, x^2)$를 말해준다면, 식 (7.3)은 우리에게 우리가 그리는 모든 곡선의 길이를 계산하는 방법을 알려줍니다. 그리고 리만은 다양체의 기하학을 완전히 결정하는 일이 이 정보만으로 충분하다고 이야기합니다. 우리가 알고자 하는 모든 것—각도, 면적, 곡률—이 단지 이 3개의 함수 속에 들어 있습니다. 함수들의 개수가 더 커지기는 하지만, 2차원 이상의 공간에 대해서도 비슷한 이야기가 성립합니다. d차원의 공간에서 선 요소를 완전히 명시하기 위해서는 $d(d+1)/2$개의 함수가 필요합니다. 이런 함수들로부터 우리가 관심을 가지는 기하학적 정보를 추출하는 일은 간단하지 않습니다. 근본이 되는 기하학이 정확히 같더라도, 다른 좌표계를 사용하면 선 요소의 표현이 아주 다르다는 것이 문제입니다. 우리는 이런 사실을 이미 평면의 경우에서 보았습니다. 직교 좌표계에서 선 요소 (7.1)은 (7.3)의 형태를 가지며 아래와 같습니다.

$$A(x, y)=1, B(x, y)=0, C(x, y)=1 \tag{7.4}$$

반면 극좌표계에서 선 요소 (7.2)는 아래와 대응됩니다.

$$A(r, \theta)=1, \ B(r, \theta)=0, \ C(r, \theta)=r^2 \tag{7.5}$$

같은 기하학, 그러나 선 요소가 다른 표현을 가지는 것은 우리가 다른 좌표계를 사용하기 때문입니다. 기하학은 좌표계에 관심이 없습니다. 좌표계는 인간이 고안해낸 것이지, 다양체의 내재적 특성은 아닙니다. 이 선 요소들로부터 곡률에 대한 정보를 뽑아내기 위해 조금 더 노력해야 하겠습니다.

계량

우리는 또한 교묘하고도 새로운 표기법을 발명해야 합니다. 좋은 표기법은 그 자체로 보상이지만, 선 요소를 지정하는 데 필요한 독립 함수들의 개수가 고차원에서는 급격히 늘어나게 됩니다.

(7.3)에서 패턴을 보았으니 이 일이 너무 어렵지는 않을 것입니다. 좌표 변위 dx^i와 dx^j의 모든 쌍에 대하여(여기서 i와 j는 차원 수만큼의 값을 가지는 지표들이며, 같은 값 또는 다른 값을 가질 수 있습니다) 우리는 하나의 시공간 함수를 부여합니다. 이런 함수들을 $g_{ij}(x)$로 표기할 수 있습니다. 여기서 장식이 붙지 않은 변수 x는 모든 좌표를 한 번에 나타내주는 변수입니다. 문자 i와 j는 아무 의미도 없습니다. 이들은 단지 지표 값을 표시해주는 것으로, 어떤 문자를 사용하더라도 상관이 없습니다. 그러므로 g_{11}은 선 요소에서 $(dx^1)^2$과 곱해지는 함수이고, g_{12}는 $dx^1 dx^2$와 곱해지는 함수 등등이 됩니다.

예를 들면 이 함수들을 3차원 행렬matrix*의 형태로 적을 수 있습니다.

$$g_{ij} = \begin{pmatrix} g_{11} & g_{12} & g_{13} \\ g_{21} & g_{22} & g_{23} \\ g_{31} & g_{32} & g_{33} \end{pmatrix} \tag{7.6}$$

* 여기서는 '행렬'이라는 용어를 '어떤 양들의 배열'이라는 수학적 의미로 사용하고 있습니다. 우리가 컴퓨터 시뮬레이션 속에서 살고 있는지 아닌지(영화 〈매트릭스〉를 의미합니다—옮긴이)와는 무관합니다.

이것이 유명한 **계량 텐서**metric tensor입니다. 우리가 일반상대성이론에 관심을 돌릴 때, 우리 관심의 중심에 있는 것이 바로 계량 텐서입니다. 계량 텐서의 **성분**component이라고 부르는 행렬 속의 각 항은 개별적인 위치 함수입니다. 만약 이 성분들을 모두 알고 있다면, 고려 대상인 다양체의 기하학에 대해 우리가 알아야 할 모든 것을 알 수 있습니다. 물리학자들이 일반상대성이론의 문제(예를 들어, 물질과 에너지가 특정한 분포를 이루고 있을 때)를 연구하고 있다면, 물리학자들은 보통 계량 텐서가 무엇인지를 알아내려고 하거나, 아니면 어떤 특별한 형태의 계량 텐서가 어떤 물리적 결과를 내는지 계산하려고 할 것입니다(상대성이론에서 다루는 계량 텐서는 시공간에 관한 것이지 공간에 관한 것은 아닙니다. 그러나 수학 이론의 관점에서 이들은 놀라울 정도로 차이가 거의 없습니다. 우리는 그냥 성분을 표시하는 데 그리스 문자를 사용할 것입니다).

계량 텐서를 아는 것은 선 요소를 아는 것과 같습니다. 관계식은 간단히 다음과 같이 주어집니다.

$$
\begin{aligned}
ds^2 &= \sum_{i,j} g_{ij} dx^i dx^j \\
&= g_{11}\left(dx^1\right)^2 + g_{12} dx^1 dx^2 + g_{13} dx^1 dx^3 + \cdots
\end{aligned}
\tag{7.7}
$$

그러므로 만약 계량 텐서의 모든 성분을 알고 있다면, 어떠한 곡선의 길이라도 계산해낼 수 있습니다. 분명하지는 않지만, 거기로부터 우리는 또 면적과 부피, 선들 사이의 각도 및 훨씬 더 많은 것들을 계산해낼 수 있습니다.

반드시 그래야 하지만, 우리의 2차원 선 요소 (7.3)은 이 패턴에 들어맞습니다. 이 경우 우리는 다음의 값을 얻게 됩니다.

$$g_{ij} = \begin{pmatrix} g_{11} & g_{12} \\ g_{21} & g_{22} \end{pmatrix} = \begin{pmatrix} A & \frac{1}{2}B \\ \frac{1}{2}B & C \end{pmatrix} \tag{7.8}$$

B가 두 번 나타나지만, 모두 1/2이 곱해져 있는 것을 보게 됩니다. 여기서 식 (7.7)을 문자 그대로 적용할 때, dx^1dx^2와 dx^2dx^1이 개별적으로 기여하는데, 이는 둘이 서로 같기 때문입니다. 그러므로 계량 텐서는 대칭적이어야 합니다. 각각의 i와 j에 대해 $g_{ij} = g_{ji}$가 되어야 합니다. 행렬 표현의 관점에서, 오른편 상단의 성분들은 왼편 하단의 대응 성분들과 같아야 합니다.

몇 가지 예를 가지고 실제로 계량 텐서를 살펴봅시다. 우리에게 친숙한 영역인 직교 좌표 (x, y, z)로 주어지는 평평한 3차원 유클리드 공간으로부터 시작할 수 있습니다. 이 공간에서 우리는 선 요소가 무엇인지 알고 있습니다. 선 요소는 피타고라스의 정리로부터 나옵니다.

$$ds^2 = dx^2 + dy^2 + dz^2 \tag{7.9}$$

행렬로 표시한 계량 텐서는 이보다 더 간단할 수 없습니다.

$$g_{ij} = \begin{pmatrix} 1 & 0 & 0 \\ 0 & 1 & 0 \\ 0 & 0 & 1 \end{pmatrix} \tag{7.10}$$

(앞으로 우리는 여러분이 왼편 상단 성분이 g_{11}, 그 오른쪽에 있는 성분이 g_{12} 등등인 것을 알고 있다고 가정합니다. 그러므로 우리는 이 표기법을 구체적으로 적지 않으려 합니다.) 이것이 **유클리드 계량**Euclidean metric입니다. 유클리드 계량에 더 많은 줄과 열을 추가하고, 대각선 성분에는 1을 적고, 다른 모든 성분에는 0을 적음으로써 다른 차원의 유클리드 계량으로 확장할 수 있습니다. 유클리드 자신은 이런 식으로 생각하지 않았지만, 유클리드는 이 계량을 은연중에 항상 사용하고 있었습니다. 계량이 기하학을 정의합니다.

그러나 직교 좌표가 아닌 다른 좌표들 역시 존재합니다. 2개의 차원 (r, θ)를 가진 극좌표의 경우, (7.2)로부터 우리는 답을 얻을 수 있습니다.

$$g_{ij} = \begin{pmatrix} 1 & 0 \\ 0 & r^2 \end{pmatrix} \tag{7.11}$$

계량 성분들이 항상 특정 좌표계와 관계가 있다는 것을 분명히 이해해야 합니다. (7.11)과 같은 표현은 우리가 $x^1 = r$과 $x^2 = \theta$인 (r, θ) 좌표를 사용하고 있다는 것을 알고 있을 때만 의미를 가집니다.

또 4장에서 언급했던 3차원 극좌표, 즉 구면 좌표 (r, θ, ϕ)도 존재합니다. 구면 좌표에서 평평한 공간에 대한 계량은 아래와 같습니다.

$$g_{ij} = \begin{pmatrix} 1 & 0 & 0 \\ 0 & r^2 & 0 \\ 0 & 0 & r^2 \sin^2 \theta \end{pmatrix} \tag{7.12}$$

θ는 북극에서 0, 적도에서 90도, 그리고 남극에서 180도로 변하며, $\sin\theta$는 0에서 1까지 커졌다가 다시 0으로 돌아옵니다. (7.12)의 오른편 하단 구석에 있는 g_{33} 성분에 θ가 나타나는 것은 $x^3 = \phi$의 변화와 관련된 물리적 거리가 남극과 북극 근처에서는 작고, 적도 근처에서는 더 크다는 사실을 반영하고 있습니다.

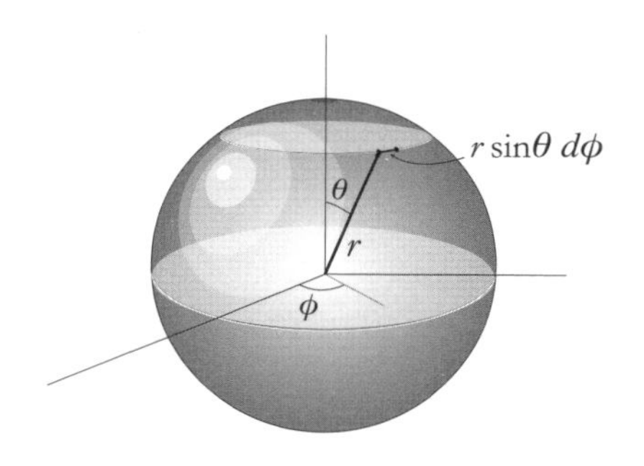

(7.12)로 정의된 기하학이 (7.10)으로 정의된 기하학과 같다는 것을 강조해도 지나치지 않습니다. 두 기하학 모두 '유클리드 계량'—평평한 공간—이지만, 하나는 직교 좌표로 표현한 것이고, 다른 하나는 구면 좌표로 표현한 것입니다.

휘어진 공간의 계량

곡률을 가진 다양체에 대해 살펴봅시다. 가장 쉬운 예는 2차원의 구입니다. 다행히도 우리는 구면 좌표에서 평평한 공간의 계량 (7.12)를 적은 적이 있기 때문에, 구 위에서의 계량을 추측하는 것은 아주 쉽습니다. 구는 평평한 공간의 부분 집합에 지나지 않으므로, 지름 방향 좌표 r을 특정한 값 R로 고정하여 얻을 수 있습니다. 그러므로 구 위에서의 계량을 얻으려면, (7.12)로부터 시작하여 맨 윗줄과 맨 왼편 열을 지우고(이들 성분이 r방향의 거리를 알려주는데, 우리가 구 위에 제한되어 있으므로 이 성분들은 존재하지 않기 때문입니다), $r=R$로 놓으면 됩니다. 그 결과 $\left(x^1, x^2\right)=(\theta, \phi)$ 좌표로 표현한 구 위에서의 계량을 얻을 수 있습니다.

$$g_{ij}=\begin{pmatrix} R^2 & 0 \\ 0 & R^2\sin^2\theta \end{pmatrix} \tag{7.13}$$

이것은 극좌표로 표현한 3차원 유클리드 계량인 (7.12)와 가족처럼 닮아 보이지만, 실제로는 아주 다른 야수입니다. 여기서 R은 우리 구가 얼마나 큰지를 알려주는 고정된 매개변수이지 좌표가 아닙니다. 그리고 가장 중요한 점은 이 계량이 평평하지 않다는 것입니다. 계량만을 보고, 이 계량이 평평한지 또는 휘어져 있는지를 알아내는 것은 조금 도전적인 일입니다. 다른 좌표를 선택하는 것은 근본이 되는 기하학을 불분명하게 할 수 있습니다.

로바쳅스키와 보여이가 탐구했던 2차원 쌍곡면의 계량으로 관심을 돌려봅시다(그러나 두 사람 모두 유클리드 정도로만 쌍곡면에 관심을 가졌습니다). 항상 그랬듯이, 처음 질문은 어떤 좌표계를 사용할 것인가입니다. 가장 편리한 것은 **푸앵카레 원판**Poincaré disk이라고 불리는 것입니다(이것을 처음으로 사용한 사람은 에우제니오 벨트라미Eugenio Beltrami였고, 조금 뒤에 앙리 푸앵카레Henri Poincaré가 사용했습니다. 흔히 사물에는 유명한 사람들의 이름을 붙이는 경우가 많은데, 푸앵카레가 벨트라미보다 더 유명했기 때문에 푸앵카레의 이름이 붙게 되었습니다).

일반적으로 좌표를 $(x^1, x^2) = (x, y)$로 표기하는데, 이것은 평면 위 직교 좌표를 생각나게 하지만, 여기에서는 $r < 1$이라는 한 가지 추가적인 제약이 붙습니다. 여기서 r은 원점으로부터 측정한 지름 방향 좌표입니다. 이 좌표계에서 2차원 쌍곡면 공간의 계량은 아래와 같습니다.

$$g_{ij} = \begin{pmatrix} \dfrac{4}{\left(1-x^2-y^2\right)^2} & 0 \\ 0 & \dfrac{4}{\left(1-x^2-y^2\right)^2} \end{pmatrix} = \begin{pmatrix} \dfrac{4}{\left(1-r^2\right)^2} & 0 \\ 0 & \dfrac{4}{\left(1-r^2\right)^2} \end{pmatrix} \tag{7.14}$$

여기서 몇 가지 일들이 일어나고 있습니다. 실제 좌표는 (x, y)이지만, 두 번째 표현에서 우리는 $r = \sqrt{x^2 + y^2}$을 사용해 계량 성분을 적었습니다. 이것은 문제가 되지 않습니다. r이 x와 y의 함수라는 것만 기억하면 됩니다. 더 중요한 것은 쌍곡면의 크기가 무한하다는 것입니다(이것은 말 안장 모양이 모든 방향으로 무한대까지 연장된다는 의미입니다). 그러나 우리가 사용했던 좌표는 유한한 r값까지 커질 수 있습니다. 그럼에도 그것은 전혀 문제가 되지 않습니다. 멀리 2장으로 돌아가서 무한한 길이를 유한한 길이의 구간으로 매핑했다가 되돌린 것을 상기해보세요. 여기서 일어난 일이 그런 일입니다. 푸앵카레 원판은 크기가 무한대이며, 우리는 이 원판을 단지 유한한 구간에서만 변화할 수 있는 좌표만을 가지고 표시했습니다.

사실 계량 (7.14)에서 시작하는 것만으로도 여러분은 이 공간이 실제로 무한히 크다고 말할 수 있습니다. $r \rightarrow 1$로 푸앵카레 원판의 가장자리에 접근할 때, 무슨 일이 일어나는지 생각해보세요. 0이 아닌 계량 성분들은 모두 인자 $1/(1-r^2)^2$을 포함하고 있습니다. r이 1에 접근하면 할수록 $(1-r^2)$은 점점 더 0에 접근합니다. 따라서 $1/(1-r^2)^2$은 무한대로 커집니다. 물리적으로 이것은 어떤 주어진 좌표 증가분 dx 또는 dy가 점점 더 커지는 실제 거리와 유사해진다는 것을 의미합니다. 좌표가 유한한 구간에 있다고 하더라도, 설명 중인 이 다양체의 물리적 크기는 무한히 클 수 있습니다. 이것이 계량이 가진 마법입니다.

위에 있는 그림은 푸앵카레 원판 좌표를 사용해 쌍곡면 공간을 삼

각형 모자이크로 표현한 것을 보여주고 있습니다. 삼각형들이 가장자리로 갈수록 점점 더 작아지는 것처럼 보이지만, 그것은 우리 좌표계에 의해 만들어진 착시입니다. (7.14) 계량에서 모든 삼각형은 같은 크기를 가지며, 더 중요한 점은 모두 같은 모양을 가지고 있다는 것입니다. 무한 개의 삼각형이 존재하고, 이들이 원판의 가장자리 근처에 압축되어 있습니다. 네덜란드의 화가 마우리스 코르넬리스 에셔Maurits Cornelis Escher는 이 그림에 그려진 기하학에 기초해서 〈원의 한계Circle Limit〉라는 제목의 유명한 판화 연작을 발표했습니다.

텐서

다양체 위의 계량은 우리에게 거리를 계산하는 방법을 알려줍니다. 우리는 이것을 계량 '텐서'라고 부르지만, 일반적으로 텐서가 무엇인지 설명하지는 않았습니다. 텐서는 무엇일까요?

다양체 위의 함수라는 아이디어는 아주 간단합니다. 이것은 다양체 위의 점들을 실수로 보내는, 즉 1개의 숫자(이 점에서의 함수 값)를 각 점에 부여하는 맵입니다. 우리는 "각 점에서 물질의 밀도가 무엇일까?"와 같은 질문에 답을 하기 위해 함수를 사용할 수도 있습니다. 또 우리는 크기와 방향을 모두 가진 벡터와 친숙합니다. 벡터는 "이런 특별한 궤적에 있는 입자의 속도는 무엇일까?"와 같은 질문에 답을 줍니다.

가끔 우리는 여러 벡터나 공간 속 여러 방향과 관련된 좀더 복잡한 질문들에 답하기를 원합니다. 아마도 우리는 "벡터 $\vec{v}$와 $\vec{w}$가 얼마나 겹

쳐 있을까?"를 알고 싶을 수도 있습니다. 또는 "초기에 평행했던 궤적들의 집합이 휘어진 공간 속에서 이동하면서 얼마나 비틀릴까?"가 궁금할 수도 있습니다. **텐서**tensor는 이러한 더 많은 관련 질문들을 해결하는 데 필요한 정보를 포함하고 있는 기하학적 양입니다. 함수와 벡터는 텐서의 일종이지만, 휘어진 공간에 대해 생산적으로 생각하기 위해서 우리가 필요로 하게 될 좀더 정교한 버전의 함수나 벡터가 텐서라 할 수 있습니다.

텐서를 생각하는 방법에는 두 가지가 있습니다. 두 가지 모두 각기 다른 상황에서 유용하게 쓰입니다. 한 가지 방법은 이미 우리가 사용했던 것입니다. 즉 성분들의 배열이 텐서라는 것입니다. 각 성분은 지표의 집합으로 표시합니다. 이런 의미에서 이들 계량의 행렬 표현은 모두 텐서의 예라 할 수 있습니다. 좌표를 변경할 때, 성분들이 어떻게 변화하는지에 관한 까다로운 요구 사항들이 존재하지만, 우리가 그것들에 대해 걱정할 필요는 없습니다.

정방 행렬(열의 수와 줄의 수가 같은 행렬—옮긴이)의 성분들은 2개의 지표(g_{ij}의 i와 j 같은 것)를 가지고 있습니다(하나는 어느 줄에 있는지를 가리키고, 다른 하나는 어느 열에 있는지를 가리킵니다). 그러나 텐서가 반드시 정방 행렬일 필요는 없습니다. 텐서들은 어떠한 개수의 지표라도 가질 수 있으며, 지표의 값은 항상 우리가 고려하고 있는 다양체의 차원 수까지 가능합니다.*

---

* 우리가 관심을 가지는 계량 및 다른 텐서들은 공간(또는 다음에 다룰 시공간)의 각 점에서 다른 값을 가질 수 있습니다. 그러므로 우리가 실제로 다루고 있는 것은 텐서 장입니다. '스칼라 장'은 그냥 함수로서 각 점에서 수치만을 가집니다. 또 우리는 '벡터 장' 및 다른 텐서 장도 가질 수 있습니다.

벡터는 1개의 지표를 가진 텐서에 지나지 않습니다. 우리는 벡터 $\vec{v}$를 길이와 방향을 가진 화살표로 생각합니다. 그러나 (x, y, z)와 같은 좌표계가 주어져 있다면, 벡터를 성분으로 표현할 수 있는데, 성분은 이 벡터를 각 축으로 투사한 것입니다.

$$v^i = \begin{pmatrix} v^x \\ v^y \\ v^z \end{pmatrix} \tag{7.15}$$

그러므로 벡터는 1개의 지표를 가진 텐서일 뿐이고, 계량은 2개의 지표를 가진 텐서입니다. 보통의 함수는 0개의 지표를 가진 텐서입니다. 그리고 더 많은 지표가 존재할 수 있으며, 이것 때문에 텐서를 성분들의 배열로 표현하기가 어렵습니다. 그러나 노력한다면 표현할 수도 있습니다. 예를 들어 3개 지표를 가진 텐서를 2개 지표를 가진 텐서들의 벡터로 생각할 수 있습니다.

$$T^{ijk} = \begin{pmatrix} T^{1jk} \\ T^{2jk} \\ T^{3jk} \end{pmatrix} = \begin{pmatrix} \begin{pmatrix} T^{111} & T^{112} & T^{113} \\ T^{121} & T^{122} & T^{123} \\ T^{131} & T^{132} & T^{133} \end{pmatrix} \\ \begin{pmatrix} T^{211} & T^{212} & T^{213} \\ T^{221} & T^{222} & T^{223} \\ T^{231} & T^{232} & T^{233} \end{pmatrix} \\ \begin{pmatrix} T^{311} & T^{312} & T^{313} \\ T^{321} & T^{322} & T^{323} \\ T^{331} & T^{332} & T^{333} \end{pmatrix} \end{pmatrix} \tag{7.16}$$

나는 여러분이 이 작업을 하기를 원치 않지만, 원한다면 해도 무방합니다. 2개 이상의 지표를 한번 접하게 되면, 큰 배열로 적는 것보다 텐서를 개별 성분들로 생각하는 것이 더 쉽습니다.

텐서를 생각하는 또 다른 방법은 하나의 텐서들의 집합을 다른 텐서로 보내는 맵으로 생각하는 것입니다. 순환 논법처럼 들리는 것이 맞습니다만, 결국에는 두 가지 방법이 일치합니다. 예를 들어, 2개의 벡터 v^i와 w^j가 주어져 있다면, 계량을 사용하여 두 벡터로부터 1개의 숫자를 얻을 수 있습니다. 그러므로 우리는 계량 텐서를 블랙박스에 비유할 수 있습니다. 두 벡터를 블랙박스에 넣으면, 1개의 숫자가 튀어나옵니다.

문제의 숫자는 계량의 지표들을 벡터들의 지표들과 일치시킨 다음 윗단과 아랫단 모두에서 반복적으로 나타나는 지표를 모두 더하여 얻을 수 있습니다.

$$
\begin{aligned}
g(v, w) &= \sum_{ij} g_{ij} v^i w^j \\
&= g_{11} v^1 w^1 + g_{12} v^1 w^2 + g_{21} v^2 w^1 + \cdots
\end{aligned}
\tag{7.17}
$$

이것은, 적어도 벡터를 잘 다루기 위해 시간을 투자한 사람들에게는 잘 알려진 식입니다. 이것은 두 벡터 사이의 **내적**inner product 또는

'도트 곱dot product'입니다.

$$\vec{v}\cdot\vec{w}=\sum_{ij} g_{ij}v^i w^j \tag{7.18}$$

정상적인 유클리드 공간에서 두 벡터의 내적은 두 벡터의 길이의 곱에 두 벡터의 사잇각의 코사인 값을 곱한 것입니다. 두 벡터가 같은 방향을 가리키고 있을 때, 내적은 이들의 길이의 곱이 되고, 두 벡터가 서로 수직일 때는 내적이 항상 0이 됩니다.

이로 인해 한 가지 작은 비밀이 밝혀집니다. 계량은 곡선의 길이만을 알려주는 것이 아니고, 우리가 '수직'이라고 생각하는 것을 정의하기도 합니다. 한 점에서 교차하는 두 직선은 교차점에서 각 직선 방향을 향하는 두 벡터의 내적의 값이 0일 때 수직입니다. 이제 우리는 계량이 어떻게 공간의 기하학에 대해 알고자 하는 모든 것을 결정하는지 이해하기 시작했습니다.

지표를 때로는 위첨자로(벡터 및 좌표에서처럼), 때로는 밑첨자로(계량에서처럼) 적는다는 것을 여러분이 알아차렸는지 모르겠습니다. 이런 선택은 변덕스럽기 때문이 아닙니다. 위첨자와 밑첨자는 분명 다릅니다. 지금 우리가 알아야 할 것은 (7.17)에서처럼 지표 전체에 대해 더할 때, 더하는 지표들 가운데 하나는 윗단에 있고, 다른 하나는 아랫단에 있을 때만 더하는 것이 허용된다는 것입니다. 더하는 모든 지표를 **허깨비 지표**dummy index라고 부르고, 더하지 않는 지표는 **자유 지표**free index라고 부릅니다. 자유 지표들은 어떠한 값이라도 가질 수 있습니다. 방정식의 모든 항에서 같은 지표가 같은 값을 가지는 한 그렇습니다. 반면 허깨비 지표는 '값'을 가지고 있지 않습니다. 허깨비 지표는 "이 지표의 모든 가능한 값을 더한다"는 것을 줄여서 적은 것일 뿐입니다.

허깨비 지표들을 더하는 일이 텐서 해석에서는 너무 흔하게 일어나기 때문에 알베르트 아인슈타인은 **아인슈타인 더하기 규칙**Einstein summation convention이라고 부르는 유용한 요령을 발명했습니다. 하나 또는 그 이상의 지표가 윗단과 아랫단에서 반복적으로 나타나는 텐서나 텐서 곱이 주어져 있을 때는 언제나 명시적인 더하기 기호를 생략하고 그냥 지표들을 더한다고 가정합니다. 그러므로, 예를 들어, 아래와 같이 적을 수 있습니다.

$$g_{ij}v^i w^j = \sum_{ij} g_{ij} v^i w^j \tag{7.19}$$

이 혁신적 표기법을 생각해낸 후 아인슈타인은 친구에게 "내가 수학에서 위대한 발견을 했어!"라는 농담을 했다고 합니다. 반복되는 지표들을 더하는 것이 심오한 개념은 아니지만, 이런 유용한 규칙을 채택함으로써 일반상대성이론과 같은 주제를 다루는 데 있어 많은 시간을 절약할 수가 있습니다.

평행이동

리만의 위대한 통찰은 다양체 위의 계량이 우리의 관심을 끄는 다양체의 곡률과 다른 기하학적 정보를 추출하는 데 필요한 모든 정보를 담고 있다는 것이었습니다. 어떻게 이 정보를 추출하는지 생각해봅시다. 우리의 첫 번째 단계는 벡터를 한 장소에서 다음 장소로 몰고 다니는 것입니다. 왜냐면 벡터가 어떻게 이동하는지는 근원적인 곡률의 영향을 받기 때문입니다. 이 장의 나머지 부분에 나오는 수학적 내용이 어렵기 때문에, 자세한 것은 부록 B로 미루고, 여기서는 몇 가지 중요한 사실만 알리려고 합니다.

우리가 휘어진 다양체 위 한 장소에 있으며, 1개의 벡터를 들고 있다고 상상해봅시다. 우리는 회전하는 자이로스코프를 갖고 있습니다. 그리고 이 자이로스코프의 회전축은 특정한 공간 방향을 가리키고 있습니다. 또 우리로부터 조금 떨어진 곳에 있는 친구 역시 벡터를 가지고 있습니다. 이 두 벡터를 비교해보겠습니다. 이들이 같은 방향을 가리키고 있을까요? 아니면 다른 방향을 가리키고 있을까요? 한 벡터가 다른 벡터보다 길이가 길까요? 이와 같은 질문을 할 수 있습니다. 어떤 방법으로 비교를 할 수 있을까요?

평평한 공간—우리 직관의 대부분이 나오는 곳—에서 이것은 어리석은 질문처럼 들립니다. 우리 벡터를 고정한 채 벡터를 들고 친구에게 걸어가서, 친구와 만나 두 벡터를 비교하면 됩니다. 그러나 '벡터를 고정'한다는 것의 의미는 무엇일까요? 한 가지 대답은 전통적인 직교 좌표계를 설정하고 우리 벡터의 성분 모두를 일정하게 유지한다는 것입니다. 이 대답은 벡터를 한 장소에서 다른 장소로 이동하는 것을 가능하게 하며, 이 일은 아무런 문제가 되지 않습니다.

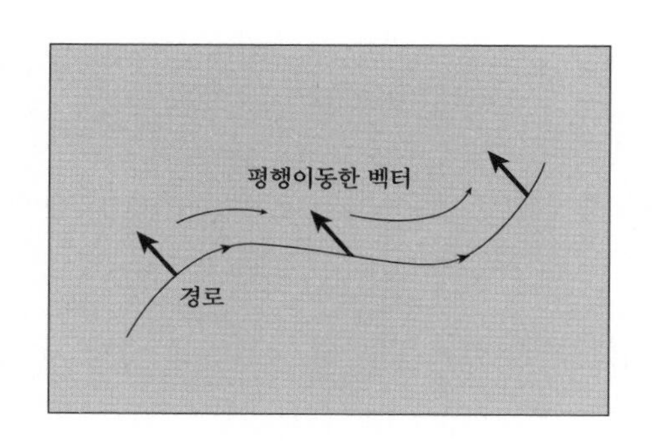

문제는 이 절차를 평평하지 않은 기하학에서는 사용할 수 없다는 것입니다. 여기서는 '직교 좌표계'가 존재하지 않는데, 그 이유는 이런 좌표들이 평평한 계량에 근거하기 때문입니다. 그러나 이것은 단지 기술적인 어려움일 수 있고, 우리는 어쨌든 도덕적으로 벡터를 이동하면서 벡터를 일정하게 유지하는 것과 같은 일을 할 수 있습니다.

우리는 이 일을 할 수 있습니다. **평행이동**parallel transport은 우리가 특정한 점에서 정의한 벡터를 가지고 출발하여 이 벡터를 특정한 경로를 따라 이동할 수 있는 과정입니다. 이동 단계마다 벡터를 이전 벡터의 방향과 평행하도록 우리는 최선을 다해야 합니다(추측할 수 있듯이, 각 단계는 무한히 작아야 하며, 따라서 우리는 미적분을 사용하여 벡터를 한 점에서 다른 점으로 끌고갈 것입니다).

그러나 한 가지 미묘한 문제가 발생합니다. 평평한 공간에서는 '벡터를 일정하게 유지'한다는 것의 의미가 직관적일 뿐만 아니라 이 벡터를 한 장소에서 다른 장소로 이동하는 데 어떤 경로를 따를지도 문제가 되지 않습니다. 2차원 구면에서 평행이동을 하는 것을 생각해보면, 일반적인 휘어진 공간에서는 이것이 사실이 아님을 알 수 있습니다.

북쪽을 가리키는 벡터를 가지고 적도의 한 점에서 출발합니다. 최선을 다해 벡터를 일정하게 유지하면서 북극까지 걸어갑니다. 이동하면서 벡터가 계속해서 우리가 이동하는 방향을 가리키도록 하면 되기 때문에 힘든 일은 아닙니다. 그러나 대신 벡터를 일정하게 유지하면서 동시에 우리가 잠시 적도 방향을 따라 걸었다고 상상해봅시다. 이 경우에도 우리는 벡터가 계속해서 북쪽을 가리키도록 해야 합니다. 여전히 벡터를 가진 채 얼마큼 걸은 후 90도 회전하여 북극으로 방향을 돌립니다.

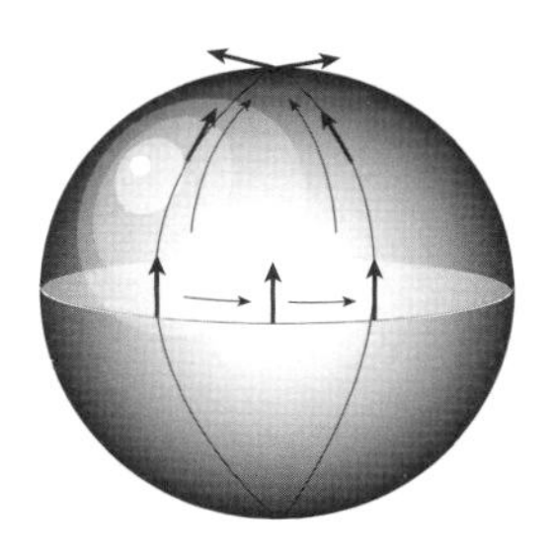

적도의 한 점에서 북극까지 가는 이 두 가지 다른 경로는, 전체 경로 내내 벡터를 일정하게 유지하기 위해 최선을 다했음에도 불구하고, 분명히 다른 방향을 가리키는 2개의 벡터를 남겨줍니다. 평평한 공간에서는 이런 일이 일어나지 않지만, 구면에서는 이런 일을 피할 수 없습니다. 다른 궤적을 따른 평행이동은 일반적으로 다른 결과를 가져옵니다. 잠시 후 알게 되겠지만, 두 경로가 같은 결과를 주지 못하는 이런 실패 사례는 '곡률'을 수식화하는 좋은 방법을 제공합니다(이 연산은 전적으로 구의 본질과 관계된 것임에 주목하세요. 벡터를 평행이동하기 위해 외부에서 벡터를 바라볼 필요는 없습니다).

우리는 휘어진 공간(또는 시공간)이 가진 심오하고 때로는 내면화하기 힘든 특성을 만나는 중입니다. 다른 점에 있는 벡터들을 비교할 특별한 방법은 없습니다. 어떤 특별한 곡선을 따라 벡터를 평행이동할 수 있지만, 다른 곡선을 사용하면 다른 답을 얻을 수도 있습니다. 예를 들면, 이것은 우리가 실제로 팽창하는 우주에 있는 먼 은하의 '속도'에 대해 이야기할 수 없다는 것을 의미합니다. 우리는 항상 속도에 관해 이야기하고 있지만, 우리는 은연중에 벡터들을 비교할 방법을 임의로 선택하고 있습니다. 그래도 무방하지만, 무엇이 특별하고 잘 정의된 것인지, 또 무엇이 단지 편리해 보이는 것인지 명심해야 합니다. 이것은 6장의 쌍둥이 사고실험에서 이야기한 내용과 같은 것입니다. 멀리서 일어나는 일들을 비교하도록 우리 자신을 속이기보다 국소적으로 생각하여 같은 점에서 정의한 양들을 비교하는 것이 최선입니다.

측지선

3장 초반부에서 두 나무 사이에 직선을 그리는 두 가지 방법을 언급했습니다. 한 가지 방법은 줄을 팽팽하게 당기는 것입니다. 최단 거리 경로를 만드는 현실적인 방법입니다. 그리고 또 다른 방법은 방향을 고정한 채 계속해서 걷는 것이었습니다. 두 방법 모두 같은 결과를 주었습니다. 그리고 리만 기하학의 일반적인 휘어진 다양체의 경우에도 이런 방법들을 적용할 수 있습니다. 하지만 공간이 휘어져 있을 경우 결과로 얻은 궤적을 '직선'이라고 생각하는 것은 부자연스럽습니다. 예를 들어, 구면에서 이런 경로들은 대원이거나 대원의 일부입니다.

두 점 사이의 거리를 최소로 하는 (또는 시공간에 대해서라면 고유 시간을 최대로 하는) 경로를 **측지선**geodesic이라고 부릅니다. 측지선은 3장에서 우리가 최소 작용의 원리를 생각한 방식과 아주 유사한 방식으로 유도할 수 있는 방정식(부록 B)을 따릅니다. 3장에서 우리는 한 입자가 취할 수 있는 모든 경로를 고려했고, 각각의 가능성을 작용과 연관지었으며, 가능한 경로들의 공간에서 작용이 0의 도함수를 갖기를 요구했습니다. 입자 궤적의 작용 대신 곡선의 길이를 최소화하는 것을 제외하고, 측지선을 찾는 일도 정확히 최소 작용을 찾는 일과 유사합니다.

최단 거리 경로가 되는 것에 추가하여 측지선은 계속해서 직선을 따라 걸을 때 우리가 얻게 되는 것입니다. 이 아이디어의 공식적인 형태는 평행이동을 이용합니다. 경로를 구성하고 있는 점들의 순서가 특정된 하나의 경로와 또한 우리가 이 경로를 따라 어디로 가고 있는지를 알려주는 1개의 매개변수를 생각해봅시다. 예를 들어, 우리는 $x^i(t)$라고 적을 수 있는데, 여기서 x^i는 어떤 차원에 있든 우리가 있는 차원의 좌표들이고, t는 경로를 따른 매개변수입니다(실제로 '시간'이 매개변수인 경우가 흔하지만, 여기서 우리는 t를 그냥 편리한 변수로 사용합니다). 그러면 우리가 움직이는 방향을 가리키는 1개의 벡터, 즉 속도 $v^i = dx^i/dt$가 존재하게 되고, 이 벡터의 길이가 우리의 속력이 됩니다.

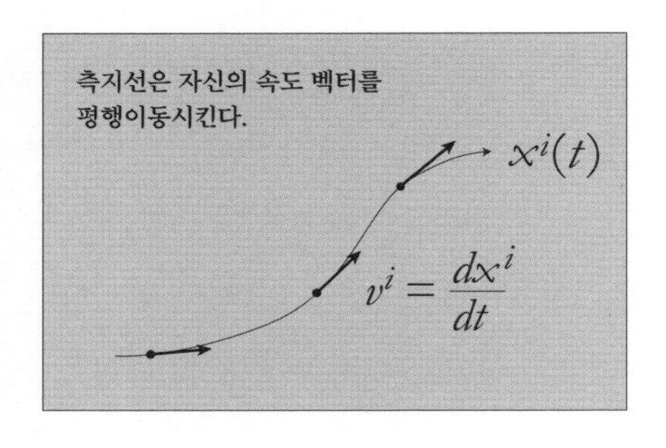

'계속해서 같은 방향으로 이동하기' 위해서는 이동하면서 가능한 한 속도 벡터를 일정하게 유지해야 합니다. 이것이 바로 평행이동이 하는 일입니다. 그러므로 측지선을 정의하는 또 다른 방법은 측지선이란 '각 점에서 속도가 초기 속도 벡터를 평행이동하여 얻는 것과 같게 되는 경로'라고 정의하는 것입니다. 이것이 결국에는 평행이동 과정이 계량 텐서와 관계를 맺게 되는 방법입니다. 자신의 속도 벡터를 평행이동시키는 곡선은 또한 최소 길이를 가진 곡선이 되어야 합니다.

곡률

우리는 계량 텐서가 다양체가 가질 수 있는 가장 기본적인 기하학이라는 지점에 와 있습니다. 계량 텐서는 더 높은 차원의 공간 영역에서 경로를 따른 거리, 면적과 부피, 그리고 벡터 사이의 내적을 계산할 수 있게 해줍니다. 또 계량 텐서는 곡선을 따라 벡터를 평행이동시키는 방법을 이야기해줍니다. 계량 텐서는 측지선을 생각하는 좋은 방법을 제공합니다. 측지선은 최단 거리의 경로일 뿐만 아니라 자신의 속도 벡터를 평행이동시키는 곡선이라고 생각할 수 있습니다. 그러나 평행이동 역시 퍼즐의 마지막 조각, 즉 공간이 휘어질 수 있는 모든 방법의 특징을 찾는 데 결정적으로 중요합니다.

구와 쌍곡면은 모두 휘어진 다양체들이지만, 이들은 가장 단순한 곡률을 가지고 있습니다. 곡률은 모든 점과 모든 방향에서 동일합니다. 다양체가 각 점에서 얼마의 곡률을 가지는지 알려주는 강력하면서도 국소적인 특징을 찾아내봅시다. 우리가 살펴본 것처럼, 계량은 그 자체로는 이 일을 하는 데 완벽하지 않습니다. 왜냐면 계량은 근본이 되는 기하학이 같더라도 다른 좌표계에서는 계량이 더 단순하거나 더 복잡하게 보이기 때문입니다. 우리는 공간이 얼마나 휘어져 있는지를 즉시 알려주는 하나의 양—아마도 일종의 텐서—을 정의하고자 합니다. 공간이 평평할 때는 이 양이 0이고, 공간이 휘어져 있을 때는 이 양이 0이 아닙니다.

구 위에서 2개의 다른 경로를 따라 벡터를 평행이동할 때, 결과적으로 우리는 북극에서 2개의 다른 벡터를 보게 됩니다. 같은 식으로 북극에서 출발하여 적도까지 내려갔다가 다시 북극으로 되돌아오는 닫힌 경로를 따라 여행할 수도 있습니다. 이것은 결정적으로 중요한 깨달음을 줍니다. 벡터를 닫힌 경로를 따라 평행이동할 경우, 되돌아온 벡터가 원래 벡터와 같은 방향일 필요는 없습니다. 적어도 벡터가 이동하고 다닌 공간이 휘어져 있다면, 같은 방향일 필요가 없습니다.

이것은 곡률의 존재를 특징지을 수 있는 한 가지 방법을 암시합니다. 평평한 공간에서 닫힌 경로를 따라 평행이동하면, 항상 출발했을 때의 벡터와 같은 벡터를 얻게 될 것입니다. 휘어진 다양체에서는 벡터가 이동하는 도중에 회전을 할 수 있습니다.

문제는 닫힌 경로의 개수가 너무 많다는 것입니다. 누구도 쉽게 벡터를 모든 가능한 닫힌 경로를 따라 이동시킬 때 벡터가 변화하는 방법을 적을 수 없습니다. 우리가 원하는 것은 닫힌 경로들의 특별한 집합, 즉 단지 몇 개의 숫자로 쉽게 특징을 알려주는 경로들을 골라내는 것입니다.

우리는 이 문제를 그동안 우리가 자주 해왔던 요령으로 해결할 수 있습니다. 즉 미소 경로를 생각하고, 원하는 유한한 크기의 결과를 얻기 위해 미적분을 사용하는 것입니다. 이런 이유로 임의의 다양체의 곡률을 연구하는 것을 **미분기하학**differential geometry이라고 부릅니다.

여기 우리가 따라 이동할 작은 닫힌 경로를 만드는 방법이 주어져 있습니다. 같은 점 p에서 정의된 2개의 벡터 $\vec{U}$와 $\vec{V}$가 있습니다. p에서 출발하여 $\vec{U}$의 방향으로 미소 거리를 이동합니다. 거기로부터 $\vec{V}$의 방향으로 미소 거리를 이동합니다(기술적으로 우리는 각각의 경우 $\vec{U}$와 $\vec{V}$의 길이에 비례해서 거리를 이동합니다). 그러고 나서 이동한 곳으로부터 $\vec{U}$의 반대 방향으로, 마지막으로 $\vec{V}$의 반대 방향으로 이동하여 원래 출발점으로 되돌아옵니다. 따라서 우리는 원래 출발점 p로 되돌아오게 되고, 우리의 여행 경로는 작은 평행사변형을 만듭니다.*

---

* 만약 곡률에 의해 정확히 원래 출발점으로 돌아오지 못할 것을 염려한다면, 여러분의 염려가

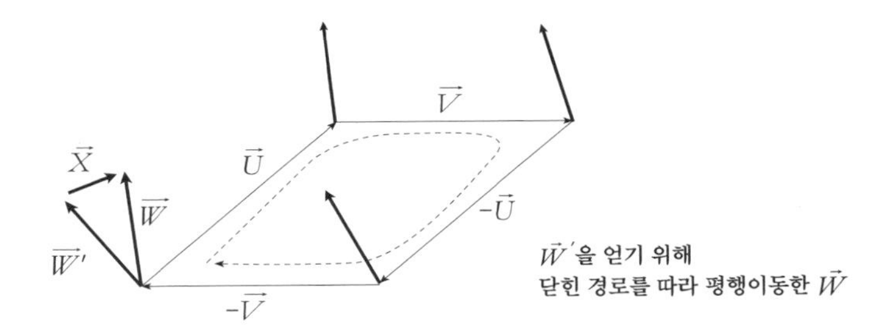

이것은 비교적 적은 양의 정보, 즉 한 점에서 두 벡터의 성분들을 사용해 작은 닫힌 경로를 정의하는 좋은 방법입니다. 거기로부터 곡률의 척도를 구하기 위해서 원래 출발점에 위치한 세 번째 벡터 $\vec{W}$를 생각해봅시다. 이제 우리의 작은 평행사변형을 따라 $\vec{W}$를 평행이동하면 그 결과로 새로운 벡터 $\vec{W}'$을 얻습니다. 평평한 다양체에서 이 벡터가 변하지 않으므로 $\vec{W}' = \vec{W}$를 얻게 됩니다. 그러나 휘어진 다양체에서는 벡터가 아주 조금이긴 하지만 변화할 것입니다. 우리는 이 차이를 또 다른 벡터로 정의할 수 있습니다.

$$\vec{X} = \vec{W} - \vec{W}' \tag{7.20}$$

이것이 임의의 다양체의 모든 점에서 곡률을 특정하는 방법입니다. 닫힌 경로를 정의하기 위해 두 벡터를 사용하고, 세 번째 벡터를 이 닫힌 경로를 따라 평행이동하면, 세 번째 벡터의 변화를 표현해주

맞습니다. 그러나 만약 평행사변형의 크기가 충분히 작다면, 이런 불일치는 여기서 우리가 관심을 가지는 양들에 비해 무시할 정도로 작습니다.

는 네 번째 벡터는 공간이 얼마나 휘었는지를 알려주는 척도가 됩니다. 공간이 거의 평평하다면, $\vec{X}$가 작을 것이고, 많이 휘어진 공간에서는 $\vec{X}$가 비교적 클 것입니다.

달리 말해, 우리가 얻게 되는 것은 3개의 벡터 $(\vec{U}, \vec{V}, \vec{W})$들의 집합을 네 번째 벡터 $\vec{X}$로 보내는 맵입니다. 그러나 우리는 이미 벡터 집합들 사이의 맵에 텐서라는 이름을 붙였습니다. 그러므로 우리가 실제로 얻게 되는 것은 **리만 곡률 텐서**Riemann curvature tensor입니다. 이 텐서에 입력해야 할 것은 닫힌 경로 및 이동할 세 번째 벡터를 정의하기 위한 2개의 벡터이고, 이 텐서가 출력하는 것은 닫힌 경로를 따른 변화를 알려줄 네 번째 벡터입니다.

2개의 다른 벡터로 정의되는 모든 평행사변형 주위를 한 바퀴 도는 모든 벡터에 무슨 일이 일어나는지 묻는 것은 여전히 약간 번거롭게 보일 수 있습니다. 여기서 성분의 마법이 우리를 구원해줍니다. 각 벡터를 성분을 가지고 생각한다면, $\vec{U}$는 성분 U^i의 집합으로 표현할 수 있고, 같은 식으로 다른 벡터도 성분으로 표현할 수 있습니다. 각 벡터의 성분의 개수는 우리가 있는 다양체의 차원과 같습니다.

그러면 선 요소에 대한 정보를 계량 텐서의 성분인 g_{ij} 속에 담을 수 있는 것처럼, 리만 곡률 텐서 역시 $R^i{}_{jkl}$로 적는 성분의 집합 속에 담을 수 있습니다(지표들이 위에 있느냐, 아래에 있느냐와 같이 지표들의 순서가 중요합니다). 이것은 우리에게 성분을 사용하여 $(\vec{U},\vec{V},\vec{W})$를 $\vec{X}$로 보내는 맵을 표현하는 구체적인 방법을 알려줍니다.

$$X^i = R^i{}_{jkl}W^jU^kV^l \tag{7.21}$$

여기서 아인슈타인 더하기 규칙이 작동하는 것에 주목하세요. 오른쪽 변에서 우리는 반복되는 지표들 j, k와 l의 모든 값을 더하고 있습니다.

물론 $R^i{}_{jkl}$은 많은 성분을 가지고 있습니다. 4개의 각 지표가 d차원의 다양체에서 d개의 값을 가지므로, 전부 해서 d^4개의 지표가 존재합니다. 3차원에서는 81개 성분, 4차원에서는 256개 성분, 차원이 증가하면 성분의 개수가 급격히 증가합니다.

다행히도 리만 텐서에 대칭성이 존재하기 때문에, 일반상대성이론 연구자들의 삶을 조금 편하게 해줍니다. 서로 다른 성분들이 간단한 방식으로 관계가 맺어져 있습니다. 예를 들어, 마지막 2개의 지표를 교환하면 같은 값을 갖지만 $R^i{}_{jkl} = -R^i{}_{jlk}$처럼 음의 부호가 붙습니다. 이런 관계 및 다른 관계들 덕분에 d차원에서 독립적인 성분의 전체 개수는 $\frac{1}{12}d^2(d^2-1)$이라는 계산이 나옵니다. 따라서 4차원에서 독립적인 성분의 개수는 20개입니다. 여전히 개수가 많긴 하지만, 다룰 만합니다. 2차원에서는 단지 1개 성분만이 존재합니다. 이것은 2차원 다양체의 모든 점에서 표면이 얼마나 (우리가 알고 있는 것처럼 양 또는 음으로) 휘어져 있는지를 알려주는 값은 1개만 존재한다는 것을 의미합니다. 1차원에서는 독립적인 성분의 개수가 0입니다! 우리는 휘어져 있는 것처럼 보이는 1차원 곡선을 그릴 수 있다고 생각합니다. 그러나 이것은 또다시 우리의 외부적 관점이 우리를 속이고 있기 때문입니다. 1차원 세계의 내부에서 곡률과 같은 것은 존재하지 않습니다.

곡률은 잘 정의된 방식에 따라 계량에 의존합니다. 그러나 그 의존도가 복잡하기 때문에, 또다시 어려운 세부적 내용을 부록 B에 남겨놓았습니다. 중요한 것은 여러분이 우리가 지금까지 한 일에 대한 개념적인 근거를 이해하는 것입니다. 계량, 그리고 평행이동과 측지선, 그러고 나서 곡률을 정의했습니다. 이들은 아인슈타인의 일반상대성이론을 이해하는 데 필요한 수학적 도구들입니다.

CHAPTER 8

중력

입자물리학자들은 자연에 존재하는 네 가지 힘에 관해 이야기하곤 하는데, 전자기력, 강한 핵력, 약한 핵력과 함께 중력이 이들 힘에 포함됩니다. 그러나 중력은 정확히 보편적인 힘이기 때문에, 이들과는 다른 종류의 힘입니다. 물체가 가진 전하에 따라 다른 영향을 미치는 힘들과는 달리 중력은 모든 것에 같은 방식으로 영향을 미칩니다. 이 때문에 힘을 시공간에서 전파되는 것이 아니라 시공간 자체의 성질로 생각하는 사고의 전환이 가능합니다.

✳ ✳ ✳

앞에 있는 장들에서 여러분이 어떤 인상을 받았는지 모르겠지만, 고전역학은 물리학 이론이 아닙니다. 고전역학은 정직한 이론들을 만들어낼 수 있는 뼈대입니다. 고전역학은 "물리계를 위치와 운동량, 또는 이들에 대한 적절한 일반화를 통해 기술할 수 있으며, 이 변수들이 뉴턴의 $\vec{F} = m\vec{a}$, 또는 해밀턴의 방정식, 또는 최소 작용의 원리로 주어지는 방정식을 (동등하게) 따른다"라고 이야기됩니다. 뉴턴역학은 힘이 무엇인지, 특수한 해밀토니안이 무엇인지, 또는 작용이 무엇인지 알려주지 않습니다. 이와 대조적으로 뉴턴의 중력은 구체적인 이론입니다. 이것은 힘이 무엇인지에 관한 정확한 규칙(역제곱 법칙)을 알려주며, 이를 통해 구체적인 예측을 할 수 있습니다. 넓은 우산과 같은 고전역학의 뼈대로부터 많은 구체적인 이론들이 등장했습니다.

양자역학은 고전역학의 대안이 되는 뼈대입니다. 고전적인 단조화 진동자에 대한 구체적인 이론이 존재하지만, 예를 들어 양자 단조화 진동자에 대한 별개의 이론도 존재합니다. 현대물리학자들이 생각하고 있는 거의 모든 이론은 '고전' 또는 '양자' 뼈대 중 하나에 속합니다.

상대성이론 역시 이론이 아닌 하나의 뼈대입니다. 특정 이론들은 (뉴턴의 중력처럼) '비상대론적' 이론, 아니면 (맥스웰의 전자기학 이론처럼) '상대론적' 이론입니다. 그 차이는 시공간을 생각하는 방식에서 생깁니다. 비상대론적 이론들은 절대 공간과 시간, 즉각적인 원격 작용이라는 특징을 가지지만, 반면 상대론적 이론들은 빛 원뿔과 엄격한 속력 제한이라는 특징을 가지고 있습니다. 비상대론적/상대론적 이론의 범주는 고전/양자 이론의 범주와 교차합니다. 해당 범주 가운데 어느 하나에 속하는 모형들이 존재합니다.

	고전역학	양자역학
비상대론적	뉴턴의 중력	양자 조화 진동자
상대론적	맥스웰의 전자기학	양자 전기역학

어떤 현상을 고전 또는 비상대론적 맥락에서 이해했다가 약간의 작업을 통해 양자 또는 상대론적 관점에서 유사하게 이해하는 일이 물리학에서는 흔하게 일어납니다.

상대성이론의 아이디어들은 주로 고전 상대성이론의 전형으로 남아 있는 맥스웰의 전자기학이 가진 특성들에 영감을 받아 나왔습니다. 그러나 상대성이론이 자리를 잡자 다른 자연의 힘들에 눈을 돌려 이 힘들이 어떻게 새로운 뼈대와 어울릴지 묻는 것은 자연스러운 일이었습니다. 고려해야 할 분명한 예는 중력이었습니다. 뉴턴은 비상대론적 고전역학이 탄생하는 바로 그때 중력을 매우 성공적으로 기술할 수 있었습니다.

성공적인 상대론적 중력이론을 찾는 일은 누구도 예상하지 못한 어려운 일이었습니다. 아인슈타인이 1905년 특수상대성이론에 관한 논문을 발표한 것과 1915년 일반상대성이론의 체계를 최종적으로 발표한 것 사이에는 10년이란 시간 간격이 있습니다. 이 문제를 연구한 사람은 아인슈타인만이 아니었습니다. 핀란드의 물리학자 군나르 노르드스트룀Gunnar Nordström도 경쟁 이론을 개발했으며, 노르드스트룀과 아인슈타인은 각자 연구를 하면서 서신을 교환했습니다. 그러나 아인슈타인의 필적할 수 없는 물리적 통찰력과 사고실험을 통해 생각하는 재능이 결국 그를 승리로 이끌었습니다. 특수상대성이론에 대한 아인슈타인의 기여는 엄청나게 중요했지만, 그가 노벨상을 받은 것은 양자역학의 기초에 관한 연구 때문이었습니다(이 연구 역시 1905년에 이루어졌습니다). 그러나 일반상대성이론을 휘어진 시공간에 대한 이론으로 제안한 일로 아인슈타인은 20세기의 가장 저명한 과학자가 되었습니다.

관성 질량과 중력 질량

질량과 중력은 특별한 관계에 있습니다. 뉴턴의 제2법칙은 물체에 작용하는 힘은 질량과 물체의 가속도를 곱한 것과 같다는 것입니다. 반면 뉴턴의 중력의 역제곱 법칙은 두 물체 사이의 중력은 각 물체의 질량에 비례하고 거리의 제곱에는 반비례한다는 것입니다.

'질량'이라는 아이디어는 두 관계에서 모두 나옵니다. 그러나 이 아이디어가 담당하는 역할은 두 경우 완전히 다릅니다. 뉴턴의 제2법칙에서 질량은 관성—물체가 가속에 저항하는 정도—의 척도입니다. 가속도를 일으키는 힘이 무엇이든 상관없이 질량은 항상 같은 양입니다. 그러나 중력 법칙에서 질량은 중력이라는 특정한 힘과 물체 사이의 상호작용을 가리키는 척도입니다. 왜 이처럼 개념적으로 두 가지 다른 양이 수치적으로 서로 같은 값을 가질까요?

이것을 강조하기 위해 m은 물체의 관성 질량, M은 중력 질량이라고 합시다. 뉴턴의 제2법칙은 아래와 같습니다.

$$\vec{F} = m\vec{a} \tag{8.1}$$

반면 물체 1과 물체 2에 대한 중력의 역제곱 법칙은 아래와 같습니다.

$$\vec{F} = G\frac{M_1 M_2}{r^2}\vec{e}_r \tag{8.2}$$

하지만 실제 세계에서는 관성 질량과 중력 질량이 서로 동일합니다.

$$m = M \tag{8.3}$$

이처럼 되어야 할 분명한 이유는 없습니다. 쿨롱의 법칙으로 주어지는 두 대전 입자들 사이의 힘에 대해 생각해봅시다. 이 힘 역시 역제곱의 형태를 가지며 아래와 같이 쓸 수 있습니다.

$$\vec{F} = K\frac{Q_1 Q_2}{r^2}\vec{e}_r \tag{8.4}$$

이것은 뉴턴의 중력 법칙과 매우 유사한데, 뉴턴의 상수 G를 쿨롱의 상수 K로, 중력 질량을 전하 Q_1과 Q_2로 대체하면 됩니다. 그러나 결정적인 차이가 존재합니다. 중력과 달리 전자기학에서 전기력의 근원 역할을 하는 전하는 물체의 관성 질량과는 전혀 관계가 없습니다. 전하는 (양성자에서처럼) 양이 될 수도, (전자에서처럼) 음이 될 수도, 또는 (중성자에서처럼) 0이 될 수도 있습니다. 입자가 다르면 전기력에 대해서도 다르게 반응하며, 어떤 입자들은 전혀 반응하지 않습니다. 반면 모든 입자는 그 질량에 정확히 비례해 중력에 반응하며, 중력은 항상 끌어당기는 힘입니다.

뉴턴의 중력이론은 중력의 근원인 질량이 관성과 운동을 결정하는 질량과 같은 이유를 설명해주지 않습니다. 우리는 이것을 그냥 우주에 관한 하나의 사실로 받아들입니다.

등가원리

관성 질량과 중력 질량의 등가성은 도발적인 결과를 초래합니다. 중력을 통해 서로 끌어당기는 두 입자를 생각해봅시다. 그리고 입자 1의 영향을 받는 입자 2에 어떤 일이 생기는지 생각해봅시다. (8.1)과 (8.2)

를 결합하면 아래와 같이 됩니다.

$$\vec{F} = m_2\vec{a} = G\frac{M_1 M_2}{r^2}\vec{e}_r \qquad (8.5)$$

그러나 $m_2 = M_2$이므로 이 양들이 서로 상쇄되어 아래의 값이 남습니다.

$$\vec{a} = G\frac{M_1}{r^2}\vec{e}_r \qquad (8.6)$$

이것은 입자 2가 느끼는 가속도에 관한 식으로 입자 2의 질량과는 완전히 독립적임을 알 수 있습니다. 달리 말하자면, 모든 물체는 중력장에서 물체의 질량(이나 다른 물리량들)과 무관한 동일한 방식으로 가속됩니다.

흥미로운 결과입니다. 전자기력과 같은 다른 힘들에 대해서는 이것이 성립하지 않습니다. 주어진 전기장에서 양으로 대전된 입자가 어떤 한 방향으로 힘을 받으면, 음으로 대전된 입자는 이와 반대되는 방향으로 힘을 받습니다. 대조적으로 중력은 모든 물체에 같은 방향과 같은 비율로 작용합니다. 이런 통찰력을 얻은 때는 뉴턴의 방정식이 등장하기 이전인 갈릴레오 시절로 거슬러 올라갑니다.

아인슈타인의 돌파구는 중력의 이런 특징—모든 입자가 중력장에서 같은 비율로 낙하하는—을 받아들이고, 이것을 일반 원리로 확장하는 것이었습니다. 3장에서 우리는 폐쇄된 우주선 안에 있을 경우, 가속하는 중인지 아닌지는 말할 수 있지만, 속도를 측정할 방법은 전혀 없다는 것에 주목했습니다. 대신 우리는 이제 지상에서 정지해 있는 우주선을 우주 공간에서 가속도 g(지구 표면에서의 중력에 의한 가속도)로 가속하고 있는 우주선과 비교해봅시다.

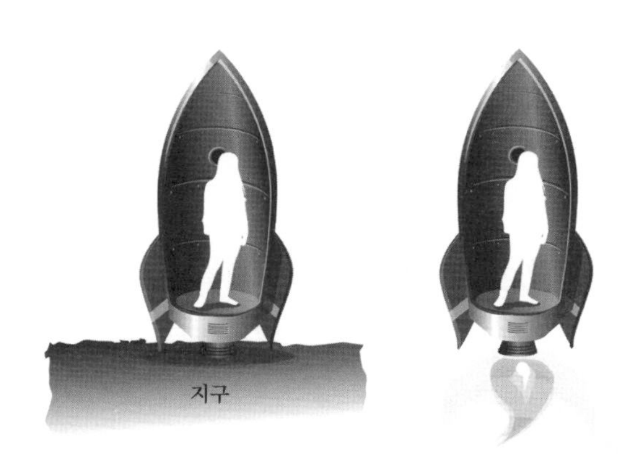

가속하고 있는 우주선 안에서 잡고 있던 물체를 놓으면, 우주선의 운동 때문에 물체가 바닥으로 낙하합니다. 모든 물체는 같은 방식으로 낙하하게 될 것입니다. 왜냐면 사실 우주선이 낙하의 원인을 제공하기 때문입니다. 그러나 관성 질량과 중력 질량이 등가이기 때문에, 같은 일이 지상에 정지하고 있는 우주선 안에서도 일어납니다. 모든 낙하하는 물체는 질량과 무관하게 같은 가속도로 낙하하게 됩니다.

이 사실로부터 아인슈타인은 **등가원리**principle of equivalence를 제안하게 되었습니다. 시공간의 작은 영역에서 중력 효과는 가속 기준틀에 있는 물체가 받는 효과와 동일합니다. 이것은 단지 물체들이 어떻게 낙하하는지를 보기 위해 물체를 떨어뜨리는 문제가 아닙니다. 폐쇄된 우주선에 타고 우주 공간에서 가속 운동을 하고 있는지, 또는 지상에서 편히 앉아 쉬고 있는지를 알 수 있는 실험을 여러분은 절대 할 수 없습니다. 운영 측면에서 보자면, 작은 영역의 시공간에서는 물리학 법칙들이 (중력이 존재하지 않을 경우의) 특수상대성이론의 법칙들로 단순화됩니다.

더 큰 영역의 시공간을 고려할 때, 이것은 분명히 성립하지 않습니다. 중력장은 여러분이 어디에 있느냐에 따라 다른 방향으로 끌어당길 수 있습니다. 반면 가속계는 항상 내부에 있는 모든 것이 균일한 운동을 하도록 만듭니다. 예를 들어, 지구 근처에서 중력은 항상 지구의 중심을 향하게 됩니다. 우주선의 크기가 지구와 같다면, 멀리 떨어진 진자들이 다른 방향을 가리킨다는 것을 알아차릴 수 있을 것입니다. 그러므로 등가원리를 작은 영역의 시공간으로 제한하는 것이 아주 중요합니다.

이런 통찰력을 갖게 된 여러분과 나는 스스로 자랑스러워하며, 여기서 끝낼 수 있습니다. 아인슈타인은 아인슈타인이기 때문에, 한 걸

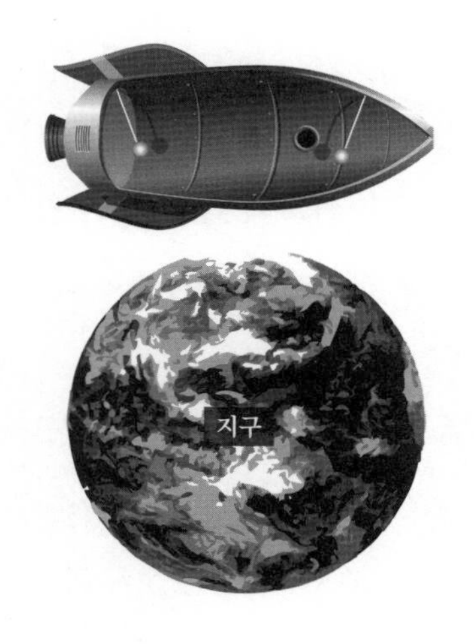

음 더 나아갔습니다. "물리학이 작은 영역의 시공간에서는 특수상대성이론과 유사하다"라는 사실은 의심스럽게도 우리가 이전에 들었던 이야기 같습니다. 사실은 바로 앞 장에서 나온 이야기입니다. 베른하르트 리만은 휘어진 다양체를 생각하는 방법이 "작은 영역의 공간에서는 유클리드 기하학처럼 보인다"라는 입장을 취하는 것임을 깨달았습니다. 그러므로 아인슈타인은 중력이 시공간 내부에 존재하는 '힘'이 아닐 수도 있다고 추론했습니다. 우리는 중력을 시공간 자체의 특성, 즉 곡률이라고 생각해야 할 수도 있습니다.

자유 낙하

터무니없는 이야기 같은데, 그렇지 않은가요? 물론 중력은 힘입니다! 사과는 나무에서 떨어지고, 사람들은 발을 헛디뎌 계단에서 굴러 떨어지며, 지구는 태양 주위를 공전합니다. 어떻게 우리가 중력은 힘이 아니라는 생각을 할 수 있을까요?

정직하게 말해서 중력을 힘이라고 생각하는 것이 맞다고 여긴다면, 여러분은 여전히 그렇게 생각해도 괜찮습니다. 입자물리학자들은 자연에 존재하는 네 가지 힘에 관해 이야기하곤 하는데, 전자기력, 강한 핵력, 약한 핵력과 함께 중력이 이들 힘에 포함됩니다. 그러나 중력은 정확히 보편적인 힘이기 때문에, 이들과는 다른 종류의 힘입니다. 물체가 가진 전하에 따라 다른 영향을 미치는 힘들과는 달리 중력은 모든 것에 같은 방식으로 영향을 미칩니다. 이 때문에 힘을 시공간에서 전파되는 것이 아니라 시공간 자체의 성질로 생각하는 사고의 전환이 가능합니다.

아인슈타인의 견해는 관점의 변화를 요구합니다. 여러분이 커피잔을 떨어뜨려 잔이 바닥에 떨어진다고 합시다. 여러분은 "중력이 커피잔을 아래로 끌어당겼습니다"라고 말하고 싶을 것입니다. 그러나 일반상대성이론에 의하면, 사물이 힘을 받지 않을 때 사물은 자유 낙하를 합니다. 커피잔은 그냥 자연스러운 일을 하는 중입니다. 힘을 경험하는 사람은 바로 지면에 서 있는 여러분입니다. 지구는 여러분의 신발을 위로 밀어 올려 여러분을 자유 낙하 궤적에서 벗어나게 합니다. 이것은 같은 사건들의 집합이지만, 단지 다른 방식으로 기술된 것입니다.

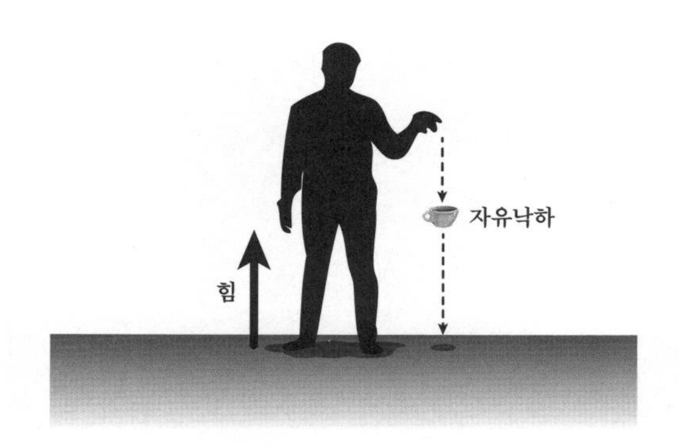

특수상대성이론에서 힘을 받지 않는 물체는 직선 운동을 합니다. 우리는 직선을 일반화하면 휘어진 다양체에서 무엇이 되는지 알고 있습니다. 바로 측지선이 됩니다. 일반상대성이론에 의하면, 시공간은 휘어져 있고, 가속 운동을 하지 않는 물체는 이 휘어진 다양체의 측지선을 따라 움직입니다.

여러분은 지구가 태양 주위를 타원에 가까운 궤도를 따라 공전하며, 누구도 이것이 직선이라고 생각하지 않는다는 것에 반대할 수도 있습니다. 그 이유는 여러분이 여전히 시공간이 아닌 공간이라는 생각에 집착하고 있기 때문입니다. 태양의 정지 기준틀에서 지구는 거의 시간꼴 방향을 따라 움직입니다. 왜냐면 공간에서 지구의 운동이 너무 느리기 때문입니다(대략 광속의 0.0001배). 그러나 태양의 중력은 태양 주위의 시공간을 부드럽게 휘게 만들기 때문에, 태양 주위의 측지선은 공간에서 타원처럼 보입니다. 커피잔과 마찬가지로 지구는 단순히 직선을 따라 움직이기 위해 최선을 다합니다.

시공간 계량

6장에서 우리는 민코프스키 시공간 및 고유 시간과 공간꼴 곡선의 길이의 공식이 피타고라스의 정리와 유사하지만 재미있게도 음의 부호를 가지게 되었다는 것을 이야기했습니다. 7장에서는 리만 기하학에 대해 이야기했고, 또 우리에게 곡선의 길이를 계산할 수 있게 해주는 선 요소를 알려주는 계량 텐서가 기본 아이디어가 되는 과정도 이야기했습니다. 이것들은 서로 긴밀한 관계를 가지고 있습니다. 상대성이론은 시공간이 특별한 종류의 계량을 가지고 있다는 아이디어를 기반으로 만들어졌습니다. 이 계량은 시간꼴 방향에 대해 음의 부호를 가지고 있습니다. 음의 부호를 가진 이런 종류의 계량을 **로런츠 계**

량Lorentzian metric이라고 부르고, 시공간이 완벽하게 평평하다면 **민코프스키 계량**Minkowski metric이라고 부릅니다.

시공간의 차원에 지표를 붙이는 재미있는 요령을 기억하고 있나요? 4개의 시공간 차원에는 그리스 문자 지표를 사용합니다(x^μ). 그리고 시간에 대해서는 0($x^0=t$), 공간에 대해서는 라틴 문자($x^i=x^1, x^2, x^3$)를 사용해 구별합니다. 이런 표기법을 사용하면 민코프스키 계량은 아래의 형태를 가집니다.

$$g_{\mu\nu} = \begin{pmatrix} g_{00} & g_{01} & g_{02} & g_{03} \\ g_{10} & g_{11} & g_{12} & g_{13} \\ g_{20} & g_{21} & g_{22} & g_{23} \\ g_{30} & g_{31} & g_{32} & g_{33} \end{pmatrix} = \begin{pmatrix} -1 & 0 & 0 & 0 \\ 0 & +1 & 0 & 0 \\ 0 & 0 & +1 & 0 \\ 0 & 0 & 0 & +1 \end{pmatrix} \tag{8.7}$$

이것은 아래와 같은 선 요소 형태와 동등합니다.

$$ds^2 = -dt^2 + dx^2 + dy^2 + dz^2 \tag{8.8}$$

음의 부호가 약간 어색하긴 하지만, 여러분은 이것을 다루는 방법을 배우게 됩니다. 우리가 사용한 방식은 계량으로부터 시간꼴 곡선의 길이를 직접 알아낼 수 있다는 것입니다. 그리고 그것은 사실 우리가 앞서 식 (6.10)에서 했던 것과 같은 것입니다. 그러나 시간꼴 곡선—여러분도 알고 있듯이, 실제 물체가 따라 움직이는 곡선—의 경우, 시공간 간격 ds^2이 음이므로 $ds=\sqrt{ds^2}$이 허수가 되는데, 이것은 이상해 보입니다. 그래도 문제가 되지 않습니다. 시간꼴 곡선의 경우, 우리는 대신 아래와 같이 정의되는 고유 시간을 다루면 됩니다.

$$d\tau^2 = -ds^2 \tag{8.9}$$

또는 단순히 (8.8)의 오른편 항 전체에 −1을 곱할 수 있으며, 선 요소는 우리가 선택한 것을 뺀 값으로 정의합니다. 그러면 선 요소는 직접 고유 시간을 알려주고, 공간꼴 거리를 계산할 때는 이것에 −1을 곱하면 됩니다. 그것은 칭찬을 받을 만한 일이고, 단지 관습적인 선택의 문제일 뿐이며, 수많은 교재에서 이런 방식으로 설명하고 있습니다(상대성이론을 전공한 물리학자들은 대개 여기서 우리가 선택한 −+++ 관습을 따르지만, 반면 입자물리학자들은 보통 +−−−관습을 따릅니다). 종종 '어떤 순간의 공간'에 대해 생각하고 싶을 때는 우리의 선택이 편리한데, 이 방식은 멋진 +++의 유클리드 관습을 물려받고 있기 때문입니다.

특수상대성이론을 하나의 간단한 문장으로 압축하고자 한다면, 그것은 "시공간이 민코프스키 계량을 가지고 있다"가 될 것입니다. 식 (8.7)과 (8.8)은 여러분이 거리, 시간, 빛 원뿔, 쌍둥이들의 공간 여행이나 또 다른 모험, 또는 그 이상을 이야기하고자 할 때 필요로 하는 모든 정보를 담고 있습니다.

아인슈타인의 통찰력은 우리 우주의 실제 시공간이 작은 영역에서는 민코프스키 시공간처럼 보이지만, 시공간이라는 원단 전체가 리만이 상상했던 것처럼 곡률을 가지도록 바느질되어 있다는 것을 알아낸 것입니다. 전체 기하학은 일종의 계량으로 기술할 수 있지만, 계량이 (8.7)처럼 단순하지 않을 것입니다. 전문적인 일반상대성이론 연구자들은 대부분의 시간을 시공간 계량이 무엇인지와 그것이 우주에 있는 물질에 어떤 영향을 주는지를 알아내는 데 사용합니다.

민코프스키 계량과는 조금 다른 간단한 계량에 대해 살펴봅시다. 여기 팽창하는 우주에 대한 계량이 주어져 있습니다.

$$g_{\mu\nu} = \begin{pmatrix} -1 & & & \\ & a^2(t) & & \\ & & a^2(t) & \\ & & & a^2(t) \end{pmatrix} \tag{8.10}$$

계량의 성분이 0인 곳은 빈칸으로 남겨 놓았는데, 필요하다면 마음속에서 0으로 채우기 바랍니다. 선 요소 형태로 적으면 아래와 같이 됩니다.

$$ds^2 = -dt^2 + a^2(t)\left[dx^2 + dy^2 + dz^2\right] \tag{8.11}$$

함수 $a(t)$를 **축척 인자**scale factor라고 부릅니다. 어떤 일이 일어나고 있는지를 물리적으로 생각한다면, 시간이 완전히 정상적으로 째깍거리며 가는 것을 알게 됩니다. 민코프스키 시공간에서처럼 dt^2의 계수인 계량의 g_{00}성분이 -1이기 때문에 그렇습니다. 그러나 공간 부분에는 축척 인자가 곱해져 있습니다. 은하와 같은 두 물체가 정해진 공간 좌표에 위치한다면, 둘 사이의 거리는 $a(t)$가 증가함에 따라 커질 것입니다. 이처럼 우리는 팽창하는 공간을 수학적으로 기술할 수 있습니다.

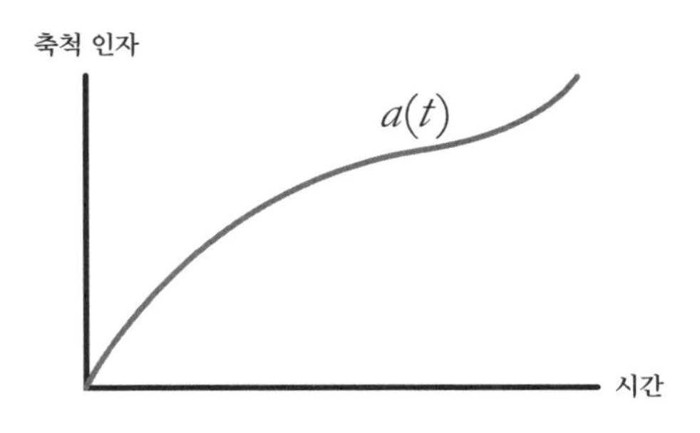

일반상대성이론에 관한 생각은 흔히 다음과 같은 방식으로 진행됩니다. 우리는 주어진 성질들을 가진 물리적 상황에 대한 모델을 만들기로 결심합니다. 예를 들어, 물질이 불균일하게 모여 있는 우주가 아니라 물질이 균일하게 분포된 우주를 상상할 수 있습니다. (시공간을 휘게 만드는) 물질이 공간에 균일하게 분포되어 있기 때문에, 우리는 계량이 공간적 위치 x^i와는 무관하고, 시간 t에만 의존한다고 추론할 수 있습니다. 더 나아가 (시공간이 아닌) 공간이 양이나 음으로 휘어지지 않고 평평한 유클리드 기하학을 가졌다고 합시다. 이런 요구사항들은 본질적으로 (8.10) 형태의 계량으로 우리를 이끕니다. 그러나 이 요구사항들은 축척 인자 $a(t)$가 어떻게 행동하는지 이야기해주지 않습니다. 축척 인자는 물질을 비롯한 다른 재료들이 우주에 얼마나 많이 존재하는지에 의존할 것입니다. 분명한 것은 계량을 물질 및 에너지와 관계지어주는 방정식이 필요하다는 것입니다. 아인슈타인이 생각해낸 것이 바로 그것이었습니다.

에너지-운동량 텐서

수학에서, 우리는 공리들을 적고 공리로부터 엄밀하게 정리를 유도할 수 있습니다. 반면 과학에서는, 기본적으로 물리학 법칙들을 추측 또는 박식하게 이야기해서 '가정'한 후, 이 법칙들이 내부적으로 일관성을 가지는지, 또 실험 데이터와 일치하는지를 검증합니다. 아인슈타인은 시공간 계량의 행동을 지배하는 방정식을 추측하는 작업을 했습니다.

뉴턴의 중력에서 중력은 끌어당기는 힘을 일으키는 물체의 질량에 비례합니다. 우리는 이 아이디어를 상대론적으로 일반화하고자 합니다. 상대성이론에서 '질량'은 단지 에너지의 한 종류에 불과합니다(질량은 물체가 정지해 있을 때, 물체 안에 있는 고유한 에너지입니다). 그리고 에너지는 운동량과 통합되어 있습니다. 6장에서 논의했던 것처럼 에너지는 네-운동량 벡터의 0번째 성분입니다.

그러나 그 논의는 점으로 이상화할 수 있는 단일 물체의 에너지와 운동량에 초점이 맞춰져 있었습니다. 우리가 항상 그렇게 운이 좋을 수는 없습니다. 때로는 별의 내부나 은하 주위 암흑물질의 분포와 같이 공간에 퍼져 있는 물질과 에너지의 근원을 고려해야 할 때가 있습니다. 상대성이론에서는 이런 물질의 퍼진 분포를 **유체**fluid라고 부릅니다. 우리는 종종 전혀 유체와 같지 않은 예들을 고려하기 때문에, 유체가 멋진 용어는 아닙니다. 행성의 내부가 완전히 고체일지라도, 행성의 내부를 유체라고 부릅니다. 무작위적으로 움직이는 광자 집단도 유체입니다. 일반상대성이론 연구자들에게 '유체'는 한 점에 밀집해 있지 않고 공간에 퍼져 있는 모든 형태의 물질을 일컫는 용어입니다.

유체의 경우, 질량이나 에너지를 생각하기보다 보통 그리스 문자 ρ(로)로 적는 **에너지 밀도**energy density를 생각할 수 있습니다. 에너지 밀도는 세제곱센티미터(또는 어떤 단위를 사용해도 무방합니다)당 에너지의 양을 말합니다. 에너지 밀도는 공간과 시간에 따라 변할 수 있으며, 따라서 일반적으로 x^μ의 함수가 됩니다. 별이나 행성처럼 밀집된 물체의 경우, 전체 에너지는 에너지 밀도를 공간에 대해 적분한 것이 됩니다.

그러나 유체는 각 점에서 에너지 밀도와 그 외의 것들로 특징지어집니다. 또 유체가 용기의 벽에 작용하는 힘의 양으로 여겨지는 **압력**pressure이라는 것도 있을 수 있습니다(유체가 문자 그대로 용기 안에 들어 있지 않더라도 용기가 있는 것처럼 유체가 작용하는 힘을 생각할 수 있습니다). 유체는 복잡한 방식으로 움직입니다(대기나 물의 흐름을 생각해보세요). 그러므로 일반적으로 각 점에서 유체와 관련된 속도 벡터가 존재합니다. 그리고 물체가 평형 상태의 모양에서 비틀리거나 왜곡되면, 다른 종류의 변형력과 변형이 나타날 수 있습니다. 에너지 밀도처럼 이런 양들은 모두 일반적으로 우리가 살펴보고 있는 시공간상의 점이 무엇인지에 의존합니다.

상대성이론에서 이런 모든 아이디어가 모여 **에너지-운동량 텐서**energy-momentum tensor(또는 **변형력-에너지 텐서**stress-energy tensor라고도 부릅니다)를 만들며, 보통 $T_{\mu\nu}$로 적습니다. 에너지-운동량 텐서는 물질(또는 복사나 다른 모든 것) 집단의 질량, 에너지, 운동량, 압력, 변형력 및 다른 에너지꼴 특성들에 관해 우리가 알고자 하는 모든 것을 요약합니다.

상상할 수 있듯이, 일반적으로 더 친숙한 양들로 $T_{\mu\nu}$를 표현하는 것은 끔찍할 정도로 복잡해 보일 것입니다. 그러나 우리는 **완전 유체** perfect fluid라는 간단한 경우를 고려함으로써, 직관적 지식을 얻을 수 있습니다. 완전 유체는 정지 기준틀의 모든 방향에서 동일한 성질을 가지는 유체입니다. 그럴 경우, 완전 유체의 에너지-운동량 텐서를 특정하는 데 필요한 양은 에너지 밀도 ρ와 압력 p뿐입니다. 평평한 시공간 및 완전 유체의 정지 기준틀에서 에너지-운동량 텐서는 아래처럼 보입니다.

$$T_{\mu\nu} = \begin{pmatrix} \rho & & & \\ & p & & \\ & & p & \\ & & & p \end{pmatrix} \tag{8.12}$$

00 성분은 에너지 밀도이고, 대각선 공간 성분들은 압력과 같습니다. 비완전 유체의 경우나 비정지 기준틀에서는 에너지-운동량 텐서가 아주 복잡해집니다. 방향이 다르면 압력이 달라질 수 있으며, 변형력과 변형에 의해 비대각선 성분들이 존재할 수 있습니다. 그러나 우리는 이미 열심히 생각해왔기 때문에, (8.12)의 간단한 형태를 고집해도 무방합니다. ρ와 p모두 x^{μ}의 함수이므로, 이 표현은 많은 정보를 전달할 수 있습니다. 완전 유체는 우주 공간을 채우고 있는 행성, 별

또는 암흑물질과 암흑에너지를 기술할 수 있습니다.

아인슈타인의 방정식

그러므로 뉴턴의 중력을 상대론적 맥락으로 일반화하기 위해 우리는 시공간 계량을 에너지-운동량 텐서와 연관시켜주는 하나의 방정식을 구하고자 합니다. 이것은 입자의 에너지를 입자의 운동량과 연관시킬 때, 우리가 보았던 통합을 확정시킨 것입니다. 일반상대성이론에서 중력은 단지 질량에 의해 생기는 것이 아니고, 다른 모든 종류의 에너지, 압력, 변형력 등에 의해 생깁니다.

그러면 우리는 어떻게 그 일을 할 수 있을까요? $g_{\mu\nu}$와 $T_{\mu\nu}$는 모두 아래쪽에 2개의 지표를 가진 텐서이고, 보너스로 두 텐서 모두 대칭성을 가지고 있습니다($g_{\mu\nu} = g_{\nu\mu}$ 및 $T_{\mu\nu} = T_{\nu\mu}$). 그러므로 첫 번째 추측으로 이들 두 텐서가 서로 비례한다고 상상해봅시다.

$$g_{\mu\nu} = \alpha T_{\mu\nu} \tag{8.13}$$

여기서 α는 비례상수입니다. 텐서와 관련된 방정식이 있을 때는 항상 양쪽 변의 모든 항이 같은 자유 지표들을 가지고 있어야 합니다. 그렇지 않으면 같은 형태의 텐서를 같게 할 수가 없습니다.

이것은 아주 어리석은 추측이지만, 이론물리학자들의 뇌리에 100만 분의 1초 정도 스치고 지나갔다가 곧바로 폐기되는 추측일지라도, 우리는 물리학자들의 생각을 여러분에게 알려주고자 합니다. 우리는 즉시 이것이 옳지 않다는 것을 압니다. 왜냐면 비어 있는 공간에서 $T_{\mu\nu}=0$이 되어야 하기 때문입니다(이 표현은 텐서의 모든 성분이 0인 것을 짧게 표시한 것입니다). 그러나 우리는 분명히 $g_{\mu\nu}=0$을 원하지 않습니다. 우리는 우리 방정식이 비어 있는 공간, 또는 더 구체적으로 중력이 없는 상황에서 민코프스키 계량을 얻기를 원합니다.

우리 두뇌를 조금 사용해봅시다. (8.13)이 수학적으로 맞는 것처럼 보이지만—2개의 지표를 가진 두 가지 대칭 텐서를 같게 만듭니다—이 식은 물리적으로 말이 되지 않습니다. 직관적으로 이 방정식은 에너지-운동량이 어떻게든 계량을 만들어내고 있음을 의미합니다. 그것은 전혀 우리가 원하는 바가 아닙니다. 우리는 에너지-운동량이 계량을 휘게 하기를—시공간을 창조하는 것이 아니라 시공간을 휘게 하는 것을—원합니다. 물질이 없다면($T_{\mu\nu}=0$), 시공간이 평평합니다. 그러나 거기에 행성이나 별이 나타난다면, 시공간이 휘어져야 합니다.*

이런 사실을 생각한다면, 우리가 진짜 원하는 것은 에너지-운동량 텐서가 계량 자체가 아닌 계량의 도함수들의 생성원으로 활동하는 것입니다. 0이 아닌 도함수들은 우리가 휘어짐을 규정하는 방법입니다. 앞서 4장에서 어떻게 라플라스가 뉴턴의 중력을 생각하는 방법으로 중력 퍼텐셜을 도입했는지 언급했습니다. 이런 맥락에서 중력은 퍼텐

---

* 심지어 물질이 없더라도, 시공간이 평평하지 않을 수 있습니다. 예를 들어, 비어 있는 공간을 지나는 중력파들이 존재할 수 있습니다. 그러나 시공간이 평평하다면, 물질이 존재할 수 없습니다.

셜의 도함수에 의존합니다. 우리의 새로운 상대론적 맥락에서 우리는 계량 텐서를 대략 중력 그 자체보다 도함수가 중력을 알려주는 중력 퍼텐셜과 유사하다고 생각해야 합니다.

따라서 우리는 계량 및 도함수를 사용해 만들 수 있는 2개의 아래쪽 지표를 가진 대칭 텐서를 찾고자 합니다(그러면 이 텐서를 $T_{\mu\nu}$에 비례하게 할 수 있습니다).

$$\left(\begin{array}{c}\text{계량 및 계량의 도함수를} \\ \text{사용해 만든 대칭 텐서}\end{array}\right)_{\mu\nu} = \alpha T_{\mu\nu} \tag{8.14}$$

우리는 이미 이런 텐서를 가지고 있습니다. 리만 곡률 텐서 $R^{\lambda}{}_{\sigma\mu\nu}$ (이제 우리가 시공간에 있기 때문에, 그리스 문자를 사용하고 있습니다)는 계량의 도함수를 사용해 얻은 텐서입니다. 유일한 문제는 리만 곡률 텐서가 너무 많은 지표를 갖고 있다는 것입니다. 그러나 리만 텐서의 첫 번째 지표와 세 번째 지표만을 더해 만들 수 있는 또 다른 텐서, **리치 텐서**Ricci tensor가 있습니다. 리치 텐서는 이탈리아의 수학자 그레고리오 리치-쿠르바스트로Gregorio Ricci-Curbastro의 이름을 딴 텐서입니다. 그는 또한 텐서 미적분의 기초 및 현대 리만 기하학의 많은 도구를 발명했습니다. 리치는 옛 제자였던 툴리오 레비-치비타Tullio Levi-Civita와 함께 발표한 영향력이 큰 1900년 리뷰 논문(아인슈타인이 텐서를 공부하기 위해 이 논문을 읽었습니다)에서 알 수 없는 이유로, 자신의 이름에서 '쿠르바스트로'를 빼고 'G. 리치'라고 서명했습니다. 리치의 다른 모든 논문에서 그는 전체 이름을 사용했는데, 이 논문만이 유일한 예외였습니다. 아마도 리치는 자신이 소개할 텐서가 짧고 기억에 남을 이름을 가질 가치가 있는지 의심했던 것 같습니다.

아인슈타인의 더하기 규칙을 사용하면 리치 텐서는 아래와 같습니다.

$$R_{\mu\nu} = R^{\lambda}{}_{\mu\lambda\nu} = R^{0}{}_{\mu 0\nu} + R^{1}{}_{\mu 1\nu} + R^{2}{}_{\mu 2\nu} + R^{3}{}_{\mu 3\nu} \qquad (8.15)$$

그리스 문자에 변화를 주었지만, 문제가 될 것은 없습니다. 그리스 문자들은 임의로 붙인 지표들에 지나지 않습니다. 방정식 전체에 걸쳐 우리의 지표 선택이 일관성(같은 자유 지표들의 집단)을 가지는 한 문제가 되지 않습니다. 리치 텐서는 또한 대칭성을 가지고 있습니다, $R_{\mu\nu} = R_{\nu\mu}$.

우리가 목표에 아주 가까이 간 것이 분명해 보입니다. 우리는 아래의 형태를 가진 방정식을 명확하게 제시하여야 합니다.

$$R_{\mu\nu} = \alpha T_{\mu\nu} \qquad (8.16)$$

여기서 α는 또다시 비례상수입니다. 이 텐서는 (8.13)보다 훨씬 더 합리적인 가정입니다. 이것은 일반적인 (8.14)의 형태를 가졌으며, 계량 및 계량의 도함수들을 사용해 만든 두 지표를 가진 대칭 텐서를 에너지-운동량 텐서와 같게 만들어줍니다. 그리고 비어 있는 공간에서 $T_{\mu\nu} = 0$일 때, $R_{\mu\nu} = 0$이 되는 것을 예측하므로 분명히 평평한 민코프스키 공간과 일치합니다(여기서는 리만 텐서의 모든 성분이 사라지므로, 리치 텐서도 분명히 사라지게 됩니다).

사실 아인슈타인 자신이 1915년에 이 방정식을 일반상대성이론의 초석으로 제시한 것은 아주 타당했습니다. 그리고 그 일에 거의 성공했으나 완전하지 않았습니다.

우리가 에너지에 대해 알고 있다는 것이 문제입니다. 에너지는 보존됩니다. 일반상대성이론에서 에너지가 보존되는가 하는 것은 미묘한 문제입니다. 왜냐면 에너지가 물질과 시공간의 곡률 사이를 왔다 갔다 하며 전달될 수 있기 때문입니다. 그러나 일단 이것을 고려하면, 에너지-운동량 텐서가 시간에 따라 변화하는 방법에 대한 강력한 제약이 존재하게 됩니다. 그리고 리치 텐서는 이 제약을 따르지 않습니다. 그러므로 만약 (8.16)이 올바른 방정식이라면, 에너지가 전혀 보존되지 않거나, 또는 어떠한 시공간 계량도 방정식을 풀 수 없거나 둘 중 하나여야만 합니다.

다행인 것은 손쉬운 해결 방법이 있다는 것입니다. 불행하게도 세부적인 내용을 이해하려면, 텐서와 곡률의 본질을 좀더 파헤쳐봐야 하는데, 부록 B에서 이것을 다루겠습니다. 핵심적인 요령은 **역계량** inverse metric $g^{\mu\nu}$를 정의하는 것입니다. 역계량은 계량과 관계가 있지만, 아래쪽이 아닌 위쪽에 지표를 가지고 있습니다(여러분이 행렬에 대해 알고 있다면, 이것은 문자 그대로 계량의 역행렬에 해당합니다). 역계량을 사용하면 아래의 식을 통해 시공간의 함수, 즉 리치 곡률 스칼라를 정의할 수 있습니다.

$$R = g^{\mu\nu} R_{\mu\nu} \tag{8.17}$$

이것은 자유 지표를 전혀 가지고 있지 않습니다. 왜냐면 오른쪽 변에 있는 μ와 ν 둘 다에 대해 더하기를 하기 때문입니다. 그러나 계량 및 계량의 도함수들을 사용해 만든 두 지표를 가진 별개의 대칭 텐서를 얻기 위해서 이것에 계량 $g_{\mu\nu}$를 곱할 수 있습니다. 그리고 여러분이 1915년 11월에 열렬히 무엇인가를 적고 있는 아인슈타인이라고 가정하면, 에너지 보존을 위배하지 않으면서 $T_{\mu\nu}$에 비례하는 올바른 성질을 가진 $R_{\mu\nu}$와 $Rg_{\mu\nu}$의 조합을 알아내려고 시도하고 있을 수도 있을 것입니다. 현재 **아인슈타인의 방정식**Einstein's equation이라 부르는 유일하게 올바른 답이 존재합니다.

$$R_{\mu\nu} - \frac{1}{2}Rg_{\mu\nu} = 8\pi GT_{\mu\nu} \tag{8.18}$$

왼쪽 변에 있는 조합이 **아인슈타인 텐서**Einstein tensor입니다. 우리는 아인슈타인 텐서에 사용할 새로운 기호를 만들 수 있지만, 리치 텐서와 리치 곡률 스칼라의 조합으로 표현하는 것이 단순해 보여 좋습니다. 이것이 1915년 11월 25일 프로이센 과학아카데미에서 열린 강연에서 아인슈타인이 발표한 일반상대성이론 장 방정식의 최종적인 형태입니다.*

물리학자 존 휠러는 일반상대성이론을 "시공간이 물질에게 어떻게

---

* 여러분이 할 수 있는 또 다른 일이 있습니다. 계량 자체에 비례하는 항 $\Lambda g_{\mu\nu}$를 추가하는 것입니다. 여기서 Λ는 상수입니다. 아인슈타인은 1917년 Λ를 **우주 상수**cosmological constant라 부르며, 이런 가능성을 탐색해보았습니다. 천문학자들이 우주의 가속 팽창을 발견한 해인 1998년 마침내 우주 상수가 0이 아니라는 증거를 모을 수 있었습니다. 그러나 Λ의 측정값이 너무 작기 때문에, 우리가 우주론을 연구하지 않는 한, 보통 우주 상수를 무시할 수 있습니다.

움직일지 말해주고, 물질은 시공간에 어떻게 휘어질지를 말해주는 이론"이라고 요약했습니다. 이 격언의 처음 절반은 자유 입자들이 측지선을 따라 움직이고, 뉴턴역학에서 직선에서 벗어나 가속되는 것과 거의 같은 방식으로 비자유 입자들(중력이 아닌 다른 힘을 받는 입자들)이 측지선을 따르는 운동에서 벗어나 있다는 아이디어로부터 나왔습니다. 격언의 두 번째 절반은 아인슈타인의 방정식으로부터 나왔습니다. 방정식을 풀면 우리가 흥미를 느끼는 상황에서 시공간 계량이 어떤 것이 될지 알려줄 수 있습니다. 이 방정식은 당시 아인슈타인이 전혀 눈치 채지 못했던 우주의 진화, 블랙홀의 존재, 중력파의 전파 및 다른 현상들을 올바르게 예측했습니다. 이것이 좋은 과학 이론이 가진 위력입니다. 이런 이론은 처음 제안한 사람이 알고 있는 것보다 훨씬 더 많은 것을 알려줍니다.

우리가 아인슈타인의 방정식을 적었던 방식에는 미지의 비례상수가 포함되지 않았지만, 대신 특정한 인자 $8\pi G$가 포함되어 있습니다. 여기서 G는 뉴턴의 중력 법칙에 나타나는 상수와 같은 상수입니다. 순수한 사고를 통한다거나, 또는 에너지 보존 같은 소중한 원리와의 일관성을 추구한다고 하더라도, G값을 유도할 수는 없습니다. 실험 데이터에 매달릴 수밖에 없습니다. 아인슈타인이 한 일은 중력이 약하고 시공간이 거의 평평하지만 완전히 평평하지는 않은 '약한 장 극한'을 고려하는 것이었습니다. 이런 상황에서 중력에 대한 좋은 이론은 뉴턴의 역제곱 법칙을 재현해야 하는데, 그렇게 하려면 아인슈타인의 방정식 (8.18) 속 상수가 $8\pi G$가 되어야 한다는 것을 우리는 알고 있습니다. 놀라운 점은 사과가 나무에서 떨어지는 것과 태양계 행성들의 운동을 측정하여 얻은 상수 값을 가진 이 방정식이 빅뱅 직후 처음 1분 동안 무슨 일이 일어났는지를 예측할 수 있으며, 이 예측들이 맞는다는 것입니다.

작용의 원리

앞서 3장과 4장에서 우리는 고전물리학을 체계화하는, 다른 것처럼 보이지만 수학적으로는 동등한 방법들이 어떻게 존재할 수 있는지 알아보았습니다. 뉴턴역학, 라그랑주역학, 해밀턴역학이 그것들입니다. 일반상대성이론은 고전 이론이므로 일반상대성이론을 여러 동등한 방법으로 유도할 수 있다는 것에 놀라지 말아야 합니다. 최소 작용의 원리를 이용하는 라그랑주의 방법에 대해 살펴봅시다. 이것은 특히 상대론적 이론을 생각해내는 편리한 방법이라는 것이 밝혀졌습니다. 왜냐면 라그랑주의 방법은 자연스럽게 공간과 시간을 동등하게 다루는 데 적합하기 때문입니다.

작용의 원리를 처음 접했을 때, 우리는 위치 x와 속도 $v = dx/dt$로 기술되는 1개의 입자로부터 출발했습니다. 우리는 라그랑지안 L을 x와 v의 함수로, 특별히 운동에너지 빼기 퍼텐셜에너지로 정의했습니다. 작용은 라그랑지안을 시간에 대해 적분한 것입니다.

$$S = \int L\left(x, \frac{dx}{dt}\right) dt \qquad (8.19)$$

실제 입자가 택하는 실제 경로는 같은 출발점과 끝점을 가진 다른 경로들과 비교해 이 작용을 최소화하는 경로입니다.

이제 우리는 조금 다른 상황을 맞이했습니다. 우리는 공간에 위치한 1개의 입자가 아니라 계량 텐서의 동역학에 관심이 있습니다. 일반상대성이론은 **장이론**field theory의 한 예입니다. 왜냐면 계량 텐서 $g_{\mu\nu}(t, x^i)$는 공간의 어디엔가 위치하고 있는 1개의 입자가 아니라, 시공간의 각 점에서 1개의 값을 가지는 장을 의미하기 때문입니다. 장이론에서 우리는 **라그랑주 밀도**Lagrange density $\mathcal{L}$이라고 부르는 함수를 만든 후, 이것을 모든 공간에 대해 적분하여 라그랑지안을 정의합니다.

$$L(t) = \int \mathcal{L}\left(t,\ x^i\right) d^3x \tag{8.20}$$

$d^3x = dx^1 dx^2 dx^3$라는 표기는 우리가 공간의 3차원 모두에 대해 적분한다는 것을 가리킵니다. 시공간의 함수(라그랑주 밀도)를 공간에 대해 적분하면, 최종적으로 시간의 함수(라그랑지안 자신)만이 남게 됩니다. 작용은 시간에 대해 L을 적분한 것이고, 이것은 시공간에 대해 $\mathcal{L}$을 적분한 것과 같습니다.

$$S = \int L\,dt = \int \mathcal{L}\,d^4x \tag{8.21}$$

우리는 이미 아인슈타인의 방정식을 알아냈지만, 아직 알아내지 못했다고 상상하고, 최소 작용의 원리를 사용해 아인슈타인의 방정식을 찾아내봅시다. 우리의 임무는 명확합니다. 적절한 라그랑주 밀도 $\mathcal{L}$을 추측할 필요가 있습니다. 입자의 라그랑주 밀도를 입자의 위치와 그 도함수들(특히 속도)로부터 만들어내는 것처럼 이것도 계량과 그 도함수들로부터 만들어내야 합니다. 그러나 좋은 소식은 (8.14)의 왼쪽 변에 위치할 두 지표를 가진 텐서를 추측하는 대신, 스칼라 함수—달리 말해 0개의 지표를 가진 텐서—를 추측해볼 수 있다는 것입니다. 2개의 지표를 가진 텐서보다 0개의 지표를 가진 텐서의 수가 적기 때문에 우리 일이 아주 쉬워집니다.

실제로는 한 가지 가능성만이 남습니다. 리치 곡률 스칼라 R이 그것입니다. 이 계량이 라그랑주 밀도가 된다고 추측하는 것은 분명 맞는 이야기입니다. 즉 $\mathcal{L}_{중력} = R$이 되는데, 왜냐면 기본적으로 다른 선택이 존재하지 않기 때문입니다. 또 우리는 물질에 대한 라그랑주 밀도를 포함시켜야 하지만, 이 밀도에 대해 구체적으로 이야기할 필요는 없습니다. 이 밀도는 우리가 관심을 가지는 물질의 종류가 무엇인지에 의존합니다. 그리고 중력의 세기가 올바르게 작동하기 위해서는 밀도 표현 속 어딘가에 뉴턴의 상수 G를 삽입할 필요가 있습니다. 그 결과 최종적인 답은 아래의 값임이 밝혀졌습니다.

$$S = \int \left(\frac{1}{16\pi G} R + \mathcal{L}_{물질} \right) \widehat{d^4 x} \tag{8.22}$$

끝났습니다! 작용을 최소화하는 시공간 계량들을 구했을 때, 이 계량들이 아인슈타인의 방정식 (8.18)을 따를 것이라고 말해주는 것은 바로 작용입니다. 설명이 길어지지 않도록 우리가 언급을 피했던 한 가지 세부사항이 있습니다. 즉 휘어진 시공간에서의 '부피 요소'의 표현이 이 적분 속에서 조금 바뀌었다는 것입니다. 이 점을 기억하기 위해, 우리는 부피 요소를 간단히 d^4x로 적는 대신 $\widehat{d^4x}$로 적었습니다.*

작용의 원리가 가진 아름다움이 분명해집니다. 아인슈타인 방정식의 올바른 텐서를 추측하는 것보다 올바른 스칼라 라그랑주 밀도를 추측하는 것이 더 쉽습니다. 그리고 에너지 보존과 같은 소중한 원리들이 우리가 증명하고 걱정해야 할 것들로 남지 않고 자동으로 튀어나옵니다. 물론 우선 작용의 원리에 대해 생각하고 나서, 실제로 작용으로부터 아인슈타인 방정식을 유도하기 위한 조작(여기서는 현명하게도 이것을 피해갔습니다)을 거치려면 수학을 잘 다룰 줄 알아야 합니다.

아인슈타인 자신은 수학을 잘 다뤘지만, 그의 동료이자 20세기 초 가장 위대한 수학자 가운데 하나인 다비트 힐베르트David Hilbert만큼 잘 다루지는 못했습니다(양자역학에서 '힐베르트 공간'은 결정적으로 중요한 개념입니다). 아인슈타인이 최종적인 형태의 일반상대성이론에 거의 다가갔지만 아직 거기에 도달하지는 못하고 있던 1915년 여름, 힐베르트가 괴팅겐대학교에서 일련의 강연을 하도록 아인슈타인을 초대했습니다. 두 사람은 오랫동안 휘어진 시공간에 관해 이야기를 나누었고, 심지어 아인슈타인은 힐베르트의 집에 묵었습니다. 아인슈타인이 베를린으로 돌아간 후에도 이들은 자주 서신 왕래를 했습니다. 그리고 마침내 두 사람 모두 거의 동시에 방정식 (8.18)을 유도해냈습니다. 아인슈타인은 추측과 수정을 통해서, 힐베르트는 작용의 원리를 교묘하게 이용해서 방정식을 유도했습니다.

---

* 올바른 부피 요소는 $\widehat{d^4x} = \sqrt{-g}\,d^4x$이고, g는 이 계량 텐서의 행렬식입니다.

사실 아인슈타인이 방정식을 유도하기 수일 전 힐베르트가 정말 완전한 장 방정식을 유도했는지, 또 힐베르트와의 서신 왕래를 통해 아인슈타인이 유용한 정보를 얼마나 많이 얻었는지는 학술적인 논쟁거리입니다. 사라진 편지들, 편집하는 동안 수정된 논문들과 역사적으로 사소한 혼란스럽고 일상적인 사건들이 존재합니다. 분명한 것은 중력을 시공간의 곡률이라고 생각하는 기본적인 통찰을 얻은 사람이 아인슈타인이었고, 또 합리적인 물리학적 기준에 근거해 최종적인 방정식을 처음으로 공개한 사람 역시 아인슈타인이었다는 것입니다. 그러므로 물리학자들은 (8.18)을 '아인슈타인의 방정식'이라고 부르고, (8.22)는 '아인슈타인-힐베르트 작용'이라고 부릅니다. 이 이름들과 적절한 역사적인 공로가 비교적 정확하게 대응되고 있는데, 과학자들에게 이런 일이 항상 일어나지는 않습니다.

경험적인 결과들

대개의 물리학 이론과는 달리 일반상대성이론의 발전은 주로 몇 가지 이해하기 어려운 변칙적 실험 결과들을 설명하려는 필요성에 의해서 아니라, 이론의 일관성을 찾으려는 노력에 의해서 이루어졌습니다. 아인슈타인은 중력이 작동하여 생기는 역제곱 법칙이나 등가원리 같은 몇 가지 특성을 염두에 두고 있었으며, 아인슈타인은 상대성이론의 기본 구조를 아주 잘 알고 있었습니다. 그것은 이런 이론적 요구사항들을 서로 중재하는 문제였으며, 마침내 아인슈타인은 중력이 시공간의 곡률을 표현하는 것이라는 입장을 가짐으로써 이 일을 이루어 냈습니다.

그러나 아인슈타인은 이 일을 끝내고 장 방정식을 유도한 뒤 경험으로 되돌아갈 때라고 생각했습니다. 즉 실험적 예측을 하고는 밖에 나가서 이 예측들을 검증하는 것입니다.

한 가지 검증 근거는 **수성 궤도의 세차운동**이었습니다. 관측 결과가 이미 잘 알려져 있었기 때문에, 이것은 약간 속임수를 쓴 셈입니다. 케플러는 행성들이 완벽한 타원 궤도를 따라 움직인다고 생각했고, 뉴턴은 단일 행성이 완전한 구형의 태양 주위를 방해받지 않고 움직인다면, 자연스럽게 타원 궤도를 얻는 이론을 내놓았습니다. 실제 세계에서는 다른 행성들의 중력장이 약하게 끌어당기기 때문에 행성 궤도들이 약간 세차운동을 하게 되어, 타원 축의 방향이 서서히 이동합니다. 수치를 대입해보면, 수성 궤도는 뉴턴의 중력에 의해 1세기 동안 0.148도 세차운동을 하는 것으로 예측되었습니다.

1880년대가 되어 천문학자들이 수성의 세차운동을 측정했고, 그 결과 1세기 동안 0.160도 회전하는 것을 발견했습니다. 1세기에 0.012

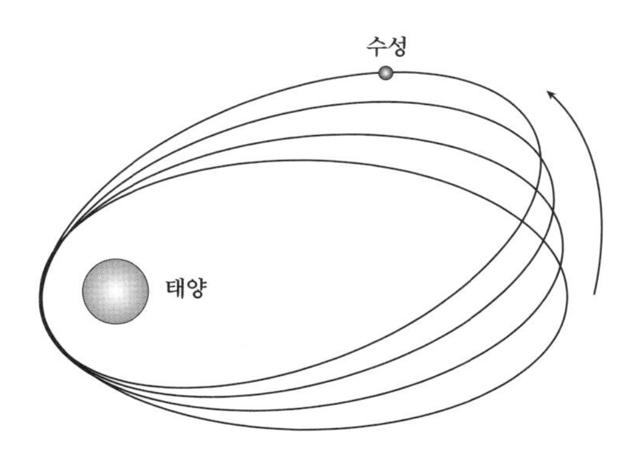

도의 차이—작지만 무작위적인 오차로 보기에는 너무 큰 차이—가 났습니다. 유사한 천왕성의 변칙적인 궤도를 설명하기 위해, 행성 명왕성의 존재를 제안했던 프랑스의 천문학자 위르뱅 르베리에Urbain Le Verrier는 수성 궤도 안쪽에서 공전하는 새로운 행성을 제안함으로써 그의 성공을 반복하려고 했습니다. 심지어 이 가상의 내부 행성은 벌칸vulcan(불과 대장간의 신 불카누스Vulcanus의 영어식 이름—옮긴이)이라는 이름까지 가지고 있었습니다. 몇몇 팀이 이 행성을 발견했다고 주장했지만, 이들의 주장은 모두 면밀한 조사에 통해 사라지게 되었습니다.

뉴턴의 중력이 예측한 것이 정확하지는 않았지만, 아인슈타인은 이 예측을 회복시키는 데 일반상대성이론이 아주 적합하다는 것을 깨닫게 되었습니다. 중력장이 더 강해지면, 작은 수정들이 점점 더 중요하게 됩니다. 그러므로 태양계의 모든 행성 가운데 태양에 가장 가까운 수성의 경우, 이런 수정이 가장 중요하게 되리라 예상할 수 있습니다. 아인슈타인은 일반상대성이론이 예측하는 추가적인 세차운동을 계산하기 시작해 1세기에 0.012도라는 결과를 얻었는데, 이것은 알려진 차이와 정확히 같았습니다. 수년 동안 텐서 해석 및 다른 수학적 추상화와 씨름해왔던 아인슈타인이 그간 지속되어온 변칙적인 관측 결과를 자신의 이론이 완벽하게 설명할 수 있다는 것을 깨닫게 되었을 때, 얼마나 크게 기뻐했을지(또 안심했을지) 여러분도 상상할 수 있을 것입니다.

오랫동안 지속해온 퍼즐을 푸는 것도 위대한 업적이지만, 아직 관측되지 않은 현상을 예측하고 관측을 통해 검증할 수 있다면, 과학계에서는 이런 업적을 훨씬 더 인상적인 업적으로 인정합니다. **빛의 휨**

deflection of light이나 **중력 렌즈**gravitational lensing 같은 것이 이런 경우에 속합니다. 심지어 아인슈타인은 일반상대성이론의 완전한 장 방정식을 유도하기도 전에 이미 이것들을 예측했습니다. 이런 일이 가능한 것은 이런 일이 실제로 등가원리의 결과로 일어나기 때문입니다. 가속하는 우주선의 관점에서 볼 때는 우주선의 운동 때문에 광선이 휘어지는 것처럼 보입니다. 그리고 가속하는 우주선의 경우, 그것이 사실이라면, 중력장을 가진 행성 표면에 정지해 있을 때도 그것이 사실이어야 합니다.

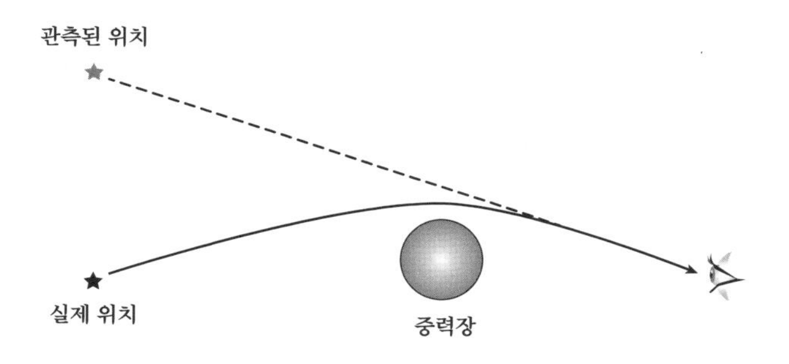

또는 빛이 태양과 같이 중력이 강한 물체의 표면을 지난다면, 이런 일이 더 잘 관측됩니다. 단 하나의 문제는 태양이 매우 밝아 태양 근처의 별들을 보기 어렵다는 것입니다. 별의 위치를 측정하여 별에서 나온 빛이 휘는지, 그렇지 않은지 결정하기 위해서는 별의 위치를 볼 수 있어야 합니다. 개기 일식이 일어날 때까지 기다리면, 이 난제를 해결할 수 있는데, 다행히도 1919년에 개기 일식이 일어났습니다. 영국의 천체물리학자 아서 에딩턴이 조직한 원정대가 일식이 일어나는 동안 태양 근처 별들의 위치 사진을 찍었고, 빛이 휜다는 아인슈타인의 예측을 증명했습니다.

이것은 아인슈타인이 원래 이론적으로 제안한 것 이상의 경험적 결과였으며, 이로 인해 아인슈타인은 국제적인 유명 인사가 되었습니다. 에딩턴의 관측 결과들은 《뉴욕 타임스》를 포함해 전 세계 언론의 첫 페이지를 장식하는 뉴스가 되었습니다. 《뉴욕 타임스》는 일반상대성이론에 대해 "올리버 로지 경이 일반상대성이론이 승리할 것이며, 수학자들은 끔찍한 시간을 보낼 것이라고 이야기했다"라는 정성을 들인 제목의 기사를 실었습니다. 그러나 이 기사는 틀렸습니다. 수학자들도 즐거워했습니다.

물리학자들과 천문학자들 역시 즐거워했습니다. 오늘날 중력 렌즈의 관측은 높은 정확도를 가진 과학으로 성장했으며, 현대 우주론자들의 도구 상자 속에 있는 매우 중요한 기구입니다. 그들은 깊은 우주에 있는 많은 은하의 위치를 관찰하고, 그 대부분이 '암흑물질'인 물질의 농도를 알아내기 위해 중력 렌즈의 통계적인 패턴을 사용하고 있습니다. 일반상대성이론은 모든 형태의 에너지가 시공간을 휘게 만들며, 이로 인해 빛이 휘는 현상이 전체 우주 공간의 물질 분포 지도를 그리는 데 유용하고 유일한 방법이라는 것을 분명하게 보여주고 있습니다.

일반상대성이론이 발표되기 전 또는 발표된 직후 행해진 이런 고전적인 검증들이 나온 다음, 많은 다른 현상이 일반상대성이론으로 기술되기 시작했습니다. 중력체로부터 나온 빛은 에너지를 잃고 원래 파장보다 더 긴 파장 쪽으로 이동하는데, 이것을 **중력 적색편이**gravitational redshift라고 부릅니다. 움직이는 물질은 시공간 곡률에 파문을 만드는데, 이것이 광속으로 밖으로 전파되는 것을 **중력파**gravitational wave라고 부릅니다. 밀도가 높은 물질 집단은 중력의 끌어당김에 의해 붕괴되어 빛조차 빠져나올 수 없는 **블랙홀**blackhole이라고 알려진 공간 영역을 만듭니다. 그리고 우주 자체도 정지해 있지 않습니다. 우주에는 물질이 가득 차 있어 우주 공간이 팽창하거나 수축합니다. 그리고 1920년대에 에드윈 허블Edwin Hubble은 **우주 팽창**expansion of the universe이라는 개념을 확립했습니다. 이것들이 현재까지 높은 정확도를 가지고 관측된 일반상대성이론에 함축된 모든 인상적인 현상들입니다.

아인슈타인은 일반상대성이론이 중요한 물리학적 문제들에 폭발적으로 응용되는 것을 보지 못한 채 안타깝게도 1955년 사망합니다. 그의 생애 동안 천체물리학적 관측 수준은 일반적으로 상대성이론이 관여할 만한 상황을 조사할 정도에 이르지 못했습니다. 아인슈타인 자신도 상대성이론으로는 노벨상을 수상하지 못했고, 우주 팽창을 발견한 허블 역시 노벨상을 수상하지 못했습니다. 그 이유는 부분적으로 천문학 연구에 대해 가지고 있던 편견 때문이었습니다.

시대가 바뀌었습니다. 여기 2021년까지 일반상대성이론이 중심적인 역할을 담당한 현상을 발견한 공로로 노벨상을 수상한 완전한 목록이 주어져 있습니다.

- 1978년 우주배경복사 발견
- 1993년 이중 펄사, 중력파의 간접 증거
- 2006년 우주배경복사 요동 및 스펙트럼

- 2011년 가속 우주팽창
- 2017년 직접적인 중력파 관측
- 2019년 은하 및 우주의 진화
- 2020년 블랙홀 이론과 관측

우리가 볼 수 있듯이, 노벨상 수상 속도가 빨라지고 있습니다. 오랫동안 지적 승리라고 생각했지만 실제로는 현역 물리학자들의 큰 관심을 끌지 못했던 일반상대성이론이 흥미진진한 연구의 중심적인 주제로 부상하고 있습니다. 아인슈타인이 즐거워하는 모습이 그려집니다.

CHAPTER 9

블랙홀

어떤 재앙이 닥쳐 태양 질량 전체가 압축되어 지름이 수 킬로미터인 공이 된다면, 또는 지구 질량이 압축되어 지름이 1센티미터 이하가 된다면, 무슨 일이 일어날까요? 천체물리학에서는 가끔 이런 미친 일들이 일어나곤 합니다. 그 결과가 블랙홀입니다. 블랙홀은 시공간 영역이 아주 극적으로 휘어 있어 빛조차도 빠져나올 수 없습니다. 방해할 물질이 존재하지 않는 블랙홀의 경우, 슈바르츠실트 반지름은 이 점을 지나면 외부 세계로 되돌아갈 수 없는 사건의 지평선을 정의합니다.

✶ ✶ ✶

일반상대성이론에 대한 아인슈타인의 방정식은 풍성한 정보를 간단한 패키지에 담고 있습니다. 우리는 현명한 표기법이 주는 기적에 감사해야 합니다. 아인슈타인의 방정식은 시공간의 계량 $g_{\mu\nu}(x)$을 결정한다는 것을 의미하지만, 이 계량은 리만 곡률 텐서로부터 만들어진 리치 텐서를 사용해 적습니다. 이 텐서들은 계량의 관점에서 정의됩니다. 그러나 이들의 의존도를 구체적으로 적는다면, 수학 기호들로 채워진 한 페이지 분량의 항들을 보게 될 것입니다.

아인슈타인 스스로 자신의 방정식이 가진 복잡성에 충분히 감명을 받았거나 겁이 났는지 그는 즉시 실험 가능한 예측을 유도하기 위하여 뉴턴의 극한과 같은 근사법을 생각해냈습니다. 아인슈타인의 방정식은 너무 복잡해서 단순화시킨 상황에 대해서도 정확히 풀 수가 없습니다.

카를 슈바르츠실트Karl Schwarzschild는 아인슈타인의 방정식을 푸는 것을 단념하지 않았습니다. 뛰어난 능력을 지닌 천문학자이자 물리학자인 슈바르츠실트는 1915년 제1차 세계대전 당시 독일군으로 복무하고 있었습니다. 그는 프랑스와 러시아 최전선에서 미사일의 궤적을 계산하면서 시간을 보내고 있었습니다. 그러나 잠시 휴가를 받아 프로이센과학아카데미에서 열린 아인슈타인의 강연에 참석할 수 있었고, 거기서 일반상대성이론에 매료되었습니다. 전쟁터로 돌아온 후인 1915년 12월 말 슈바르츠실트는 아인슈타인의 방정식에 대한 최초의 정확한 풀이가 담긴 편지를 아인슈타인에게 보낼 수 있었습니다. 풀이에는 구형 행성 외부의 계량이 기술되어 있었습니다. 불행하게도 슈바르츠실트는 전선에서 희귀한 피부병에 걸렸고, 그로 인해 6개월도 지나지 않아 42세의 나이로 사망하게 되었습니다. 물리학자들이 슈바르츠실트가 발견한 놀랍고도 예상하지 못한 결과—일반상대성이론의 블랙홀 예측—를 받아들이는 데까지는 수십 년이 걸렸습니다.

슈바르츠실트의 풀이

슈바르츠실트는 태양계의 뉴턴의 역제곱 법칙과 동등한 것을 찾는 중이었습니다. 일반상대성이론에서 이것은 태양과 같은 고립된 구형 물체 주위 비어 있는 공간에서의 계량에 대한 아인슈타인 방정식의 풀이를 구하는 것을 의미합니다. 이 계량의 측지선을 계산함으로써 우리는 행성의 궤도, 빛의 휨과 일반상대성이론의 다른 예측들에 대해 배울 수 있습니다. 슈바르츠실트의 놀라운 풀이를 제시하는 것만으로도 괜찮습니다. 그런 다음 이 풀이가 가진 몇 가지 의미에 대해 논의하도록 합시다. 그러나 이론물리학자들이 어떻게 이와 같은 문제와 씨름하는지 보여주기 위해 기본 단계들을 추적해나가다 보면 논의가 조금 더 재미있어질 것입니다.

우리는 직교 좌표 (t, x, y, z)를 사용해 평평한 민코프스키 시공간에서의 계량을 적으면 아래의 형태를 가진다는 것을 알고 있습니다.

$$g_{\mu\nu} = \begin{pmatrix} g_{tt} & & & \\ & g_{xx} & & \\ & & g_{yy} & \\ & & & g_{zz} \end{pmatrix} = \begin{pmatrix} -1 & & & \\ & +1 & & \\ & & +1 & \\ & & & +1 \end{pmatrix} \quad (9.1)$$

전처럼 비대각 요소들에 0을 적지는 않았지만, 거기에 0이 있다는 것을 알고 있습니다.

휘어진 계량은 몇 개 좌표(또는 좌표 전부)의 함수인 몇 개의 계량 성분 $g_{\mu\nu}$을 가지고 있을 것입니다. 이것은 계량이 아주 빨리 아주 복잡해질 수 있다는 것을 의미합니다. 그러나 우리가 관심을 가진 물리적 상황(구형 물체 외부의 시공간) 자체가 구형 대칭성을 가지고 있어야 한다는 사실로부터 엄청난 도움을 얻게 됩니다. 연산과 관련해 이것은 이 계량이 x, y와 z에 개별적으로가 아니라, 원점으로부터의 거리 $r = \sqrt{x^2 + y^2 + z^2}$에 의존해야 한다는 것을 의미합니다.

이것이 첫 번째 단계가 무엇인지 제시합니다. 즉 직교 좌표 (x, y, z)에서 구면 좌표 (r, θ, ϕ)로 좌표의 공간 부분을 바꿔야 합니다. 우리는 앞서 식 (7.12)에서 평평한 유클리드 공간에 대한 계량을 구면 좌표를 사용해 적었습니다. 그것으로부터 민코프스키 시공간에서 계량이 (r, θ, ϕ) 좌표로 어떻게 보이는지 구하는 것은 간단합니다.

$$g_{\mu\nu} = \begin{pmatrix} g_{tt} & & & \\ & g_{rr} & & \\ & & g_{\theta\theta} & \\ & & & g_{\phi\phi} \end{pmatrix} = \begin{pmatrix} -1 & & & \\ & +1 & & \\ & & r^2 & \\ & & & r^2(\sin\theta)^2 \end{pmatrix} \quad (9.2)$$

우리는 그냥 계량의 공간 부분을 택하고, 이것을 구면 좌표들로 교체했을 뿐입니다. 강조하자면, 이것은 여전히 평평한 민코프스키 시공간에서의 계량이며, 중력과는 아직 아무런 관계가 없습니다. 우리는 중력체 외부에서 계량이 어떤 모습을 하고 있는지 아는 데 도움이 되도록 우리가 선택한 좌표로 계량을 적는 중입니다.

구면 좌표에서 우리가 필요로 하는 모든 것은 어떻게 계량이 지름 방향 좌표 r에 의존하는지를 알아내는 것입니다. 각 좌표 (θ, ϕ)에 대한 의존도는 구형 대칭성에 의해 정해져 있습니다. 다시 말해, 계량은 전혀 ϕ에 의존하지 않아야 하며, θ는 오른편 아래 $g_{\phi\phi}$ 성분에 있는 인자 $(\sin\theta)^2$에만 의존해야 합니다. 그리고 더 많은 단순화가 존재합니다. 한 가지는 우리가 정적인 풀이를 찾고 있다는 것입니다. 즉 시공간은 그냥 거기 있을 뿐 시간에 따라 진화하지 않습니다. 그러므로 계량 성분들 역시 t에 의존하지 않습니다. 또 우리는 비대각 성분들이 0이 아닌 것도 생각할 수 있지만, 우선 간단한 것부터 추측하는 게 더 쉽고, 이 경우 그 방법이 더 효과적입니다.

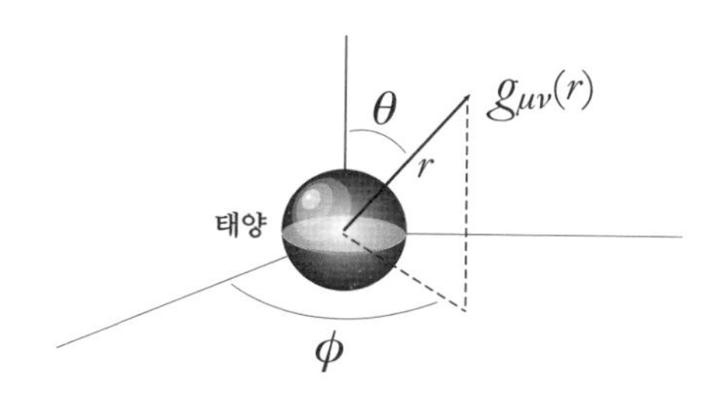

이 모든 추측 때문에 여러분의 마음이 동요될 수 있습니다. 비과학적으로 보이기 때문입니다. 그러나 방정식을 풀 때 풀이가 가진 특성들을 추측하는 것은 완전히 정상적입니다. 우리는 아인슈타인 방정식의 모든 단일 풀이가 아니라, 단지 하나의 특별한 경우에 대한 풀이를 구하고자 합니다. 결국 만일 우리가 리만 텐서와 리치 텐서를 계산할 수 있고, 모두 아인슈타인의 방정식을 만족한다는 것을 보일 수 있는 계량을 추측할 수 있다면, 이 계량을 생각해내기 위해 우리가 사용했던 어떠한 편법도 문제가 되지 않을 것입니다.

마지막으로 (9.2)를 자세히 들여다보고 r^2의 인자들이 실제로 우리에게 이야기하는 것이 무엇인지 생각해봅시다. 이들은 각 방향에서의 물리적 거리가 r값에 직접 비례한다는 사실을 반영하기 위해 거기에 있습니다. 여기서 일반상대성이론의 미묘함이 드러납니다. 실제로 우리는 좌표를 선택하지 않았지만, 그 좌표를 사용해 계량을 구하고 있습니다. 우리는 두 가지 일을 동시에 하고 있습니다. 계량이 좌표에 의미를 부여하기 전까지 좌표는 아무 의미도 가지지 않습니다. 그리고 계량 성분들은 몇몇 특정한 좌표에 대해서만 의미를 가집니다.

무슨 말인가 하면, 우리는 간단히 'r^2'을 '계량 텐서의 각 성분 $g_{\theta\theta}$와 $g_{\phi\phi}$에 나타나는 양'으로 정의할 수 있습니다. 동일하게, 우리는 정해진 r값을 가진 구의 면적은 $A=4\pi r^2$이고, 원의 둘레는 $C=2\pi r$이라고 r을 정의합니다. 그러므로 이 성분들을 임의의 함수로 가정하여 풀 필요는 없습니다. (9.2)에 이미 나와 있는 것처럼, 우리는 간단히 $g_{\theta\theta}=r^2$, 그리고 $g_{\phi\phi}=r^2(\sin\theta)^2$이라고 주장할 수 있으며, 우리가 정적이고 구형 대칭성을 가진 상황에 있는 한, 이것으로 좌표 r의 의미를 확정해도 됩니다.*

우리는 이제 다음과 같은 형태를 가진 계량을 얻게 됩니다.

$$g_{\mu\nu}=\begin{pmatrix} g_{tt} & & & \\ & g_{rr} & & \\ & & g_{\theta\theta} & \\ & & & g_{\phi\phi} \end{pmatrix}=\begin{pmatrix} -A(r) & & & \\ & +B(r) & & \\ & & r^2 & \\ & & & r^2(\sin\theta)^2 \end{pmatrix} \tag{9.3}$$

나쁘지 않습니다. 영리한 물리적 직관에 근거한 모든 추측을 통해 단지 2개의 결정되지 않은 1개 변수의 함수 $A(r)$과 $B(r)$만을 가진 아주 간단한 계량만이 남게 되었습니다.

불행하게도 여기까지가 영리한 추측으로 우리가 얻을 수 있는 것입니다. 여기서부터 우리는, 실제로 슈바르츠실트가 그랬던 것처럼,

---

* 이 선택은 r이 원점으로부터의 거리일 필요가 없다는 것을 의미합니다(실제로 그렇다고 판명되었습니다). 이것은 다른 물리적 양이며, 어떻게 이것이 고정된 반지름을 가진 구를 따라 측정한 거리와 관계가 있는지 우리는 미리 알 수 없습니다. 우리는 하나를 선택한 후 다른 것에 무슨 일이 일어나는지 알아보아야 합니다. 면적과 둘레는 모두 구 내부로 들어갈 필요 없이 구면에서만 정의됩니다.

이것을 흡수하여 우선 리만 텐서, 그러고 나서 리치 텐서를 계산해야 합니다. 이 일을 하는 데 필요한 모든 기술적인 내용이 부록 B에 주어져 있으므로 여기서 그 일을 구체적으로 하지는 않을 것입니다. 하지만 여러분이 한번 시도해보기 바랍니다. 지금은 그 일을 할 수 있다는 것만 받아들이고, 거기로부터 아인슈타인의 방정식 왼쪽 변에 있는 항들을 계산해봅시다. 그 결과를 $A(r)$과 $B(r)$로 표현할 수 있으며, 이들의 도함수를 r로 적을 수 있습니다.

그러고 나서 이들 표현을 아인슈타인 방정식의 오른쪽 변, 다시 말해 에너지-운동량 텐서와 같게 놓아야 합니다. 그러나 더 좋은 소식이 있습니다. 이 순간 공간이 비어 있고, $T_{\mu\nu} = 0$인 중력체 외부에서 계량이 무엇인지에만 우리가 관심을 가진다고 합시다. 태양이나 행성의 내부에서 복잡한 일들이 일어날 수 있지만, 현재 우리의 목적에서 보자면 이들은 주위의 시공간을 휘게 만드는 근원이 되는 구형 물체에 지나지 않습니다.

슈바르츠실트는 이 모든 것을 다 해냈고, 놀랍게도 결과로 얻은 방정식들은 풀기 어렵지 않았습니다(정직하게 말해, 이 방정식들이 분명 시시한 방정식은 아니었지만, 슈바르츠실트는 아주 똑똑했습니다). 다음은 그가 발견한 $A(r)$과 $B(r)$의 표현입니다.

$$A(r) = \frac{1}{B(r)} = 1 - \frac{2GM}{r} \tag{9.4}$$

달리 말해, 완전한 슈바르츠실트 계량은 다음과 같습니다.

$$g_{\mu\nu} = \begin{pmatrix} g_{tt} & & & \\ & g_{rr} & & \\ & & g_{\theta\theta} & \\ & & & g_{\phi\phi} \end{pmatrix} = \begin{pmatrix} -\left(1-\frac{2GM}{r}\right) & & & \\ & +\left(1-\frac{2GM}{r}\right)^{-1} & & \\ & & r^2 & \\ & & & r^2\left(\sin\theta\right)^2 \end{pmatrix} \tag{9.5}$$

또는 선 요소 형태로 표현하면 아래와 같이 됩니다.

$$ds^2 = -\left(1-\frac{2GM}{r}\right)dt^2 + \frac{1}{\left(1-\frac{2GM}{r}\right)}dr^2 + r^2 d\theta^2 + r^2\left(\sin\theta\right)^2 d\phi^2 \tag{9.6}$$

멋지지 않나요? 이것이 구형 대칭성을 가진 비어 있는 공간에서의 아인슈타인 방정식의 정확한 풀이입니다(사실 유일한 풀이입니다). 우리는 이 풀이를 어떻게 추측했는지 기술했지만, 더 엄격한 분석을 통해 진공에서 아인슈타인의 방정식을 풀어서 얻을 수 있는 구형 대칭성을 가진 단 하나의 계량이 슈바르츠실트 계량이라는 것을 증명할 수 있습니다. 민코프스키 계량이 또 다른 풀이가 된다고 반박할 수 있지만, (9.5)나 (9.6)에서 $M=0$으로 놓으면 특별한 경우로 다시 민코프스키 계량을 얻을 수 있습니다.

슈바르츠실트 계량에 대한 이런 표현들에서 G는 물론 뉴턴의 중력상수이고, M은 우리가 계산한 중력장을 만드는 물체의 질량입니다. 그러나 까탈스럽게 말하자면 M이 질량이라는 사실을 우리가 유도한 것이 아닙니다. 우리가 유도한 것(또는 유도하리라 구상한 것)은 모든 M

에 대해 (9.5) 형태의 계량이 진공에서 아인슈타인 방정식의 풀이가 된다는 사실입니다. 이런 일이 있은 뒤, 우리는 M을 태양과 같은 어떤 물리적인 물체의 질량이라고 해석하고, 뉴턴의 극한이나 다른 동등한 것과 비교함으로써 이 해석을 정당화합니다. 결국, 모든 것이 해결되었지만, 우리가 자명하다고 받아들인 개념들이 일반적으로 우리의 배경 이론이 약속한 것들에 의존하며, 우리가 우리의 기본이 되는 이론을 업데이트할 때, 이 약속들이 미묘하게 변할 수 있을지 모른다는 것을 명심해야 합니다.

시간 지연

슈바르츠실트 계량 (9.5)를 주의 깊게 살펴보고, 이 계량이 우리에게 말해주는 것이 무엇인지 알아보도록 합시다.

계량이 중요한 이유는 시공간에서 거리를 계산할 수 있도록 해주기 때문입니다. 이것은 고유 시간 τ를 포함하고 있으며, 고유 시간은 시간꼴 궤적을 따라 $d\tau = \sqrt{d\tau^2} = \sqrt{-ds^2}$을 적분하여 계산할 수 있습니다. 공간 좌표 (r, θ, ϕ)에 고정되어 있는 1개의 물체를 생각해봅시다. 이것은 지구, 심지어 태양 주위를 도는 지구 표면에 서 있는 여러분과 나에게 좋은 근사입니다. 두 경우 모두 실제적인 운동(지구 표면은 회전을 하고, 지구는 태양 주위를 공전합니다)이 존재하지만, 해당 속력이 광속에 비해 아주 작기 때문에, 처음에는 고전적인 구형 소 스타일을 따라 무시할 수 있습니다.

일정한 공간 좌표들을 가진 경로의 경우, $dr = d\theta = d\phi = 0$이 됩니다(이것이 정지해 있다는 의미입니다. 즉 이들 방향으로의 증가가 존재하지 않습니다). (9.6)을 보면 이런 경로를 따른 고유 시간은 아래와 같이 주어집니다.

$$d\tau^2 = \left(1 - \frac{2GM}{r}\right)dt^2 \tag{9.7}$$

이것은 적분하기가 아주 쉽습니다. 양변 모두 제곱근을 취합니다. 괄호 속의 양은 t에 의존하지 않기 때문에, 시간에 관한 한 단지 상수에 지나지 않습니다. 유한한 시간 간격에 대해 우리는 아래의 결과를 얻습니다.

$$\Delta\tau = \int d\tau = \sqrt{1 - \frac{2GM}{r}}\int dt = \sqrt{1 - \frac{2GM}{r}}\Delta t \tag{9.8}$$

t는 인간의 편의를 위한 시간 좌표이지만, 반면 τ는 실제로 시계가 측정하는 시간인 고유 시간인 것을 기억하세요. 이 방정식은 우리에게 정지한 관찰자가 시간 좌표 t의 변화에 비례하는 고유 시간을 경험할 것이며, 비례 인자가 지름 방향 좌표 r에 의존한다는 것을 말해줍니다.

이 의존도를 해석하는 것은 어렵지 않습니다. r이 매우 클 때, 인자 $\sqrt{1-2GM/r}$은 대략 1이 되어 고유 시간과 좌표 시간이 같아집니다. 태양으로부터 멀리 떨어져 있는 경우, 중력장이 약하여 시공간이 거의 평평합니다. 이와 같은 상황에서는, 뉴턴이 예측했듯이, 모든 고정된 시계가 기본적으로 좌표 시간과 같은 시간을 알려줍니다.

그러나 r이 $2GM$에 가까워지면(그러나 여전히 $2GM$보다 커지면), $2GM/r$이 1에 접근하고 $\sqrt{1-2GM/r}$은 0에 접근합니다. 그러므로 $r \to 2GM$일 때, t에 주어진 변화가 고유 시간에는 변화를 거의 주지 않게 됩니다(잠시 r이 $2GM$보다 작거나, 같을 때, 어떤 일이 벌어질지 무시합시다. 이에 대해서는 더 많은 생각이 필요합니다). 중력장이 강해지면, 고유 시간이 좌표 시간보다 더 느리게 갑니다.

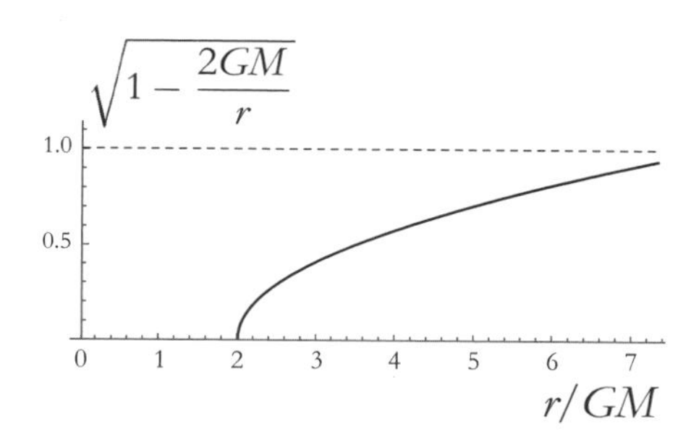

이것이 **중력 시간 지연**gravitational time dilation입니다. 저는 여러분이 "중력장에서 시간이 더 느리게 간다"는 이야기를 하지 말아야 한다는 것을 강조하기 위해 조심해왔습니다. 그러나 왜 그렇게 이야기하고 싶은지 여러분은 이해할 수 있을 것입니다. 시계는 여전히 1초에 1초씩 움직이지만, 이 사건과 좌표 시간과의 관계가 변했습니다. 이것이 고정된 관찰자에게는 문제가 되지 않습니다. 왜냐면 누가 어떤 인위적인 좌표에 신경이나 쓸까요?

이것이 문제가 되는 때는 같은 출발점과 최종점 사이 2개의 다른 경로에서 무슨 일이 일어나는지 비교할 때입니다. 여러분과 여러분의 친구가 태양으로부터 멀리 떨어져 있고, 여러분은 각자 시계들의 시간을 일치시킵니다. 여러분이 태양을 향해 여행하는 동안, 여러분의 친구는 뒤에 남아 있습니다. 여러분은 꽤 오랜 기간 여행을 하다가 마침내 돌아옵니다. 여러분은 어떤 좌표 시간 값에서 여러분의 친구와 만나지만, 여러분의 고유 시간 경과는 좌표 시간 값보다 작을 것입니다. 여러분의 시계가 더 느린 시간을 보여주기 때문에 여러분이 친구보다 더 젊을 것입니다(일반상대성이론의 기준에서 볼 때, 태양 표면 근처에서의 중력장은 매우 약합니다. 따라서 시간 지연 효과가 매우 작습니다).

이것은 민코프스키 공간에서 거의 광속에 가까운 속도로 여행을 한 쌍둥이의 경우와 매우 유사합니다. 이 경우 전체 여행 기간 동안 여러분이 친구에 대해 느리게 움직였다는 것만 다릅니다. 이런 일을 한 것은 여러분의 속도가 아니고 시공간의 곡률입니다. 매슈 매코너헤이와 앤 해서웨이에게 이런 일이 일어났으니 알고 싶다면 영화 〈인터스텔라〉를 확인해보세요.

중력 시간 지연은 실제 물리적 효과이며, 실험으로 이 효과가 증명되었습니다. 이것은 중력이 실제로 기하학이라는 아이디어를 생생하게 보여주고 있습니다. 매우 직접적인 의미로 중력은 시공간에서 시계가 시간 간격을 측정하는 방식에 영향을 줍니다.

특이점들

앞의 논의에서 지름 방향 좌표 r이 다음의 값에 접근할 때, 어떤 특별한 일이 일어나는 것처럼 보입니다.

$$r = 2GM \tag{9.9}$$

이것은 사실 **슈바르츠실트 반지름**Schwarzschild radius으로 알려진 중요한 양입니다. 이것에 대해 너무 흥분하기 전에 슈바르츠실트 반지름에서 어떤 일이 일어나는지가 우리에게 처음에 동기 부여를 했던 질문들—행성이나 별 외부의 시공간—과는 완전히 무관하다는 것을 인정합시다. 그 이유는 슈바르츠실트 반지름이 매우 작기 때문입니다. 태양 질량을 가진 물체의 경우, 슈바르츠실트 반지름은 대략 3킬로미터입니다. 반면 지구 질량을 가진 물체의 경우. 슈바르츠실트 반지름이 1센티미터보다 작습니다. 실제 태양의 반지름은 대략 70만 킬로미터이고, 지구의 반지름은 대략 6000킬로미터를 조금 넘습니다. 두 경우 모두 해당 슈바르츠실트 반지름이 중력체 내부 깊숙한 곳에 위치하고 있기 때문에, 공간이 전혀 비어 있지 않습니다.

반면 슈바르츠실트 풀이는 중력체 외부인 진공 속 시공간의 계량에만 적용됩니다. 중력체 내부로 깊이 들어가게 되면, 계량이 다른 형태를 가지게 될 것이고, $r = 2GM$에서 아무런 특별한 일이 일어나지 않게 될 것입니다. 이것은 비어 있는 공간에서 아인슈타인의 방정식을 푼 다음 부주의하게 그 결과를 공간이 전혀 비어 있지 않은 상황에 확대 적용하려는 수학적인 호기심에서 생긴 문제처럼 보입니다.

그러나 우리는 공간이 슈바르츠실트 반지름, 또는 이보다 더 작은 곳까지 비어 있는 상황에서 무슨 일이 일어날지 생각해볼 수 있습니다. 어떤 재앙이 닥쳐 태양 질량 전체가 압축되어 지름이 수 킬로미터인 공이 된다면, 또는 지구 질량이 압축되어 지름이 1센티미터 이하가 된다면, 무슨 일이 일어날까요? 사실 우리는 물질을 매우 밀도가 높은 상태로 압축하는 것을 상상해야 하지만, 천체물리학에서는 가끔 이런 미친 일들이 일어나곤 합니다. 나중에 알게 되듯이, 그럴 수 있으며 실제로 그런 일이 일어나는데 그 결과가 **블랙홀**black hole입니다. 블랙홀은 시공간 영역이 아주 극적으로 휘어 있어 빛조차도 빠져나올 수 없습니다. 방해할 물질이 존재하지 않는 블랙홀의 경우, 슈바르츠실트 반지름은 이 점을 지나면 외부 세계로 되돌아갈 수 없는 **사건의 지평선**event horizon을 정의합니다.

슈바르츠실트가 자신의 계량을 처음으로 발표하자마자, 사람들은 슈바르츠실트 반지름에서 무슨 일이 일어날지 걱정했습니다. 계량 (9.5)를 보면 $r=2GM$일 때 인자 $1-2GM/r$이 0이 되는 것을 알 수 있습니다. 따라서 계량의 성분 g_{tt}가 사라지게 됩니다. 물리적으로 해석하자면, 이것은 우리가 슈바르츠실트 반지름에 정지하고 있을 때, 시간 좌표 t가 평소처럼 째깍거린다고 하더라도 고유 시간이 경과하지 않는 것을 암시하는 것처럼 보입니다. 흠, 그것이 이상하기는 하지만, 너무 걱정할 필요는 없어 보입니다. 이것은 어느 정도 널 궤적null trajectory(광속으로 움직일 때 생기는 궤적—옮긴이)에서 일어나는 일을 연상시키며, 빛은 항상 이런 궤적을 따라 움직입니다.

더 문제인 것은 이 계량의 g_{rr}성분입니다. 이 성분은 $1/(1-2GM/r)$이고, 따라서 $r=2GM$에서 무한대가 됩니다. 어떤 양이 무한대가 될 때, 우리는 **특이점**singularity을 만났다고 이야기합니다.

이것은 나쁜 소식처럼 들립니다. 그러나 이것이 진짜 나쁠까요? 결국, 슈바르츠실트 계량의 성분들은 우리가 어떤 좌표계를 선택했는가에 달려 있습니다. 실제로 중요한 것은 곡률이지 계량의 성분이 아닙니다. 아마 우리는 불편한 좌표를 선택했는지 모릅니다.

사실 물리학자들이 이것을 깨닫기까지 수년이 더 걸렸지만, 정확히 이것이 실제로 일어나고 있는 일입니다. 슈바르츠실트 반지름에서 이 계량이 가진 나쁜 겉보기 행동은 단지 **좌표 특이점**coordinate singularity—물리적으로 잘못 정의된 것이 아닌, 그저 그 점에서 좌표를 잘못 선택하여 생긴 특이점—에 지나지 않습니다. 리만 텐서로부터 만들 수 있는 모든 좌표 불변 함수는, 심지어 계량의 성분이 무한대가 된다고 하더라도, $r=2GM$에서 유한한 값을 가집니다. 슈바르츠실트 반지름에서는 부정할 수 없는 흥미로운 어떤 일—곧 알게 되겠지만, 그것은 블랙홀 속 사건의 지평선입니다—이 일어납니다. 그러나 거기에서도 시공간은 완전히 정상적으로 행동합니다.

이런 식의 조사를 통해 이 계량이 또 다른 위치, 즉 $r=0$에서도 무한대가 되고, 따라서 $2GM/r=\infty$인 것에 주목하게 됩니다. $r=0$에서 g_{tt}는 무한대가 되고, g_{rr}은 0이 됩니다. 우리는 슈바르츠실트 반지름에 대해서도 유사한 이야기를 할 수 있기를 바라며, 아마 우리 좌표계가 비난을 받아 마땅합니다.

그런 행운은 존재하지 않습니다. 위치 $r=0$은 진짜 **곡률 특이점**curvature singularity으로, 여기서는 시공간의 곡률 자체가 무한히 커지는 것처럼 보입니다. 실제로 이것은 좋지 않습니다. 우리가 정확히 구형 대칭성을 가정함으로써 상황을 너무 단순화시켰기 때문에 이런 특이점이 나타났으며, 아마도 좀더 현실적인 지저분한 상황에서는 이런 특이점을 피할 수 있기를 희망할 수 있을지 모릅니다. 이런 희망은 1960년대에 로저 펜로즈Roger Penrose와 스티븐 호킹Stephen Hawking이 증명한 일련의 **특이점 정리**singularity theorem에 의해 깨졌습니다. 특이점 정리는 곡률 특이점이 아주 다양하고 물리적으로 현실적인 조건 아래에서도 나타날 수 있다는 예측을 하고 있습니다.

하지만 일반상대성이론은 우리와 게임을 하고 있습니다. 1969년 펜로즈가 공식화한 **우주 검열 가설**cosmic censorship conjecture에 의하면, 일반상대성이론이 예측한 어떠한 특이점도 사건의 지평선 뒤에 숨어 있습니다. 사건의 지평선에 의해 옷이 벗겨진, 그래서 우리가 자세히 연구할 수 있는 **벌거벗은 특이점**naked singularity은 세상 어느 곳에도 존재하지 않습니다. 현대의 수치 시뮬레이션은 우주 검열이 정확히 진리는 아니지만, 항상 거의 진리에 가깝다는 것을 가리키고 있는 것처럼 보입니다. 여러분은 벌거벗은 특이점으로 진화하는 초기 조건들을 만들어낼 수 있지만, 이 조건들은 무한대의 정확성을 가져야 합니다. 약간의 편차조차 특이점을 사건의 지평선 뒤에 고착하는 결과를 낳습니다. 실제 세상에서 벌거벗은 특이점을 탐색하는 일은 유망한 연구 프로그램처럼 보이지 않습니다.

물리학자 대부분은 자연에 벌거벗거나, 벌거벗지 않은 특이점들이 실제로 존재한다고 생각하지 않습니다. 물리학자들의 예측은 우리 이론이 틀릴 것으로 예상되는 영역에서 이론을 너무 심각하게 받아들였다는 것을 보여주는 신호입니다. 일반상대성이론은 결국 고전적인 이론이며, 세상은 근본적으로 양자역학적입니다. 우리는 양자 중력이라는 진짜 이론이 아인슈타인의 고전적인 이론이 예측한 특이점들을 부드럽게 해주거나, 아니면 적어도 특이점들이 제기한 개념적인 퍼즐들을 해결해주기를 바랄 수 있습니다. 그러나 아직 우리는 이런 희망적인 이론을 잘 이해하고 있지 않습니다.

블랙홀

슈바르츠실트 반지름은 사건의 지평선이라고 부르는 표면을 정의하고, 사건의 지평선 내부의 시공간 영역은 블랙홀입니다. 모든 곳이 슈바르츠실트 계량으로 기술되고, 별이나 행성과 같이 부피를 가진 물체의 방해를 받지 않는 시공간을 상상하면서 블랙홀이 의미하는 것이 무엇인지 파고들어가 봅시다.

누군가 여러분에게 계량을 알려주었을 때, 무슨 일이 일어나는지를 파악하는 좋은 방법은 빛 원뿔을 바라보는 것입니다. 모든 빛 원뿔의 집합은 결국 시공간의 실제 구조이지, 좌표들을 정의하거나 시공간을 공간과 시간으로 얇게 자르는 누군가 선호하는 방법이 아닙니다. 그러므로 슈바르츠실트 기하학의 시공간 도표에 몇 개의 빛 원뿔들을 그리는 것이 이해하는 데 도움이 될 것입니다.

여기에 (t,r) 좌표에서 그린 답이 있습니다. 우리는 먼저 이 답에 대해 생각해보고, 나중에 이 답이 맞는다는 것을 보여주려고 합니다. 모두 구형 대칭성을 가지고 있으며, 이것은 θ나 ϕ 각 방향에서 어떤 특별한 흥미로운 일도 일어나지 않는다는 것을 의미합니다. 우리는 몇몇 점에 '입사' 광선과 '방사' 광선 모두를 그렸고, 미래로 향하는 빛 원뿔만을 표시했습니다. 그림이 혼동을 일으킨다면, 그림 때문에 낙

담하지 않아도 됩니다. 수십 년 동안 아인슈타인을 비롯해 매우 현명한 사람들도 이 그림에 혼동을 일으켰습니다. 우리는 나중에 무슨 일이 일어나는지 더 잘 이해하기 위해 좌표를 변화시킬 것입니다. 그러나 처음에는 슈바르츠실트 좌표로 생각하는 것이 유용합니다.

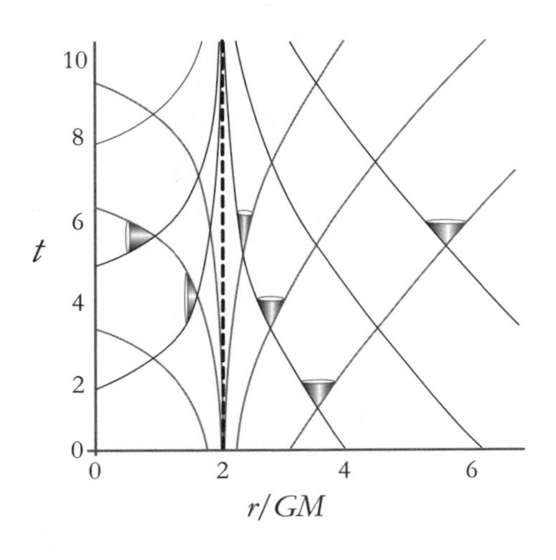

이 그림에서는 여러 가지 일들이 일어나고 있습니다. r이 큰 값을 가진 오른쪽에서 널 광선들은 45도 기울어 있고, 빛 원뿔들은 위를 향하고 있어 모든 것이 아주 정상적으로 보입니다. 블랙홀로부터 멀리 떨어져 있으면, 중력장이 거의 느껴지지 않아 모든 것이 민코프스키 시공간을 닮아 있기 때문에 이 주장은 일리가 있습니다.

$r=2GM$에 있는 사건의 지평선으로 올라가면, 빛 원뿔들이 닫히기 시작합니다. 이것은 조금 이상해 보입니다. 여기서는 우리가 슈바르츠실트 반지름을 통과할 수 없는 것처럼 보입니다. 왜냐면 빛 원뿔이 그것을 허용하지 않기 때문입니다. 그러나 이것은 아마도 우리 좌표

계가 좋지 않기 때문에 생긴 일입니다. 뒤에서 알게 되겠지만, 이것은 정확히 맞는 이야기입니다.

사건의 지평선 내부에서는 사물이 이상하게 보입니다. 처음에 빛 원뿔들의 폭이 매우 넓다가, 작은 r값으로 이동할수록 점점 좁아집니다. 놀라운 것은 빛 원뿔들이 위가 아닌 왼쪽을 가리킨다는 것입니다. 그러나 시간이 지날 때, 우리가 빛 원뿔 내부에 머물러야 한다는 규칙은 사라지지 않았습니다. 이것은 슈바르츠실트 블랙홀의 사건의 지평선 내부에서 작은 r로 이동하는 것은 시간의 순방향으로 이동하는 것임을 의미합니다.

우리는 지금까지 $r=0$에 대해 잘못 알고 있었습니다. 암묵적으로 평평한 시공간에 대한 우리의 직관에 기대어 여러분은 $r=0$을 공간 속 한 장소, 블랙홀의 중심에 있는 좌표의 원점으로 생각해왔습니다. 이것은 옳지 않습니다. $r=0$은 공간 속 하나의 장소가 아니라 하나의 순간을 의미합니다. 게다가 여러분이 한번 사건의 지평선 내부에 들어오면, 그 순간은 미래의 순간이 됩니다. 우리가 아무리 발버둥친다 하더라도, 우리는 특이점과 만나지 않을 수가 없습니다. 이것은 우리가 미래를 맞는 것처럼 필연적입니다.

$r=0$이 하나의 공간적 위치가 아닌 하나의 시간적 순간이라는 것을 어떻게 우리가 '발견'할 수 있었는지 궁금해할 수 있습니다. 우리가 좌표를 정하는 주인이고, 그래서 우리가 선택한 대로 좌표를 정의할 수 있지 않을까요? 분명 그렇습니다. 그러나 근원으로부터 일정한 거리 떨어진 구면의 면적을 사용해 r을 정의했을 때, 우리는 이미 선택을 했습니다. 우리가 이런 선택을 하게 되면서—사건의 지평선으로

부터 멀리 떨어진 곳에서 모든 것이 정상적으로 보이도록 그렇게 했습니다—우리는 이 좌표를 다른 영역으로 확장하게 되었고, 일어난 일을 감수해야만 했습니다. 그리고 일어난 일이란 r이 공간꼴 좌표가 아닌 시간꼴 좌표가 되었다는 것입니다.

이 모두가 아주 이상해 보입니다. 실체를 확실하게 인식하기 위해서, 우리가 그린 빛 원뿔들과 관계된 방정식들을 더 깊이 파봅시다.

"빛 원뿔을 그린다"는 것은 한 점을 골라 시공간 간격이 0, 즉 $ds^2 = 0$인 것을 따라 작은 선분들을 그린다는 것을 의미합니다. 잠시 선 요소 (9.6)을 본 후, 거기서 θ와 ϕ를 무시하면(우리가 그 방향으로 움직이지 않기 때문에) 다음을 얻게 됩니다.

$$-\left(1-\frac{2GM}{r}\right)dt^2 + \frac{1}{\left(1-\frac{2GM}{r}\right)}dr^2 = 0 \tag{9.10}$$

이것을 조금 손봅시다. 두 번째 항을 오른쪽 변으로 이동하고, 신경이 쓰이는 음의 부호를 모두 없애기 위해 양변에 -1을 곱한 뒤 $(1-2GM/r)$로 나눕니다. 그러면 다음을 얻습니다.

$$dt^2 = \frac{1}{\left(1-\frac{2GM}{r}\right)^2}dr^2 \tag{9.11}$$

모두가 제곱한 형태를 가지고 있습니다. 따라서 제곱근으로 두 부호 중 무엇이든 적합하다는 것을 나타내기 위해 양 또는 음의 부호 ±를 포함하는 것을 기억하면서, 양변의 제곱근을 취합니다. 마지막으로 양변을 dr로 나누면 다음을 얻게 됩니다.

$$\frac{dt}{dr} = \pm\frac{1}{1-\frac{2GM}{r}} \tag{9.12}$$

dt/dr는 정확히 빛 원뿔을 나타내기 위해 우리가 그린 작은 선분의 기울기이기 때문에, 이것은 만족스러운 결과입니다(우리는 특별히 임의의 궤적이 아닌 널 궤적만을 고려하고 있다는 것을 기억하세요). 양/음 부호는 빛이 중심의 안쪽이나 바깥쪽 어느 한쪽으로 이동할 수 있음을 반영합니다.

이제 이 식을 우리가 그림에 그린 빛 원뿔들과 연결할 수 있습니다. r이 매우 큰 곳에서는 $2GM/r \approx 0$이 되고, 따라서 $dt/dr \approx \pm 1$이 됩니다. 1 또는 -1의 기울기는 광선들이 45도 기울어져 있음을 가리킵니다. 이것은 민코프스키 시공간에서 일어나는 일에 지나지 않으며, 사실 그림에 그려져 있는 것이 바로 그것입니다.

$r \to 2GM$이면 $1-2GM/r \to 0$이 되어, $dt/dr \to \pm\infty$가 됩니다. 이것은 빛 원뿔들이 '닫힌다'는 것을 의미합니다. 빛 원뿔들의 기울기가 양쪽에서 점점 더 가팔라져서 우리가 사건의 지평선에 더 가까이 갈수록 양쪽이 만나는 것이 분명해 보입니다.

정확히 슈바르츠실트 반지름 $r = 2GM$에서 계량의 계수들이 무한대가 되는데, 이것은 잠시 접어두기로 하겠습니다. 그러나 만약 우리가 겁없이 내부를 들여다본다면, 예상하지 못한 일이 일어납니다. $r < 2GM$

일 때는 물리량 $2GM/r$이 1보다 커지므로, $1-2GM/r \to 0$이 음수가 됩니다. 선 요소 (9.6)을 들여다보면, g_{tt}(dt^2의 계수)와 g_{rr}(dr^2의 계수) 모두 부호가 바뀌는 것을 알 수 있습니다. 사건의 지평선 외부에서는 민코프스키 공간에서처럼 g_{tt}는 음이고 g_{rr}은 양입니다. 이것은 r이 공간꼴 좌표인 데 반해, t가 시간꼴 좌표라는 것을 반영하고 있습니다.

그러나 사건의 지평선 내부에서는 이들의 부호가 바뀝니다. 이것은 극적인 결과를 가져옵니다. 즉 t는 이제 공간꼴 좌표가 되고, r은 시간꼴 좌표가 됩니다. 물리적으로 우리가 슈바르츠실트 반지름 내부로 들어가게 되면, 더 작은 r값으로 이동한다는 것은 중심을 향해 이동하는 것이 아니라 미래를 향해 나가는 것이 됩니다. 물론 이것이 물리적 입자들이 실제로 하는 일입니다. 그리고 이것이 궁극적으로 $r=0$에 있는 특이점에 도달하는 것을 피하기 불가능한 이유입니다.

(심지어 실제로 더 잘 알고 있어야 하는 사람들조차) 이 행동을 가끔 "시간과 공간이 블랙홀 사건의 지평선 내부에서 역할을 바꾼다"라고 표현하기도 합니다. 아닙니다. 일어난 일은 좌표 t와 r이 이들의 역할을 바꾼 것입니다. 좌표는 인간의 발명품이고, 여러분은 좌표를 현실 세계의 근본적인 특징들과 혼동해서는 안 됩니다. 우리가 어디에 있든지, 또는 우리가 사용하고 있는 좌표계가 무엇이든지 상관없이 시간은 여전히 시간이고 공간은 여전히 공간입니다. 만일 여러분이 충분히 큰 블랙홀로 떨어지게 된다면, 사건의 지평선을 통과하면서도 특별한 것을 전혀 알아차리지 못할 것입니다. 분명 여러분의 손목시계가 시간 대신 거리를 측정하기 시작하지는 않을 것입니다.

조언을 한 가지 더 드리겠습니다. 여러분이 블랙홀로 떨어진다면,

빠져나오려고 애쓰지 마세요. 여러분은 미래에 특이점을 만나는 것을 피할 수 없습니다. 사실 여러분은 아주 빨리 특이점을 만나게 될 것입니다(태양 질량의 10억 배의 질량을 가진 블랙홀의 경우 수 시간, 그리고 태양 질량을 가진 블랙홀의 경우 대략 10만 분의 1초 정도). 그러나 이것은 여러분이 자유 낙하를 할 경우입니다. 그리고 기억하고 있겠지만, 자유낙하는 측지선을 따르는 운동으로, 고유 시간이 최대가 되는 운동입니다. 빠져나오려고 무모하게 속도를 낸다면, 여러분은 더 짧은 고유 시간을 가진 경로를 따라 움직이게 될 것입니다. 여러분의 관점에서 여러분은 그냥 특이점에 더 빨리 도달할 것입니다.

사건의 지평선

슈바르츠실트 반지름에 있는 좌표 특이점은 우리가 방금 전 그린 그림에 남아 있는 유일한 보기 흉한 얼룩입니다. 이야기했듯이, 시공간 도표로부터 심지어 사건의 지평선에 도달하는 것이 가능하지 않을까 생각할 수도 있습니다. 왜냐면 빛 원뿔들이 거기서 닫히는 것처럼 보이기 때문입니다. 시간꼴 궤적은 t 좌표에서 위로 곧장 올라가서 실제로는 절대 슈바르츠실트 반지름을 통과하지 않는 것처럼 보입니다.

반면 우리는 중력 시간 지연을 살펴보고서 사건의 지평선에 접근할수록 정해진 양의 t에 대응하는 고유 시간 τ가 점점 더 짧아진다고 배웠습니다. 우리는 그것을 거꾸로 이야기할 수도 있습니다. 사건의 지평선에 접근할수록 정해진 양의 고유 시간에 대응되는 t가 점점 더 커집니다. 이것은 우리가 물리적인 문제가 아닌 좌표의 문제를 대면하고 있다는 아이디어와 일치합니다. 아마 시간꼴 궤적이 $t \to +\infty$로 위로 치솟는 것처럼 보일지라도, 진짜 여행자는 실제로 유한한 고유시간 내에 무한한 양의 t를 경험할 수 있습니다. 그러면 잠시 후 이들에게 어떤 일이 일어날까요?

이 퍼즐을 푸는 방법은 슈바르츠실트 반지름에서 더 좋은 행동을 보이는 좌표계를 사용하는 것일지 모르며, 다행히도 그런 좌표계가 존재합니다. 이런 편리한 좌표계를 아서 에딩턴과 데이비드 핀켈스타인David Finkelstein의 이름을 따서 **에딩턴-핀켈스타인 좌표계**Eddington-Finkelstein coordinate system라고 부릅니다. 이 좌표계는 우리가 슈바르츠실트의 풀이에 사용했던 것과 같은 공간 좌표 (r, θ, ϕ)에 의존하지만, 아래와 같이 정의하는 새로운 시간 좌표 t^*를 도입합니다.

$$t^* = t + r + 2GM \log\left|\frac{r}{2GM} - 1\right| \tag{9.13}$$

그러므로 우리의 새로운 시간 좌표는 우리의 예전 시간 좌표에 예전 지름 방향 좌표와 특정한 지름 방향 좌표 함수의 로그를 취한 것을 더한 것입니다. 새로운 시간 좌표는 조금 임의적인 것 같지만, 이런 특수한 형태를 가진 배경에는 이유가 있습니다. 사건의 지평선 근처에서 이 로그 함수는 $-\infty$가 됩니다. 이것은 $+\infty$가 되는 t를 상쇄할 수 있어 우리는 유한한 t^*값에서 사건의 지평선에 도달할 수 있습니다.

구체적으로 이런 사실을 증명하기보다, 계량을 $\left(t^*, r, \theta, \phi\right)$ 좌표로 그냥 적고 나서 빛 원뿔들을 바라보는 것이 더 쉽습니다. 이 계량의 성분들은 아래와 같습니다.

$$g_{\mu\nu}=\begin{pmatrix} g_{t^*t^*} & g_{t^*r} & & \\ g_{rt^*} & g_{rr} & & \\ & & g_{\theta\theta} & \\ & & & g_{\phi\phi} \end{pmatrix}=\begin{pmatrix} -\left(1-\frac{2GM}{r}\right) & 1 & & \\ 1 & 0 & & \\ & & r^2 & \\ & & & r^2(\sin\theta)^2 \end{pmatrix} \tag{9.14}$$

선 요소 형태로는 다음과 같습니다.

$$ds^2=-\left(1-\frac{2GM}{r}\right)\left(dt^*\right)^2+dt^*dr+drdt^*+r^2d\theta^2+r^2(\sin\theta)^2d\phi^2 \tag{9.15}$$

이것은 앞서 우리가 본 것과는 조금 다릅니다. g_{rr} 성분은 없지만, 비대각 항 g_{t^*r}과 g_{rt^*}이 있습니다. 우리가 r의 정의를 바꾸지 않았음에도 불구하고, g_{rr}이 사라진 것에 놀랄지 모릅니다. 이것은 r의 역할이 (9.13)에서 볼 수 있듯이, 부분적으로 t^*에 흡수되었기 때문입니다.

에딩턴-핀켈스타인 좌표계에서는 더 이상 슈바르츠실트 반지름 $r=2GM$에 좌표 특이점이 존재하지 않습니다. (9.14)에 있는 모든 성분은 유한한 값을 가집니다($g_{t^*t^*}$성분은 0이 되지만 0 역시 유한한 값입니다). 다음 그림(미적인 목적을 위해 1개의 각 차원을 가지고 있습니다)에 그려져 있는 것처럼, 우리가 빛 원뿔을 어떻게 그리는가에 이 사실이 반영되어 있습니다.

이들 좌표에서 빛 원뿔들은 사건의 지평선에서 닫혀 있지 않습니다. 대신 r이 감소하는 곳으로 이동할수록 빛 원뿔들이 기울어집니다. 또다시 우리가 사건의 지평선 내부에서 빛 원뿔 내부에 머물면, 미래에 있는 $r=0$에 위치한 특이점으로 이동하는 것을 보게 됩니다.

이런 개선된 좌표들은 슈바르츠실트 반지름에서 무슨 일이 일어나는지를 이해하는 데 도움이 됩니다. 사건의 지평선은 고정된 지름 방향 좌표 $r=2GM$에 있으며, 외부에서 보면 블랙홀은 일정한 크기를 가진 시공간의 어두운 영역처럼 보일 것입니다. 그러나 빛 원뿔들의 한쪽은 사건의 지평선 방향과 일치합니다. $r=2GM$에서 수직 t^* 방향은 실제로 시간꼴(또는 공간꼴)이 아닌 널 방향(빛의 진행 방향—옮긴이)입니다.

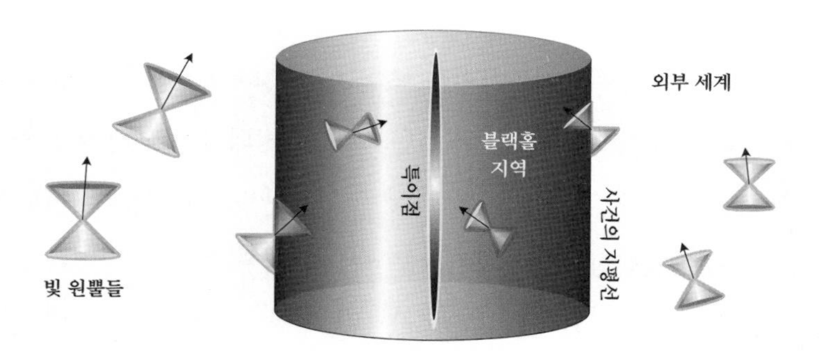

이것이 사건의 지평선이 그렇게 특별한 이유입니다. $r=2GM$에서, 사건의 지평선에 머물려면 특정한 방향으로 이동해야 하고, 또 광속으로 이동해야 합니다. 모든 시간꼴 궤적이 여러분을 블랙홀 속으로 더 깊이 빠지게 할 것입니다. 더 일반적으로 시간꼴 경로들은 사건의 지평선을 한 방향으로만 통과할 수 있습니다. 이것은 여러분이 블랙홀에서 빠져나올 만큼 강력한 로켓 엔진을 상상할 수 없다는 것이 아닙니다. 블랙홀 내부에서 다시 외부 세계로 나오려면 광속보다 빠른 운동이 필요하다는 것입니다.

전하와 스핀을 가진 블랙홀

지구는 대략 구형이지만, 아주 그렇지는 않습니다. 지구는 극 사이의 거리가 적도에서의 지름보다 대략 0.3퍼센트 짧은 조금 찌그러진 모양을 갖고 있습니다. 게다가 지구는 심해와 높은 산들이 있어 울퉁불퉁합니다. 그 결과 지구의 중력장이 아주 균일하지는 않으며, 궤도 위성들은 어디에서 지구 중력이 평균보다 강한지, 또 약한지를 알려주는 정확한 지도를 제공해주었습니다. 다른 행성들도 일반적으로 지역적인 흥미를 끄는 그들만의 특징을 가지고 있습니다. 행성의 중력장은 매우 독특할 수 있습니다.

블랙홀의 경우에는 그렇지 않습니다. 블랙홀은 울퉁불퉁하지 않습니다. 반대로 (아직 엄격한 증명을 거치지 않았기 때문에 수학자들이 '털 없음 추측'이라고 부르는) **털 없음 정리**no-hair theorem라는 아이디어가 있습니다. 이 정리는 모든 블랙홀이 전적으로 질량, 전하와 스핀(지구의 자전 운동처럼 자체 축 주위로 회전할 때 생기는 각운동량—옮긴이)에 의해 규정되는 한 가지 상태만을 갖게 된다는 것을 의미합니다. 이런 양들의 값이 같은 블랙홀들은 모두 같은 중력장을 갖게 될 것입니다. 블랙홀이 어떤 물질들로 만들어졌는지와 무관하게 이 정리는 성립할 것입니다. 무거운 별이 붕괴하여 탄생한 블랙홀은 최종적으로 이 블랙홀과 같은 양의 도서관 책 또는 땅콩버터로 만들어진 블랙홀들과 정확히 같을 것입니다. 아마도 후자의 경우 자연에서 일어날 가능성은 없겠지만, 만약 일어난다고 하더라도 생성된 블랙홀을 조사해서는 알 수 없을 것입니다.

전하는 가지고 있지만, 스핀이 없는 블랙홀은 전하를 가진 입자처럼 주위에 구형 대칭성을 가진 전기장을 만들 것입니다. 이 전기장은 에너지를 가지며, 아인슈타인의 방정식을 풀 때 이것을 설명할 수 있어야 합니다. 이런 블랙홀의 계량은 슈바르츠실트 풀이가 나온 후 여러 사람에 의해 유도된 **라이스너-노르드스트룀 풀이**Reissner – Nordström solution에 의해 주어집니다. 이 풀이는 그리 놀랍지 않습니다. 왜냐면 모든 것이 여전히 구형 대칭성을 가지고 있어 이 풀이가 슈바르츠실트 풀이와 그리 크게 다르지 않기 때문입니다.

적어도 외부에서는 그렇습니다. 라이스너-노르드스트룀 풀이를 액면 그대로 받아들이고 극한까지 밀어붙일 경우, 이 풀이는 모두 사건의 지평선 뒤에 숨어 있는, 개별 우주들을 연결하는 무한 개의 블랙홀들을 기술합니다.

이런 이유로 방정식들에 대한 정확한 풀이를 항상 구할 수 없습니다. 특히 이 풀이가 기술하고자 하는 물리적 상황 이상으로 확장했을 때는 풀이를 액면 그대로 받아들이면 안 됩니다. 슈바르츠실트 풀이조차 해석을 최대로 확장하면 **웜홀**wormhole로 연결된 2개의 다른 우주를 기술합니다. 1916년 루트비히 플람Ludwig Flamm에 의해 이런 사실이 밝혀졌고, 1935년 아인슈타인과 그의 공동 연구자인 네이선 로젠

Nathan Rosen이 다시 발견했습니다. 그러므로 슈바르츠실트 웜홀은 때로 아인슈타인-로젠 다리Einstein-Rosen bridge라고도 불립니다.* 그러나 아무도 우리 우주에 있는 블랙홀들이 사건의 지평선 뒤에 웜홀과 여분의 우주를 숨기고 있다고 믿지 않습니다. 왜냐면 실제 블랙홀들은 어디에서나 확실하게 비어 있는 공간(또는 전기장)이 아니기 때문입니다. 이 블랙홀들은 안으로 빨려 오는 물질에 의해 형성되며, 이런 물질의 존재는 시공간 계량에 큰 영향을 줍니다. 그 결과 실제 블랙홀들은 내부에 특이점을 가지고 있지만, 다른 우주로 가는 관문을 가지고 있지는 않습니다.

스핀을 가진 블랙홀의 계량을 구하는 데는 더 오랜 시간이 걸렸습니다. 1963년 마침내 로이 커Roy Kerr가 그 계량을 유도했고, 그것을 **커 풀이**Kerr solution라고 부릅니다. 어려움은 구형 대칭성을 가지고 있지 않다는 데서 나왔습니다. 이 블랙홀은 선호하는 방향, 즉 블랙홀의 회전축 방향을 갖고 있습니다. 그러나 커의 연구는 수학적인 위대한 업적 그 이상의 것이었습니다. 실제 세계에서 우리는 블랙홀이 상당한 양의 전하를 가지고 있다고 예상하지 않습니다. 만약 전하를 가지고 있다면, 블랙홀은 반대 전하를 가진 입자들을 끌어당겨 흡수함으로써 신속하게 중성이 됩니다. 그러나 우리는 블랙홀들이 회전하고 있으며, 그것도 아주 빠르게 회전하고 있다고 예상합니다. 우주에 있는 거의 모든 블랙홀이 정확히 커 계량으로 기술될 것입니다.

---

* 2011년에 나는 영화 〈토르〉의 과학 자문을 맡고 있었습니다. 만약 여러분이 아인슈타인-로젠 다리에 관해 이야기하는, 내털리 포트만이 연기한 제인 포스터에 주목했다면, 그것은 내 잘못입니다.

면적 정리

슈바르츠실트의 1915년 연구에 이미 블랙홀의 아이디어가 암시되어 있었지만, 물리학자들이 이 개념을 이해하는 데는 오랜 시간이 걸렸습니다. 이런 지연은 대부분 어떤 특징들이 물리적으로 실재하는 것이고, 무엇이 단지 좌표 선택에 의한 것인지를 파악하는 데 어려움이 있었기 때문입니다. 이것이 우리가 지금까지 이 차이를 강조해온 이유입니다. 예를 들어, 정확히 슈바르츠실트 반지름에서 맴도는 관찰자에게 중력 시간 지연이 무한히 커지고, 따라서 외부 관찰자의 관점에서 시간이 정지한 것처럼 보인다는 것을 이해했습니다. 그러므로 사람들은 이 크기로 붕괴한 물체는 영원히 이 반지름에 묶여 있는 '냉동별'이 될 것이라고 추론합니다. 이 사람들은, 단순히 블랙홀로 빨려 들어갈 것을 우리가 알고 있는, 블랙홀로 낙하하는 관찰자의 관점에서 무슨 일이 일어날지 신중하게 묻지 않습니다.

데이비드 핀켈스타인, 마틴 크러스컬Martin Kruskal을 비롯한 사람들의 연구 덕분에 1950년대 말이 되어서야 비로소 사건의 지평선을 이해하게 되었습니다. 이 연구는 미국의 존 휠러, 영국의 데니스 시아마Dennis Sciama와 소련의 야코프 젤도비치Yakov Zeldovich가 주도하여 일반상대성이론을 적극적으로 연구하는 새로운 시대를 여는 데 도움을 주었습니다. 휠러는 '블랙홀'이라는 용어를 대중화했고, 1960년대와 1970년대에 펜로즈, 호킹, 이들의 공동 연구자들에 의해 블랙홀에 대한 연구가 진행되었습니다.

이 시기에 나온 중요한 결과로는 1971년 호킹에 의해 증명된 **면적**

정리area theorem를 들 수 있습니다. 이 정리는 블랙홀의 사건의 지평선의 면적, 또는 몇 개의 블랙홀들이 결합한 면적이 시간에 따라 증가하지 절대 감소하지 않는다는 것입니다. 다른 좋은 정리들처럼 면적 정리도 가정들에 의존합니다. 예를 들어, 우리는 실제 입자들이 양의 질량만을 가졌거나, 아니면 음의 질량을 가진 입자들을 블랙홀에 던져 없앴다고 가정합니다. 그리고 물론 우리는 순수하게 고전적으로 생각하는 중입니다. 양자역학이 이 게임에 참여하게 되면, 블랙홀은 복사로 에너지를 잃고 결국 블랙홀이 사라지게 됩니다. 하지만 이런 일은 일반적으로 매우 느리게 일어납니다.

2개의 블랙홀이 합쳐지는 것을 생각할 때, 면적 정리가 중요해집니다. 이런 일이 일어날 때, 전체 에너지의 일부가 중력파의 형태로 빠져나가게 됩니다. 왜냐면 시공간이 빠르게 움직이는 블랙홀들에 의해 요동치기 때문입니다. 그러나 면적 정리는 너무 많은 에너지가 빠져나가지 않는다는 것을 보장합니다. 그 결과로 생긴 단일 블랙홀은 적어도 이 블랙홀을 만든 두 블랙홀의 면적을 합친 것만큼의 면적을 가진 사건의 지평선을 가지게 될 것입니다.

슈바르츠실트 반지름이 $r=2GM$이고, 따라서 사건의 지평선의 면적은 $A=4\pi r^2=16\pi G^2M^2$으로 주어지는데, 왜 우리는 단순히 블랙홀의 사건의 지평선 면적이 절대로 감소하지 않는다고 말하지 않고, 블랙홀의 질량이 절대로 감소하지 않는다고 말할까요? 그 답은 질량이 감소할 수 있다는 것이고, 그 이유는 스핀을 가진 블랙홀과 같은 것들이 존재하기 때문입니다.

회전하는 블랙홀의 경우, 사건의 지평선의 면적은 질량과 스핀의 양 모두에 의존합니다. 물질을 이 물질과 반대 방향의 각운동량을 가지고 회전하는 블랙홀에 집어던지면, 회전하는 블랙홀로부터 에너지를 뽑아낼 수 있습니다. 로저 펜로즈는 **펜로즈 과정**Penrose process이라고 부르는 이 일을 하는 구체적인 방법을 고안해냈습니다. 우리는 회전하는 초거대 질량 블랙홀에서 에너지를 뽑아내 동력으로 이용하는 선진 외계 문명을 상상할 수 있습니다. 그러나 호킹의 정리는 사건의 지평선의 면적이 항상 증가하므로, 이 블랙홀은 결국 더 이상 회전을 할 수 없게 되고, 더 이상 뽑아낼 에너지가 남지 않게 되리라는 것을 보장합니다.

블랙홀 역학

면적 정리에는 무언가 불편한 것이 있습니다. 이 정리는 블랙홀의 사건의 지평선 면적이 시간에 따라 증가하기만 할 것이라고 이야기합니다. 그러나 이것은 시간의 화살을 암시하고 있습니다. 면적은 과거가 아닌 미래로 갈수록 증가합니다. 어디서 이런 결과가 나왔을까요? 아인슈타인의 방정식은 과거와 미래를 달리 취급하지 않습니다.

그 해답의 일부는 좁고 기술적인 것입니다. 일반상대성이론 자체에는 시간의 화살이 없지만, 우리가 고려하고 있는 블랙홀 풀이들에는 시간의 화살이 있습니다. 우리는 마음속으로 과거에 별을 비롯한 다른 천체가 있었으며, (시간이 미래를 향해가면서) 이것이 붕괴하여 블랙홀이 되었다는 상상을 합니다. 시간을 거꾸로 돌린다고 해도 우리의 모든 수학적 논의를 되풀이할 수 있습니다. 그 결과로 나온 것이 과거에 특이점을 가지고 있던 **화이트홀**white hole입니다. 화이트홀은 물질이 빠져나올 수 있지만 절대 되돌아갈 수 없는 사건의 지평선으로 둘러싸여 있습니다. 화이트홀은 시간이 반대로 흐르는 블랙홀입니다. 우리는 화이트홀이 자연에 존재하리라고 생각하지는 않지만, 현대 우주론은 우리의 관측 가능한 우주가 과거에 빅뱅 특이점으로부터 탄생했으며, 거기에는 분명히 가족과 닮은 점이 있었을 것이라는 입장을 취하고 있습니다. 우주 전체는 화이트홀과 같습니다.

이런 연관성은 블랙홀과 열역학 사이에 더 심오한 관계가 있다는 것을 암시합니다(이것이 결국 시간의 화살의 근원입니다). 1970년 초 물리학자들은 호킹의 정리("면적은 항상 증가한다")와 열역학 제2법칙("엔트로피는 항상 증가한다") 사이에 아주 흥미로운 대응 관계가 존재한다고 지적했습니다. 그것은 재미있는 비유일 뿐 그 이상은 아니라고 생각했습니다.

존 휠러의 지도를 받고 있던 대학원생 야코브 베켄스타인Jacob Bekenstein의 연구가 발표되기 전까지는 그랬습니다. 베켄스타인은 블랙홀이 실제로 엔트로피를 가지고 있으며, 이 엔트로피가 사건의 지평선의 면적에 비례한다는 제안을 했습니다. 더 유명한 물리학자들이 그를 비웃었는데, 그럴 이유가 있었습니다. 만약 블랙홀들이 엔트로피를 가지고 있다면, 전통적인 열역학 법칙에 따라 블랙홀이 온도를 가져야 하기 때문입니다(고전 열역학에 따르면, 일정한 부피를 가진 계의 에너지를 변화시키면, 에너지 변화를 엔트로피 변화로 나눈 것이 이 계의 온도와 같아야 합니다). 그리고 이것은 블랙홀이 복사를 방출한다는 것을 의미합니다. 그리고 이것은 블랙홀이 결국에는 검정이 아니라는 것을 의미하게 됩니다.

특히 호킹은 베켄스타인의 제안을 불쾌하게 생각했습니다. 그러나 호킹은 이 제안을 심각하게 여기고, 양자장이론과 일반상대성이론을 결합한 기법을 사용하여 이 제안이 잘못되었다는 것을 증명하려고 했습니다. 지금은 잘 알려진 사실이지만, 호킹은 결국 베켄스타인이 옳다는 것을 증명했습니다. 양자 효과들을 고려하게 되면, 블랙홀은 엔트로피를 가지며, 따라서 온도를 가지고, 복사를 방출합니다. 그것은 우리가 양자역학을 이해하게 될 때를 위한 이야기입니다. 지금은 **호킹 복사**Hawking radiation가 사실은 아주 미약하다는 것을 깨닫는 것으로 만족합시다. 태양 질량의 블랙홀의 경우, 온도가 100만 켈빈보다 낮으며, 블랙홀의 크기가 너무 작아 탐지가 불가능합니다(그리고 더 큰 블랙홀의 온도는 이보다 더 낮습니다).

실제 세계

2020년 노벨 물리학상이 로저 펜로즈, 라인하르트 겐첼Reinhard Genzel과 앤드리아 게즈Andrea Ghez에게 수여되었을 때, 물리학자들은 조금 놀랐습니다. 특히 펜로즈의 수상은 그가 스웨덴 왕립과학아카데미 편에 선다는 것을 의미했습니다. 누구도 펜로즈 연구의 훌륭함이나 중요성을 의심하지 않았지만, 흔히 실험적 발견이나 아주 구체적인 이론 모델에 노벨상이 주어졌지. 확립된 이론(일반상대성이론)이 암시한 특별한 현상(블랙홀)의 존재를 증명한 것에는 주어지지 않았습니다. 그러나 우리은하의 중심에 있는 실제 블랙홀의 존재에 대한 강력한 관측 증거를 수집한 겐첼과 게즈의 연구에 의해 펜로즈의 업적이 엄청나게 강화되었습니다.

블랙홀은 이론적 호기심의 대상에서 현대 천문학의 선두주자로 나서게 되었습니다. 우리는 아직 블랙홀을 가까이서 본—아마 그것이 우리가 바라는 최선의 것이지만—적이 없습니다. 그러나 블랙홀은 존재하며, 여러 천체물리학적 과정에서 중요한 역할을 담당한다는 압도적인 증거가 있습니다.

실제로 다양한 크기와 기원을 가진 블랙홀 집단이 있습니다. 그중에서도 가장 유명한 종류는 아마 거대 질량을 가진 별의 일생에서 말기에 형성된 블랙홀들입니다. 별의 에너지는 별의 중심부에서 가벼운 원소들이 핵융합하여 더 무거운 원소들로 변환되면서 발생합니다. 그리고 드디어 이 별은 활용 가능한 연료를 모두 소모하게 됩니다. 이 단계에서 대부분의 별은 **백색왜성**white dwarf 단계에 머물게 되고, 시간이 흐름에 따라 서서히 온도가 낮아집니다. 더 무거운 별들은 수축하여 별 내부에서 양성자와 전자가 결합하여 중성자가 되면서 **중성자별**neutron star이 됩니다. 하지만 가장 무거운 별들은 붕괴하여 블랙홀이 됩니다. 이런 방식으로 형성된 대부분의 블랙홀은 적어도 우리 태양 질량의 3배 이상의 질량을 가질 것이라고 예상됩니다.

어떻게 우리가 별의 잔재인 블랙홀의 존재를 탐지할 수 있을지 궁금해하는 사람이 있을 수 있습니다. 이들은 결국 검게 보입니다. 그러나 이들은 또한 회전하고 있습니다. 별의 질량이 블랙홀 크기로 압축

될 때, 초기 별이 가진 작은 양의 회전이 중요해질 수 있습니다. 그 결과 블랙홀로 끌려 들어오는 물질은 블랙홀의 적도 면에 있는 **강착 원판**accretion disk 속에 축적되는 경향이 있습니다. 특히 블랙홀이 또 다른 별을 가진 이중성 계의 일부라면, 강착 원판의 물질의 양이 상당할 수 있습니다. 높은 세기의 엑스선 복사를 방출하기에 충분할 만큼 강착 원판 속 물질의 온도는 매우 높아집니다. 천문학자들이 관측할 수 있는 것이 바로 이 엑스선 복사입니다. 블랙홀 대부분은 편하게 관측할 수 있는 강착 원판에 둘러싸여 있지 않습니다. 그러나 은하수에 있는 질량이 큰 별들의 개수를 감안하면, 천문학자들은 수억 개의 항성질량 블랙홀들이 우리은하 전체에 퍼져 있으리라 추정합니다(대략 1조 개의 별들이 우리은하에 있으므로, 블랙홀들은 여전히 극소수에 지나지 않습니다).

은하들의 중심에 숨어 있는 초거대 질량 블랙홀supermassive black holes의 개수는 완전히 다릅니다. 이들 블랙홀의 질량은 태양 질량의 수백 또는 수십억 배이며, 천문학자들은 이들이 우주에 있는 대부분의 거대 은하에 존재한다고 믿고 있습니다. 우리은하에는 대략 태양 질량의 400만 배의 질량을 가진 블랙홀이 있습니다. 우리는 궁수자리에 있는 작고 어두운 영역 주위를 고속으로 공전하는 별들의 궤적을 추적하여 이런 사실을 부분적으로 알게 되었습니다. 이들을 관측하여 겐첼과 게즈가 노벨상을 받았습니다.

은하수는 성숙한 은하이고, 은하수에서 가스와 먼지 대부분은 별들로 변환되었습니다. 이 때문에 중심에 있는 블랙홀로 빨려 들어갈 떠도는 물질이 별로 존재하지 않습니다. 따라서 우리은하는 비교적 조용합니다. 그러나 젊은 은하들은 흔히 엄청난 크기의 밝게 빛나는 강착 원판을 가진 블랙홀들을 가지고 있습니다. 우리는 이들이 **퀘이사**quasar나 (더 일반적으로) **활동 은하핵**active galactic nuclei이 되어 관측 가능한 은하 전체에 퍼져 있는 것을 봅니다.

킵 손Kip Thorne은 1963년 12월 댈러스에서 열린 상대론적 천체물리학에 관한 제1회 텍사스 심포지엄의 이야기를 들려줍니다.* 천문학자 마르텐 슈미트Maarten Schmidt가 퀘이사까지의 거리를 최초로 측정하고, 퀘이사가 지극히 멀리 떨어져 있다는 것을 보여준 직후였습니다. 지구에 있는 우리에게 퀘이사가 얼마나 밝게 보이는지를 고려할 때, 퀘이사는 극도로 밝아야 합니다. 심포지엄에 참석한 천문학자들은 흥분으로 들떠 있었고, 퀘이사란 무엇이며 퀘이사를 이해하는 데 있어 상대성이론이 얼마나 중요한지에 대한 새로운 시나리오들을 주고받았습니다. 한편 뉴질랜드에서 온 젊은 수학자는 회전하는 시공간에 대한 아인슈타인 방정식의 새로운 풀이에 대해 10분짜리 난해한 발표를 했습니다. 청중들 대부분은 이 발표를 무시했으며, 많은 사람이 휴식을 위해 강당을 빠져나갔습니다. 그 발표자는 로이 커였고, 사람들 대부분은 커가 회전하는 블랙홀의 계량을 설명했다는 것을 깨닫지 못했습니다. 나중에 이 계량이 퀘이사를 이해하는 데 결정적으로 중요한 요소라는 것이 밝혀졌습니다.

2015년 이후 우리는 블랙홀에 대한 정보를 얻을 수 있는 아주 새로

* 킵 손, 박일호 옮김, 《블랙홀과 시간여행: 아인슈타인의 찬란한 유산*Black Holes and Time Warps: Einstein's Outrageous Legacy*》(반니, 2016), 9장.

운 방법인 **중력파**gravitational wave를 가지게 되었습니다. 중력이 시공간의 곡률이라면, 중력파는 광속으로 전파되는 곡률의 파문입니다. 일상적인 전자기파가 대전 입자의 빠른 운동에 의해 생성될 수 있는 것처럼, 중력파는 무거운 물체의 빠른 운동에 의해 생성됩니다.

문제는 중력이 약한 힘이고, 따라서 이런 중력파는 탐지하기가 어렵다는 것입니다. 2015년 이런 중력파를 레이저간섭계중력파관측소Laser Interferometer Gravitational-Wave Observatory(LIGO)가 유럽에 있는 비르고관측소Virgo Observatory와 협업 연구를 통해 최초로 탐지했다는 발표가 나왔습니다. LIGO는 2개의 관측소로 구성되어 있으며, 각 관측소에는 서로 직각을 이루는 한 쌍의 진공인 관이 있습니다. 레이저가 각각의 길이가 4킬로미터인 관을 통해 이동하여 멀리 있는 관의 한쪽 끝에 있는 거울에서 반사됩니다. 통과하는 중력파는 관을 따라 시공간에 작은 왜곡을 유도하여 레이저 빔이 거울까지 갔다가 돌아오는 데 걸리는 시간을 변하게 합니다. 실제로 신호는 매우 작습니다. 전형적인 파동은 단일 양성자의 폭보다 작은 거리만큼 거울을 진동시킵니다. 이런 민감한 장치를 디자인하고 제작하는 데 여러 해가 걸리고 수백만 달러의 비용이 들었다는 것이 놀랍지 않습니다. 2017년 LIGO를 개발한 공로로 라이너 바이스Rainer Weiss, 킵 손, 배리 배리시Barry Barish에게 노벨상이 주어졌다는 것 역시 그리 놀랍지 않습니다.

2015년 사건은 태양 질량의 36배 질량을 가진 블랙홀이 태양 질량의 29배 질량을 가진 블랙홀과 합쳐지면서 생긴 것입니다. 대략 10억 광년 떨어져 있는 이들 두 거대 블랙홀은 미지의 기간 동안 가까이에서 서로의 주위를 공전하고 있었습니다. 이 궤도 운동이 중력파를 생성했고, 이 복사로 인해 계가 에너지를 잃으면서. 블랙홀들이 더 가까워졌습니다. 최종적으로 합쳐져 신속하게 하나의 블랙홀이 되는 데 걸린 시간은 (털 없음 정리에 의하면) 수 초에 지나지 않았습니다.

그 이후 LIGO와 비르고 관측소는 수십 건이 넘는 이런 사건들을 탐지했습니다. 사건 대부분은 태양 질량의 10배에서 100배 사이의 질량을 가진 블랙홀들과 관련이 있습니다. 부분적으로 이것은 어떤 종류의 블랙홀이 우주에 있는지의 함수이고, 부분적으로는 탐지기의 예민한 특정 파장들 때문입니다.

현대 천체물리학자들은 우주에 있는 이런 새로운 창문으로부터 우리가 무엇을 배울 수 있을지를 전망하며 매우 흥분하고 있습니다. 우리는 물론 블랙홀에 대해 더 많이 배울 것이지만, 또한 별의 생애, 은하의 구조와 우주의 크기와 모양에 대해서도 배울 수 있을 것입니다. 무엇보다도, 모든 훌륭한 과학자들처럼, 우리는 전혀 예상치 못한 것에 놀랄 준비가 되어 있습니다.

부록

부록 A: 함수, 도함수 및 적분

부록 B: 연결과 곡률

부록 A: 함수, 도함수 및 적분

이 부록에서는 아주 일상적인 함수와 함수의 조작을 간단히 살펴보고자 합니다. 경우에 따라서는 이미 언급했던 방정식들을 풀 수도 있습니다.

표기법에 대해 간단히 언급하겠습니다. 변수—방정식에서 아직 모르지만 풀어서 나중에 알게 되는 양—를 적을 때는 흔히 x, y, z처럼 뒤쪽에 있는 알파벳 문자를 사용합니다. a, b, c처럼 앞쪽에 있는 알파벳 문자는 보통 상수—특별한 값을 가진 양. 그 값이 무엇인지 주어지지 않더라도(또는 알지 못하더라도) 상관이 없습니다—를 의미합니다. 그리고 f와 g처럼 앞쪽 중간 부분에 있는 알파벳 문자는 흔히 함수—한 변수와 다른 변수 사이의 맵—에 사용됩니다. 그러므로 식을 적는 가장 표준적인 방법은 $f(x) = ax + b$입니다. 여기서 x는 변수, a와 b는 상수, $f(x)$는 x의 함수를 말합니다. x가 변수라는 것은 x의 값이 얼마가 되든 함수 관계가 항상 성립한다는 의미를 내포하고 있습니다. 반면 a와 b는 이 값이 얼마인지 알지 못하더라도 정해진 양이라고 생각합니다. 미묘한 차이가 존재합니다.

물론 이것은 순전히 관습의 문제이며, 원칙적으로 어떤 문자를 사용하더라도 상관이 없습니다. 머지않아 알파벳 문자 전체를 사용하고 나면, 그리스 문자를 사용할 수밖에 없습니다.

정적분과 부정적분

2장에서 적분을 소개하면서 중요한 세부사항 하나를 이야기하지 않고 얼렁뚱땅 넘어갔습니다. 적분이 곡선 아래에 있는 면적을 나타낸다는 것입니다. 그러나 이것은 우리가 기술하려는 면적을 가진 지역의 시작점과 끝점을 특정했을 때만 맞습니다. 이것이 **정적분**definite integral과 **부정적분**indefinite integral을 구분하는 기준이 됩니다. 정적분은 시작점과 끝점이 특정되어 있지만, 부정적분에서는 시작점과 끝점이 특정되어 있지 않습니다.

어떤 함수 $f(x)$를 적분한 것이 다른 함수 $F(x)$가 되는 경우를 생각해봅시다. 달리 표현하면 다음과 같습니다.

$$\int f(x)dx = F(x) \tag{A.1}$$

이것이 부정적분입니다. 시작점과 끝점을 특정하지 않았기 때문에, 조금 허술해 보이는 것이 분명합니다. 정확한 값이 선택한 지역에 의존한다는 것을 보여주기 위해서 때로는 조심스럽게 '상수 더하기'를 추가하기도 합니다.* 그러나 흔히 우리는 여러분이 적분식으로 무엇을 해야 할지 알 정도의 재치를 갖고 있다고 가정합니다. 이 책에서 '함수의 적분'이라는 표현은 일반적으로 부정적분을 의미합니다.

부정적분은 적분 기호의 아래쪽에는 시작점을, 위쪽에는 끝점을 특정하여 적분하는 지역을 구체적으로 지정합니다.

$$\int_a^b f(x)dx = F(b) - F(a) \tag{A.2}$$

그러므로 정적분은 끝점과 시작점에서의 부정적분 값의 차이가 됩니다. 이제 부정적분이 어떤 일을 하는지 알아봅시다.

상수 함수

아주 간단한 함수, 다시 말해 상수인 함수 $f(x) = c$를 생각해봅시다.

---

* 두 명의 수학자가 술집에서 일반인들이 가진 수학적 능력에 대해 논쟁하고 있다. 한 수학자는 매우 부정적이었으나, 반면 다른 수학자는 일반인들도 놀랄 정도의 수학적 지식을 갖고 있다고 주장했다. 첫 번째 수학자가 화장실에 간 사이 두 번째 수학자가 여자 종업원을 불렀다. "들어보세요. 내 친구가 돌아오면 내가 당신에게 질문 하나를 할 겁니다. 그러면 '3분의 1x의 3승'이라고 대답해주세요. 알겠죠? 무슨 뜻인지 걱정하지 않아도 되니까 그냥 '3분의 1x의 3승'이라고 말하면 됩니다. 알겠어요?"라고 말했다. 여자 종업원은 고개를 끄덕이고 떠나면서 할 말을 연습했다. "3분의 1… x … 3승." 첫 번째 수학자가 돌아오자 두 번째 수학자가 또다시 여자 종업원을 큰 소리로 불렀다. "우리 좀 도와주시겠어요? 여기 있는 내 친구는 많은 사람이 수학에 대해 아주 무지하다고 생각합니다. 그래서 당신에게 질문을 하나 하려고 합니다. x제곱을 적분하면 무엇이 되나요?"
"3분의 1x의 3승"이라고 여자 종업원이 자신 있게 대답했다. 감명을 받은 첫 번째 수학자가 친구의 말이 맞다는 것을 인정했다.
여자 종업원이 떠나면서 뒤돌아보고 미소를 짓더니 "상수를 더해야죠"라는 한 마디를 덧붙였다.

자세히 설명하지는 않겠지만, 상수 함수로부터 시작하겠습니다. 상수의 기울기는 수평입니다. 따라서 상수의 도함수가 0이라는 것이 그리 놀랍지 않습니다.

$$\frac{d}{dx}c = 0 \tag{A.3}$$

상수의 부정적분은 x에 비례합니다.

$$\int c\,dx = cx \tag{A.4}$$

이것은 상수의 부정적분이 시작점과 끝점 사이의 거리에 비례한다는 것을 의미합니다.

$$\int_a^b c\,dx = c(b-a) \tag{A.5}$$

$c=2$, $a=1$, $b=3$일 경우의 그림이 이것을 보여주고 있습니다. 예상한 대로 이 곡선 아래의 면적은 $2\times(3-1)=4$가 됩니다.

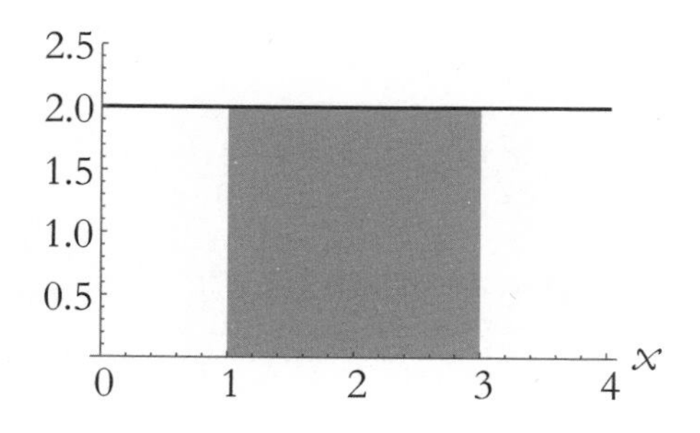

(A.5) 안의 괄호는 c에 $(b-a)$를 곱한다는 의미이지, $f(x)$에서 x가 함수의 인수였던 것처럼, $b-a$가 함수의 인수는 아닙니다. 표기법은 비슷하지만, 의미가 다릅니다. 맥락을 읽어 차이를 구별해낼 수 있어야 합니다.

선형 조합

수학에서 $af(x)+bg(x)$인 형태를 두 함수 $f(x)$와 $g(x)$의 **선형 조합**linear combination이라고 부릅니다. 여기서 a와 b는 상수입니다. '선형'이라는 단어는 각 함수가 단 한 번, 그리고 1승으로 나타난다는 것을 의미합니다. 함수들을 함께 곱하거나 함수들의 승수를 높이면, 비선형 함수가 됩니다.

미분과 적분 모두 **선형 연산자**linear operator입니다. 이것은 선형 조합의 도함수는 각 도함수의 선형 조합이라는 것을 의미하며, 적분의 경우도 마찬가지입니다. 그러므로 도함수의 경우 아래와 같이 됩니다.

$$\frac{d}{dx}\left[af(x)+bg(x)\right]=a\frac{df}{dx}+b\frac{dg}{dx} \tag{A.6}$$

적분의 경우는 아래와 같습니다.

$$\int\left[af(x)+bg(x)\right]dx=a\int f(x)dx+b\int g(x)dx \tag{A.7}$$

두 번째 항이 전혀 없고, 미분 또는 적분하려는 함수가 단지 $af(x)$라 하더라도 (물론) 이 식들이 성립합니다. 이럴 경우, 그냥 '상수를 도함수 (또는 적분) 밖으로 꺼내면' 됩니다. 그리고 (dx라는 기호가 가리키는 것처럼) x에 대해 적분하는 것이라면, x에 의존하지 않는 것은 이것이 다른 변수에 의존한다고 하더라도 상수로 볼 수 있습니다. 다시 말해가 $\int f(x)g(y)dx = g(y)\int f(x)dx$됩니다.

곱함수

두 함수의 곱 $f(x)\,g(x)$가 있다고 합시다. 앞으로 간단히 표시하기 위해 (x)를 떼어버리고, 그냥 fg라고 적겠습니다. 그러면 이 곱 함수의 도함수에 대한 단순하지만 조금은 직관적이지 않은 식을 얻을 수 있습니다.

$$\frac{d}{dx}fg = f\frac{dg}{dx} + g\frac{df}{dx} \tag{A.8}$$

이 식은 '두 번째 함수의 도함수 곱하기 첫 번째 함수 더하기 첫 번째 함수의 도함수 곱하기 두 번째 함수'라고 생각할 수 있습니다. 고트프리트 라이프니츠의 이름을 따서 이것을 **라이프니츠 규칙**Leibniz rule이라고 부릅니다.

곱 함수의 도함수를 계산하는 이런 우아한 규칙이 존재하기 때문에, 수학자들은 일반적으로 미분을 '쉽다'고 생각합니다. 우리의 관심을 끄는 거의 모든 함수는 다른 함수들을 더하거나 곱하거나 등등의 조합을 통해 만들 수 있습니다. 라이프니츠 규칙은 대부분의 함수의 도함수를 구체적으로 다른 함수들로(또는 '닫힌 형태'로) 적을 수 있다는 것을 의미합니다.

이제 두 함수의 곱에 관한 적분식을 알아보는 것이 자연스러운 순서입니다. 그러나 슬프게도 이런 식은 존재하지 않습니다. 적분은 개념적으로나 실제적으로 어렵습니다.

거듭제곱 함수

일반 원리에서 특정 함수로 이동해보면, 우리가 만나게 되는 일반적인 함수 대부분은 변수 x를 a승한 거듭제곱 함수, 즉 x^a로 적는 함수입니다. 여기서 변수는 **밑**base, 그리고 승수power는 **지수**exponent라고 부르는데, 이것은 아래에서 이야기할 변수의 지수를 상수의 지수로 하는 지수함수와 구별하기 위해서입니다. 만약 a가 양의 정수이면, x^a는 x 자신을 a번 곱한 것과 같습니다. 그러나 a가 정수가 아니거나, 음수이거나, 심지어는 복소수일 경우에도 x^a를 정의하는 데 사용했던 수학적 요령을 사용하기에 전혀 무리가 없습니다.

거듭제곱 함수에 관한 두 가지 유용한 사실이 있습니다. 같은 변수의 거듭제곱 함수들을 곱할 때, 간단히 지수를 모두 더해주면 됩니다. 그리고 거듭제곱 함수의 지수를 다른 지수로 올리려 할 때는 지수를 서로 곱하면 됩니다.

$$x^a x^b = x^{a+b}, \qquad \left(x^a\right)^b = x^{ab} \tag{A.9}$$

간단한 (아마 친숙한) 예들을 살펴봅시다. 함수 x^2은 포물선입니다.

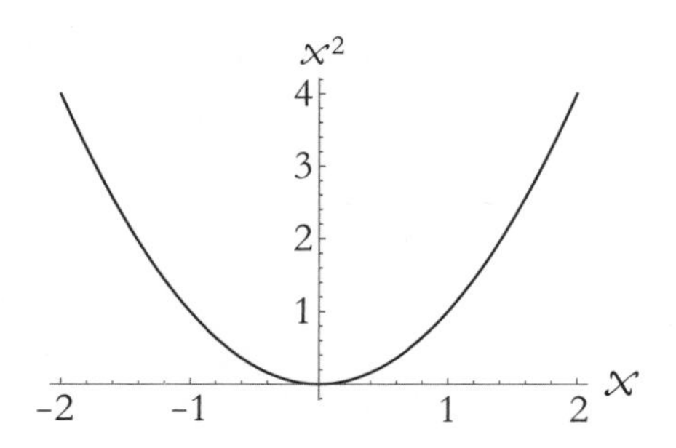

이 함수의 값은 절대로 음수가 될 수 없습니다. 왜냐면 두 음수(x와 x자신)를 곱하더라도 양수가 되기 때문입니다. x의 지수를 다른 짝수로 바꿀 경우에도 항상 양수가 되며, 그 곡선은 정성적으로qualitatively 포물선처럼 보입니다. 지수 a가 음의 정수이면, x^3의 경우처럼 함수의 음수 부분은 양수 부분을 뺀 것이 됩니다.

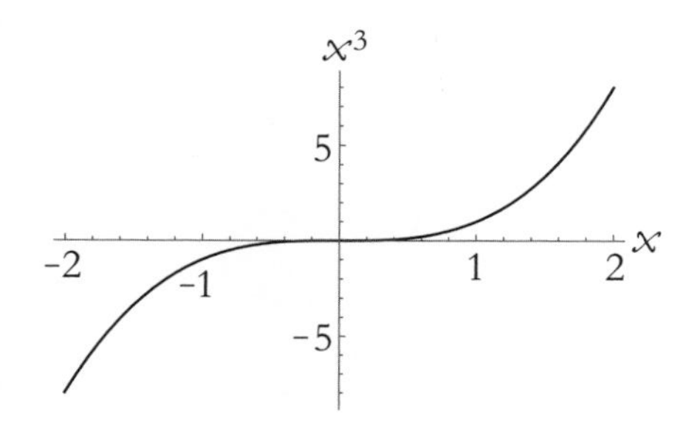

또 우리는 분수 지수도 정의할 수 있습니다. 하지만 이 경우 음수가

아닌 x값으로 제한이 됩니다. 어떤 함수의 지수를 $1/a$로 하는 것은 이 함수의 지수를 a로 하는 행위를 되돌리는 것으로 생각하면 됩니다. 왜냐면 연속한 지수들은 곱하면 1이 되기 때문입니다.

$$\left(x^a\right)^{\frac{1}{a}} = x^{\left(\frac{a}{a}\right)} = x^1 = x \tag{A.9}$$

그 결과 $x^{1/2} = \sqrt{x}$는 포물선과 유사하지만, 옆으로 누운 모습을 하고 있습니다.

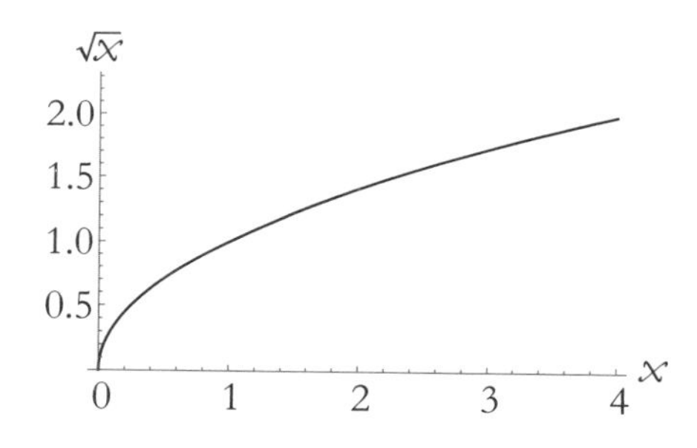

음수이거나 역수의 지수를 가진 함수도 한 지수와 그 지수의 음의 값의 지수를 가진 거듭제곱 함수들의 곱을 생각함으로써 유사한 방식으로 정의할 수 있습니다. 예를 들어, 다음을 만족하도록 요구함으로써 역함수 $x^{-1} = 1/x$로 정의할 수 있습니다.

$$x \cdot x^{-1} = x^{1-1} = x^0 = 1 \tag{A.10}$$

$1/x$의 그래프는 $x = 0$에서 불연속성을 보이지만, 전혀 걱정할 필요

가 없습니다. 그냥 $1/x$은 $x=0$에서 정의되지 않는다고 말하면 됩니다.

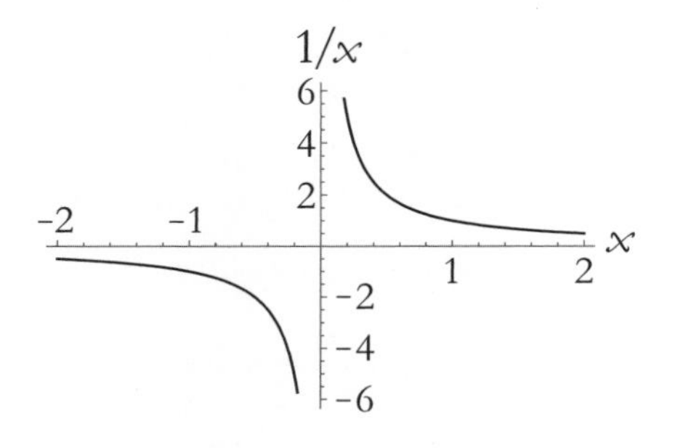

거듭제곱 함수의 도함수는 단순 그 자체입니다. 지수를 1만큼 줄인 거듭제곱 함수에 원래 지수를 곱하면 됩니다.

$$\frac{d}{dx}x^a = ax^{a-1} \tag{A.11}$$

적분은, 충분히 합리적이게도, 지수를 1만큼 증가시키면 됩니다.

$$\int x^a dx = \frac{x^{a+1}}{a+1} \tag{A.12}$$

재미를 위해 먼저 도함수를 구하고, 그런 다음 적분을 하면 당연하지만 원래 함수로 되돌아간다는 것을 증명할 수 있습니다.

그러나 숨겨진 문제가 있습니다. $a=-1$일 때는 (A.12)에서 0으로 나누는 것처럼 보입니다. 실제로 그렇기 때문에 이 경우를 다룰 특별한 식이 존재합니다.

$$\int x^{-1}dx = \ln|x| \tag{A.13}$$

$|x|$ 안의 수직 막대들은 절대값 부호입니다. 즉 x가 양이면 이것을 그대로 두고 x가 음이면 이것에 −1을 곱합니다. 따라서 그 결과는 양이 됩니다. 함수 $\ln x$는 자연 로그함수이며 다음에 설명을 하려고 합니다.

지수함수와 로그함수

이제 변수가 지수 속에 있는, 간단히 **지수**exponential 함수 $f(x) = a^x$로 알려진 경우를 다루어보겠습니다. 기본 아이디어는 아주 단순하며, 그림에 $a = 2$인 지수함수의 그래프가 그려져 있습니다.

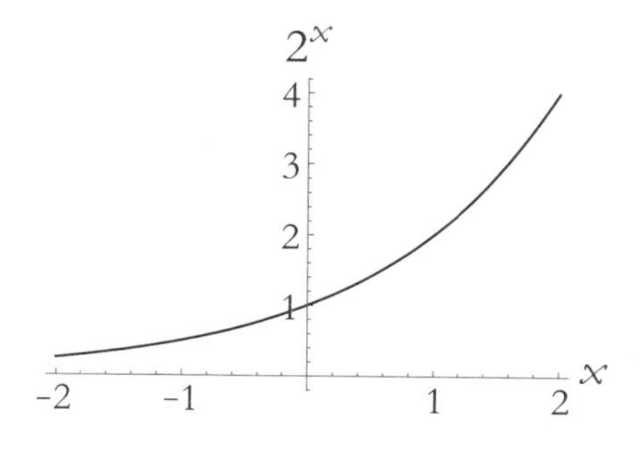

a^x의 역함수는 (밑이 a인) 로그함수로 다음을 만족합니다.

$$\log_a\left(a^x\right) = a^{\log_a(x)} = x \tag{A.14}$$

지수함수가 빠르게 증가하는 대표적인 함수인 것처럼 로그함수(또는 그냥 '로그')도 x가 커질수록 느리게 증가하는 대표적인 함수입니다. 1의 로그함수 값은 0이고, $\log_a(a)=1$입니다. x가 매우 작을 때, 로그함수 값은 $-\infty$가 됩니다. $\log_a(x)$를 'x를 얻기 위해 올려야 하는 a의 지수'라고 생각한다면 이해가 될 것입니다. a가 주어져 있을 때, x가 0에 가까운 값을 갖기 위해서는 a의 지수가 큰 음수여야 합니다.

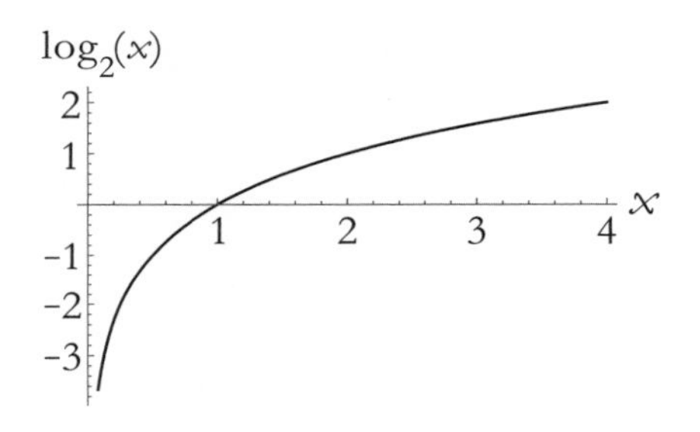

지수함수와 로그함수의 세계에는 특별한 대상이 존재합니다. 독특한 크기를 가진 오일러의 수Euler's number가 이런 특별한 역할을 담당합니다.

$$e=2.71828\ldots \tag{A.15}$$

오일러의 수에서 e는 반복되는 패턴이 존재하지 않는 무한개의 숫자로 표현됩니다. $\pi=3.14159\ldots$처럼 오일러의 수는 두 정수의 비로 표현할 수 없는 수인 **무리수**irrational number입니다. e를 정의하는 방법은 여러 가지가 있지만, 아마도 가장 만족스러운 방법은 e^x의 도함수가 원래 함수와 같아지는 유일한 비상수 함수라는 사실을 이용하는 방법입니다.

$$\frac{d}{dx}e^x = e^x \tag{A.16}$$

다른 밑을 가진 지수함수의 경우, 도함수는 아래와 같습니다.

$$\frac{d}{dx}a^x = \ln(a)a^x \tag{A.17}$$

여기서 우리는 로그함수의 밑이 e인 자연 로그함수를 정의할 수 있습니다.

$$\ln(x) = \log_e(x) \tag{A.18}$$

$1/x$의 적분인 (A.13)에 등장하는 것이 자연 로그함수입니다. (A.17)을 보고 모든 a에 대해 $\log_a(a) = 1$임을 기억한다면, $a = e$일 때 $\ln(a)$라는 귀찮은 인수가 사라지게 되어 우아한 형태를 가진 (A.16)이 남는 것을 알 수 있습니다. 물리학자들 대부분이 가능하다면 로그함수의 밑으로 e를 사용하는 이유가 이 때문입니다.

지수함수의 적분 공식도 마찬가지로 간단합니다.

$$\int a^x\,dx = \frac{a^x}{\ln(a)} \tag{A.19}$$

로그함수의 도함수는 아래와 같고,

$$\frac{d}{dx}\log_a(x) = \frac{1}{\ln(a)}x^{-1} \quad \text{(A.20)}$$

로그함수의 적분은 아래와 같습니다.

$$\int \log_a(x)dx = \frac{x\ln(x) - x}{\ln(a)} \quad \text{(A.21)}$$

$a = e$일 때 $\ln(a) = \ln e = 1$이 되어 두 식이 얼마나 보기 좋아지는지 알 수 있을 것입니다.

삼각함수

마지막으로 우리가 살펴볼 유명한 함수는 삼각함수인데, 그중에서 특히 사인과 코사인 함수가 유명합니다. 이 경우 이 함수의 인수는 일반적으로 실수가 아닌 각도이며, 따라서 x대신 θ로 표시합니다. 그리고 중요한 것은 각도를 도가 아닌 라디안 단위로 측정한다는 것입니다. 180 도는 π라디안에 해당하므로, 도를 라디안으로, 또는 라디안을 도로 쉽게 변환할 수 있습니다.

3장에서 이미 삼각함수를 소개했기 때문에, 여기서는 삼각함수가 가진 흥미로운 성질로 곧바로 넘어가겠습니다. 유명한 사인과 코사인 사이의 관계를 피타고라스의 정리로부터 즉시 알아낼 수 있습니다.

$$(\sin\theta)^2 + (\cos\theta)^2 = 1 \tag{A.22}$$

평평한 3차원 유클리드 공간에서 성분 v^i를 가진 벡터 $\vec{v}$가 있다고 할 때, 피타고라스의 정리를 이용해 다시 놈norm(길이)을 정의할 수 있습니다.

$$|\vec{v}| = \sqrt{(v^1)^2 + (v^2)^2 + (v^3)^2} \tag{A.23}$$

그러면 두 벡터 사이의 도트 곱, 또는 내적을 두 가지 동등한 방법으로 표현할 수 있습니다. 하나는 성분을 이용해서, 다른 하나는 두 벡터의 사잇각의 코사인 값을 이용해서 표현할 수 있습니다.

$$\vec{v} \cdot \vec{w} = v^1 w^1 + v^2 w^2 + v^3 w^3 = |\vec{v}||\vec{w}|\cos\theta \tag{A.24}$$

사인과 코사인이 가진 한 가지 좋은 점은 서로 도함수(및 적분)가 된다는 것입니다.

$$\frac{d}{d\theta}\sin\theta = \cos\theta \tag{A.25}$$

$$\frac{d}{d\theta}\cos\theta = -\sin\theta \tag{A.26}$$

어디에 음의 부호가 붙는지 그냥 암기해야 합니다. $\cos\theta$가 1에서 시작해 감소하므로, 양의 작은 각도에 대한 $\cos\theta$의 도함수는 음이 되어야 하고, 이것이 $-\sin\theta$와 일치한다는 것을 기억한다면, 왜 음의 부호가 붙는지 이해할 수 있을 것입니다. 음의 부호가 이동하는 것을 제외하고, 적분도 비슷한 패턴을 따릅니다(적분한 것을 다시 미분하는 것이 원래 함수로 되돌리는 것임을 기억하고 있다면, 왜 그런지 알 수 있을 것입니다).

$$\int \sin\theta \, d\theta = -\cos\theta \tag{A.27}$$

$$\int \cos\theta \, d\theta = \sin\theta \tag{A.28}$$

부록 B: 연결과 곡률

7장에서 기하학에 대해 논의하면서, 우리는 측지선과 아인슈타인의 방정식을 이해하는 데 필요한 모든 아이디어를 다루었습니다. 그러나 주어진 계량에 대해 이런 것들을 계산하는 데 필요한 모든 단계를 담지는 않았습니다. 여기서 그 간격을 메우려 합니다. 우리는 라틴어 지표가 아닌 그리스어 지표를 사용할 것입니다. 우리가 4차원 시공간에 있다고 상상할 테지만, 이 수식들은 공간이나 어떤 다른 수의 차원에서도 동일하게 잘 작동합니다.

8장에서 아인슈타인의 방정식을 푸는 도중에 우리는 '역계량'의 아이디어와 관련이 있는 리치 곡률 스칼라를 정의해야만 했습니다. 그 의미가 무엇인지 조금 더 구체적으로 알아봅시다. 매우 유용한 텐서인 **크로네커 델타**Kronecker delta를 소개하는 것으로 시작하겠습니다. 크로네커 델타는 1개의 위 지표와 1개의 아래 지표를 가진 텐서입니다. 4차원에서 크로네커 델타는 다음과 같습니다.

$$\delta^{\mu}{}_{\nu} = \begin{pmatrix} 1 & 0 & 0 & 0 \\ 0 & 1 & 0 & 0 \\ 0 & 0 & 1 & 0 \\ 0 & 0 & 0 & 1 \end{pmatrix} = \begin{cases} 1, & \mu = \nu \\ 0, & \mu \neq \nu \end{cases} \tag{B.1}$$

행렬로 생각하면, 크로네커 델타는 **단위 행렬**identity matrix에 지나지 않습니다. 단위 행렬은 보통 산수에서 숫자 1이 하는 것과 같은 역할을 합니다. 어떤 행렬에 단위 행렬을 곱하면 원래 행렬을 다시 얻게 됩니다.

이것을 이해하고 나면, 역계량은 크로네커 델타를 얻기 위해 계량에 곱해주어야 하는 텐서라고 생각할 수 있습니다. 계량 텐서 $g_{\mu\nu}$는 2개의 아래 지표를 가진 대칭 텐서입니다. 따라서 역계량은 2개의 위 지표를 가진 대칭 텐서 $g^{\rho\sigma}$가 될 것이고, 이 텐서는 다음을 만족해야 합니다.

$$g^{\mu\lambda} g_{\lambda\nu} = \delta^{\mu}{}_{\nu} \tag{B.2}$$

잠시 시간을 내어 여기서 이 지표에 무슨 일이 일어난 것인지 음미해보겠습니다. 텐서 표현 속에는 자유 지표와 허깨비 지표의 두 종류 지표가 들어 있습니다. 허깨비 지표는 위에 한 번, 아래에 한 번, 즉 두 번 나타나는 지표로 (B.2)의 λ처럼 합산이 가능합니다. 허깨비 지표가 같은 한, 허깨비 지표에 어떤 문자를 사용하는지는 문제가 되지 않으며, 정확히 1개의 위 지표와 1개의 아래 지표가 있어야 합니다(모두 위에, 또는 모두 아래에 있는 반복되는 지표에 대해서는 합산을 할 수 없습니다). 반면 자유 지표는 (B.2)의 μ와 ν처럼 각 표현에 한 번만 나타납니다. 우리가 어떤 문자를 자유 지표로 사용하는가는 중요하지 않지만, 지표가 일치해야 한다는 것은 매우 중요합니다. 어떤 방정식에서 각 항(다시 말해, 텐서들의 곱)은 같은 자유 지표를 가지고 있어야 합니다. 우리는 (B.2)에서 방정식의 왼쪽 변과 오른쪽 변 모두가 위쪽에는 μ, 아래쪽에는 ν를 자유 지표로 가지고 있는 것을 봅니다. 만약 여러분이 일치하지 않는 자유 지표를 가진 텐서 표현을 함께 모으려고 한다면, 큰 잘못을 저지르는 것입니다.

정상적인 유클리드 기하학은 은연중에 하나의 계량을 사용하고 있지만, 그런 사실을 우리에게 알려주지 않습니다. 예를 들어, 2개의 3차원 유클리드 벡터의 도트 곱은 $\vec{v} \cdot \vec{w} = g_{ij} v^i w^j$입니다. 그러나 이 평평한 유클리드 계량의 성분(직교 좌표계에서)은 아래와 같습니다.

$$g_{ij} = \begin{pmatrix} 1 & 0 & 0 \\ 0 & 1 & 0 \\ 0 & 0 & 1 \end{pmatrix} \qquad \text{(B.3)}$$

(3차원 형태의) (B.1) 및 (B.2)와 비교하면, 이 역계량의 성분이 정확히 같은 것처럼 보입니다.

$$g^{ij} = \begin{pmatrix} 1 & 0 & 0 \\ 0 & 1 & 0 \\ 0 & 0 & 1 \end{pmatrix} \qquad \text{(B.4)}$$

이 때문에 여러분이 '계량'이라는 단어를 들어본 적이 없어도 고등학교 수준의 기하학 과목을 모두 잘 이수할 수 있었던 것입니다. 계량이 거기 있었지만, 구체적으로 밖으로 드러나지 않고 항상 감추어져 있었습니다. 왜냐면 여러분이 직교 좌표계의 평평한 공간에 갇혀 있었기 때문이며, 계량의 성분들, 역계량 및 크로네커 델타는 모두 같습니다.

일반적으로 이것은 사실이 아닙니다. 역계량의 성분들은 보통 계량의 성분들과 같지 않습니다. 계량이 대각 성분만 가진다면, 역계량의 성분이 간단히 계량 성분의 역수인 행복한 상황을 맞습니다(만약 계량이 대각 계량이 아니라면, 상황이 복잡해집니다). 예를 들어, 3차원 구면 좌표계에서 평평한 유클리드 공간의 계량은 아래처럼 보입니다.

$$g_{ij} = \begin{pmatrix} 1 & 0 & 0 \\ 0 & r^2 & 0 \\ 0 & 0 & r^2(\sin\theta)^2 \end{pmatrix} \tag{B.5}$$

이것은 역계량 성분들이 아래와 같음을 암시합니다.

$$g^{ij} = \begin{pmatrix} 1 & 0 & 0 \\ 0 & r^{-2} & 0 \\ 0 & 0 & r^{-2}(\sin\theta)^{-2} \end{pmatrix} \tag{B.6}$$

평평한 공간에서 계량과 역계량이 사실 같을 경우, 우리는 적어도 직교 좌표계를 사용할 수 있는 선택권을 가지고 있습니다. 그러나 더 일반적인 상황에서는 이런 선택권이 존재하지 않습니다. 그러므로 이 개념들을 구분하는 것이 중요합니다.

계량과 역계량이 존재함으로써 **지표 올리기와 내리기** raising and lowering indices라는 귀여운 텐서 조작이 가능합니다. 계량 그 자체의 예가 보여주듯이, 주어진 지표가 위첨자인지 밑첨자인지는 중요합니다. 그러나 우리는 계량을 곱하고 이 지표에 대해 합산을 함으로써, 위 지표를 아래 지표로 바꿀 수 있습니다. 그리고 같은 방식으로 역계량을 가지고 아래 지표를 위 지표로 바꿀 수 있습니다. 예를 들어, 벡터 v^μ가 주어져 있을 때, 우리는 이 지표를 다음을 통해 아래로 내릴 수 있습니다.

$$v_\mu = g_{\mu\nu} v^\nu \qquad \text{(B.7)}$$

역계량이 (B.2)를 만족한다는 사실은 우리가 지표를 내렸다가 다시 올려 시작했을 때와 같은 텐서로 되돌릴 수 있다는 것을 보장합니다(왜냐면 $\delta^\mu{}_\nu$를 합산을 하는 것은 아무 일도 하지 않는 것과 같기 때문입니다).

$$g^{\mu\lambda} v_\lambda = g^{\mu\lambda} g_{\lambda\nu} v^\nu = \delta^\mu{}_\nu v^\nu = v^\mu \qquad \text{(B.8)}$$

이것은 8장에서 리치 곡률 스칼라를 정의하는 데 필요했던 텐서 기법 중 하나입니다. 리만 텐서는 자연스럽게 1개의 위 지표와 3개의 아래 지표를 가지고 있습니다. 그러므로 리치 텐서 $R_{\mu\nu} = R^\lambda{}_{\mu\lambda\nu}$를 정의하기 위해, 한 지표를 '축약'(이 지표를 합산해서)하는 것은 어렵지 않습니다. 그러나 우리는 이때 2개의 아래 지표를 가진 텐서를 얻게 됩니다. 한편 스칼라를 얻기 위한 또 다른 축약은 할 수 없습니다. 우리가 할 수 있는 것은 역계량을 사용해서 한 지표를 올리는 것입니다. 즉 $R^{\mu}{}_{\nu} = g^{\mu\lambda} R_{\lambda\nu}$입니다. 그런 다음 곡률 스칼라 $R = R^{\lambda}{}_{\lambda}$를 정의하기 위해 이것을 축약할 수 있습니다. 또는 $R = g^{\lambda\sigma} R_{\lambda\sigma}$를 통해 같은 것을 얻을 수 있습니다. 만약 여러분이 아인슈타인이라면, 이것을 에너지-운동량 텐서에 비례하고 여전히 에너지를 보존하는 텐서를 정의하는 데 사용할 수 있습니다.

또 애초에 리만 텐서를 정의하는 과정에서 결정적으로 중요했던 지표를 올리는 비밀이 있습니다. 매개변수화한 경로 $x^{\mu}(\lambda)$를 따라 벡터 W^{μ}를 평행이동한 것이 중심적인 역할을 했습니다(그리스 문자임에도 불구하고, 여기서 λ는 지표가 아니고 우리가 경로의 어디에 있는지를 알려주는 매개변수입니다). 이것은 우리가 각 점에서 **평행이동 방정식**equation of parallel transport을 만족하는 벡터의 값 $W^{\mu}(\lambda)$를 정의해야 한다는 것을 의미합니다.

$$\frac{d}{d\lambda} W^{\mu} + \Gamma^{\mu}{}_{\sigma\rho} \frac{dx^{\sigma}}{d\lambda} W^{\rho} = 0 \tag{B.9}$$

여기서 표기법의 대부분은 이해가 되지만, $\Gamma^{\mu}{}_{\sigma\rho}$는 정의가 필요합니다. 이들은 **연결 계수**connection coefficients, 또는 **크리스토펠 기호** Christoffel symbol로 알려져 있습니다. 이들은 분명 텐서의 성분처럼 보이지만, 엄밀하게 말해 성분은 아닙니다. 그러므로 우리는 이들을 '계수' 또는 그냥 '기호'라고 부릅니다(이유는 이들이 비텐서 방식으로 좌표에 의존하기 때문입니다). 이 계수들은 실제로 다양체에서의 **연결**connection이라는 것을 정의합니다. 연결이란 근처에 있는 점들에서 벡터들과 텐서들을 비교하는 데 필요한 정보를 말합니다. 또 연결이라는 아이디어는 입자물리학의 게이지 이론에서 중요한 역할을 담당합니다.

연결 계수들을 정의하기 위해서, 우리는 아직 더 많은 표기법을 소개해야 하지만, 이번에는 개념의 기이한 뒤틀기가 아닌 우리의 노력을 덜어준 장치를 소개합니다. 다양체에서의 텐서장을 연구할 때는 좌표 x^μ에 대해서 편미분을 하는 일이 매우 흔히 일어납니다. 너무 흔해서 단지 이런 목적을 위해 교묘한 표기법을 발명했습니다.

$$\frac{\partial}{\partial x^\mu} = \partial_\mu \tag{B.10}$$

여러분은 속임수를 알 수 있을 것입니다. x^μ는 위 지표를 가지고 있지만, 편미분에서는 지표가 분모에 나타납니다. 그러므로 편미분 연산자 ∂_μ는 아래 지표를 가집니다.

이제 우리는 역계량과 편미분 표기법을 이해하고, 연결 계수들에 관한 공식을 제시할 수 있습니다.

$$\Gamma^\rho{}_{\mu\nu} = \frac{1}{2} g^{\rho\lambda} \left(\partial_\mu g_{\nu\lambda} + \partial_\nu g_{\lambda\mu} - \partial_\lambda g_{\mu\nu} \right) \tag{B.11}$$

여러분이 이것을 읽고 있을 때, 세계의 어딘가에서 학생들이 일반상대성이론을 배우며 이 방정식을 사용해 어떤 주어진 계량에 대한 연결 계수들을 계산하고 있을 가능성이 큽니다. 여러분도 한번 해보기 바랍니다. 구면 좌표계에서 평평한 계량 (B.5)를 사용하는 것은 흥미를 느낄 정도로 충분히 어렵지만, 그래도 시도해볼 만합니다. 3차원에서 $\Gamma^{\rho}{}_{\mu\nu}$에 3개의 지표가 있기 때문에, $3^3=27$개의 성분이 존재합니다. 그러나 2개의 좌표에만 의존하는 대각 계량이기 때문에, 많은 성분이 결국에는 0이 됩니다. 모든 지표를 합산된다는 것만 기억하면 됩니다.

연결 계수들은 평행이동이 어떻게 작동하는지를 정의합니다. 따라서 이들은 또한 측지선을 정의하며, 측지선은 결국 자신의 속도 벡터 $dx^{\mu}/d\lambda$를 평행이동하는 경로에 지나지 않습니다. 이것을 (B.9)의 W^{μ}로 대체하면, **측지선 방정식**geodesic equation을 얻게 됩니다.

$$\frac{d^2x^{\mu}}{d\lambda^2}+\Gamma^{\mu}{}_{\rho\sigma}\frac{dx^{\rho}}{d\lambda}\frac{dx^{\sigma}}{d\lambda}=0 \qquad \text{(B.12)}$$

어떤 계량 $g_{\mu\nu}$가 주어지면, (B.11)로부터 연결 계수들을 계산할 수 있습니다. 그런 다음, 측지선 방정식을 사용해서 측지선 $x^{\mu}(\lambda)$를 풀 수 있습니다. 이것은 우리에게 행성으로부터 광자까지 실제 물리적 물체들이 어떻게 자유롭게 이런 시공간을 통해 이동하는지를 이야기해줍니다.

마지막으로 연결 계수의 다른 중요한 용도는 리만 곡률 텐서를 정의한다는 것입니다. 우리는 7장에서 개념적으로 이것에 관해 설명했습니다. 그러나 언젠가는 여러분이 앉아서 이 성분들을 계산해야만 합니다. 여기에 모든 영광의 공식이 있습니다.

$$R^{\rho}{}_{\sigma\mu\nu}=\partial_{\mu}\Gamma^{\rho}{}_{\nu\sigma}-\partial_{\nu}\Gamma^{\rho}{}_{\mu\sigma}+\Gamma^{\rho}{}_{\mu\lambda}\Gamma^{\lambda}{}_{\nu\sigma}-\Gamma^{\rho}{}_{\nu\lambda}\Gamma^{\lambda}{}_{\mu\sigma} \qquad \text{(B.13)}$$

요즘 학생들은 보통 리만 텐서의 성분들을 손으로 계산하지 않습니다. 여러분을 위해 이 일을 해줄 컴퓨터 프로그램이 존재합니다. 부엌 탁자 위에 흩어져 있는 그리스어 기호들로 가득 찬 노트에서 여러분이 실수로 ν대신 μ로 적은 것은 없는지 밤새워 살피면서 얻게 된 긍정적인 경험을 이들 프로그램은 절대로 이해하지 못할 것입니다. 그때가 좋았습니다.

역자 후기

이 책《우주의 가장 위대한 생각들- 공간, 시간, 운동》은 '우주의 가장 위대한 생각들' 시리즈 3부작 중 첫 번째 책입니다. 저자 숀 캐럴은 서문에서 이 시리즈의 목적을 기존의 교양과학 도서들이 은유와 모호한 해석에 의존해 현대물리학을 간접적으로 소개하는 것과는 달리 현대물리학의 주요 방정식들을 직접 들여다보고 그 의미를 살펴보면서 현대물리학을 이해하게 하는 것이라고 분명하게 밝히고 있습니다.

이 책에서는 크게 17세기 뉴턴에 의해 정립된 고전역학과 20세기 아인슈타인이 발견한 특수상대성이론과 일반상대성이론을 다루고 있습니다. 고전역학과 특수상대성이론이 평평한 3차원 공간에서 일어나는 물체의 운동을 다루는 역학 이론이라면, 일반상대성이론은 휘어진 4차원 시공간에서 일어나는 물체의 운동을 다루고 있습니다. 또 일반상대성이론은 뉴턴이 발견한 중력이 물체 주위의 시공간이 휘어져 있어 나타나는 현상임을 분명히 했습니다.

어느 역학 이론이든 물체의 운동을 정확하게 기술하기 위해서는 운동과 관련된 개념들을 정의할 필요가 있습니다. 물체의 위치, 속도, 가속도, 운동량, 에너지, 라그랑지안, 해밀토니안, 물리량의 보존, 최소 작용의 원리, 등가원리 등등 운동을 기술하기 위한 다양한 아이디어가 제시되었고 시간이 지남에 따라 정확한 정의가 만들어졌습니다. 또 이 아이디어들을 물리적 개념으로 정착시키기 위한 수학이 등장합니다. 미분, 적분, 스칼라, 벡터, 텐서 등이 그런 예입니다. 그리고 수학을 사용하여 운동을 기술하기 위한 방정식들이 도출되었습니다. 뉴턴의 운동 방정식과 아인슈타인의 방정식이 대표적인 예이며, 이런 방정식들이 등장하기까지 라플라스의 패러다임이나 구형 소 철학과 같은 철학적 주장도 큰 역할을 담당했습니다.

이와 같은 고전 및 현대 역학의 발달로 우리는 이제 우주의 참모습을 많이 이해하게 되었습니다. 누구나 신기해하는 블랙홀이 가진 놀라운 성질들이 속속 밝혀지고 있습니다. 이 책을 읽으면서 여러분은 수업 시간에 당연하다고 무심하게 생각했던 공간과 시간의 신비스러움, 시간과 공간의 차이 등도 다시 생각해보게 될 것입니다.

이 책에는 정말로 많은 개념이나 아이디어들이 제시되어 있습니다. 가끔 이해를 돕기 위한 그림과 수식이 함께 제공되기도 합니다. 수학적 설명이 부족할 경우 부록에 더 자세한 내용이 소개되어 있습니다. 저자가 서문에서 이야기한 것처럼 두루뭉술한 은유적인 표현에 그치는 다른 교양 서적과 달리 정말 필요한 수학이 본문과 함께 제시되어 있습니다. 수식만 보아도 머리가 지끈거리는 독자들에게는 부담스럽겠지만, 끈기를 가지고 수식과 본문을 같이 이해하려고 노력한다면 저자의 바람대로 제대로 우리가 사는 세상을 이해할 수 있게 될 것입니다.

우리 눈으로 볼 수 있는 거시세계의 운동은 이 책에서 다룬 고전역학과 상대성이론으로 잘 다룰 수 있습니다. 하지만 원자 세계와 같은 아주 작은 세계, 또는 미시 세계, 또는 나노 세계는 이런 역학 이론으로 다룰 수 없습니다. 미시 세계를 다루기 위해서는 20세기 아인슈타인의 상대성이론과 함께 등장한 양자역학이라는 새로운 역학 이론이 필요합니다. 그것이 '우주의 가장 위대한 생각들' 시리즈의 두 번째 책인《양자와 장》에서 다룰 내용입니다. 여기서도 이 책《공간, 시간, 운동》에 못지않게 흥미로운 내용으로 가득할 것입니다.

앞으로 발간될《양자와 장》그리고《복잡성과 창발》에도 큰 관심을 가져주시면 감사하겠습니다. 아울러 저자가 서문에서 밝힌 소원대로 정치나 주식 대신 현대물리학에 관해 열정적으로 토론하는 세상이 오길 역자인 저도 진심으로 바랍니다. 물리학을 사랑하는 모든 이들의 건투를 빕니다.

찾아보기

ㄴ

ㄷ

ㄹ

ㅁ

ㅂ

ㅅ

ㅇ

ㅈ

ㅊ

ㅋ

ㅌ

ㅍ

ㅎ

옮긴이 **김영태**

물리학자. UC버클리에서 고체물리학 연구로 박사 학위를 받았다. 미국 로런스버클리연구소에서 연구원을 역임하였고 이후 아주대학교 물리학과 교수로 부임하여 현재 명예교수로 재직 중이다. 지은 책으로는《세상 모든 것의 원리, 물리》《현대물리, 불가능에 마침표를 찍다》등이 있고 옮긴 책으로는《다세계》《현대물리학: 시간과 우주의 비밀에 답하다》《물리가 날 미치게 해》등이 있다.

우주의 가장 위대한 생각들
시간, 공간, 운동

초판 1쇄 발행 2024년 1월 19일

지은이 숀 캐럴
옮긴이 김영태
기획 김은수
책임편집 정일웅
디자인 이상재

펴낸곳 (주)바다출판사
주소 서울시 마포구 성지1길 30 3층
전화 02 - 322 - 3885(편집) 02 - 322 - 3575(마케팅)
팩스 02 - 322 - 3858
이메일 badabooks@daum.net
홈페이지 www.badabooks.co.kr

ISBN 979-11-6689-202-8 04420
ISBN 979-11-6689-203-5 세트